U0820879

Suliao Peihungong
[ Zhong/Gao ji ]
Peixun Jiaocheng

# 塑料配混工
# [中、高级]
# 培训教程

刘西文/编著

文化发展出版社
Cultural Development Press

## 内容提要

本书分为上、下两个篇章，上篇是塑料配混的的基本理论知识，主要包括塑料常用的原材料、塑料配混的基本理论、塑料原料的预处理、原料的初混合、混炼、原料切粒粉碎与输送等。下篇是配混操作的基本技能，主要包括原料的预处理、初混合、混炼等常用设备的基本操作与维护，以及几种常见物料的配混过程。

本书适合于一线工程技术人员和操作人员技能考评证参考用书，也可作为相关专业大专师生的教学参考书。

### 图书在版编目（CIP）数据

塑料配混工（中、高级）培训教程/刘西文编著.—北京：文化发展出版社，2017.1

ISBN 978-7-5142-1568-7

Ⅰ.①塑… Ⅱ.①刘… Ⅲ.①注塑－技术培训－教材 Ⅳ.①TQ320.66

中国版本图书馆CIP数据核字(2016)第276595号

### 塑料配混工（中、高级）培训教程

编　著：刘西文

策划编辑：张　琪　　责任校对：岳智勇

责任编辑：张宇华　　责任设计：侯　铮

责任印制：孙晶莹

出版发行：文化发展出版社（北京市翠微路2号 邮编：100036）

网　址：www.wenhuafazhan.com　www.printhome.com　www.keyin.cn

经　销：各地新华书店

印　刷：北京玺诚印务有限公司

开　本：787mm×1092mm　1/32

字　数：266千字

印　张：9.25

印　数：1～2000

印　次：2017年1月第1版　2017年1月第1次印刷

定　价：36.00元

ISBN：978-7-5142-1568-7

# 前言

塑料配混是塑料材料改性及成型的重要环节，塑料配混的工艺与操作技术对物料的混合与混炼过程及质量有很大的影响，因而最终影响到塑料制品的质量。随着塑料共混、填充、增强等改性技术的发展，多种通用和工程塑料的配混技术及配混设备也日益发展。为了使广大塑料工程技术人员和操作人员掌握配混设备相关理论知识和操作与维护技术，我们组编了《塑料配混工（中、高级）培训教程》一书。

本书分为上、下两个篇章，上篇是塑料配混的基本理论知识，主要包括塑料常用的原材料、塑料配混的基本理论、塑料原料的预处理、原料的初混合、混炼、原料切粒粉碎与输送等。下篇是配混操作的基本技能，主要包括原料的预处理、初混合、混炼等常用设备的基本操作与维护，以及几种常见物料的配混过程。本书还配有塑料配混工（中、高级）考试模拟试卷，对于参加中、高级技术人员考试认证的职业院校学生和从业人员有一定的考前指导作用。

本书的编写语言简练，通俗易懂，适合于一线工程技术人员和操作人员技能考评证参考用书，也可作为相关专业大专师生的教学参考书。

本书由湖南科技职业学院刘西文、杨中文编著。编写过程中取得了企业技术人员刘浩、王海燕、阳辉剑、冷锦星、彭立群、李亚辉、周晓安、田志坚等的大力支持与帮助，在此谨表示衷心的感谢！由于作者水平有限，书中难免有不妥之处，恳请同行专家及广大读者批评指正。

编　者

2017.1

# 目录

## 上篇　塑料配混基础知识

# 下篇 塑料配混操作技能

# 上篇

# 塑料配混基础知识

# 第一章 塑料及原材料的基本认识

**应·知·应·会·要·求**

**中级工**

1. 掌握塑料基本组成及特性。
2. 掌握聚氯乙烯、聚乙烯、聚丙烯、ABS、聚甲基丙烯酸甲酯、聚碳酸酯、聚酰胺、聚甲醛、聚对苯二甲酸乙二醇酯等常见塑料的性能及型号的方法，知道其成型加工性能。
3. 掌握常用塑料助剂的作用与性能，知道其应用。

**高级工**

1. 掌握中级的要求基础上，了解高分子聚合物的结构，高分子的形态，知道聚苯醚、聚砜、聚苯硫醚等特种工程塑料的性能及成型加工性能。
2. 能识别各种常见塑料品种。
3. 知道常用塑料助剂的选用。

## 第一节 塑料的基本认识

### 一、塑料的组成

塑料是以树脂为主要成分，含有各种助剂，在成型加工过程中能流动成型的材料。塑料的组成主要包括树脂和助剂两大部分，其中树脂为塑料的基质材料，树脂的性能决定了塑料的基本性能。助剂又称添加剂，是塑料的辅助材料，其作用主要是改善树脂的成型加工性能和制品的使用性能，延长制品的使用寿命和降低成本。

塑料用树脂是一种高分子聚合物，又称聚合物、高聚物，高分子聚合物是由许多单体单元键合而成的分子链很长的有机物。如：聚丙烯是由一个一个丙烯单体在一定条件下双键打开，再两两连接而成为长链分子。

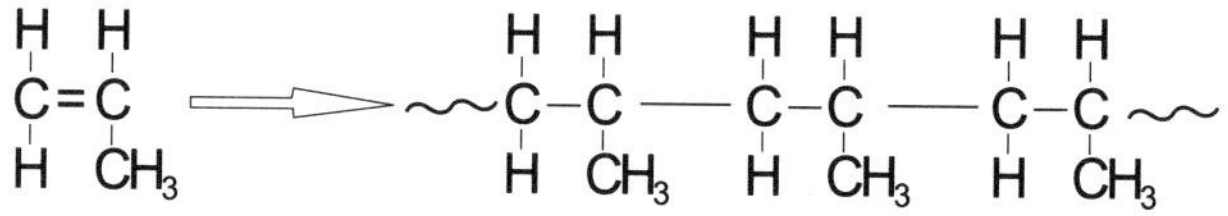


通常分子量都很高，大多在一万到几百万之间。组成高分子聚合物的元素主要包括碳、氢、氧、氮、硅、硫等元素。

塑料助剂又叫塑料添加剂，是高分子聚合物进行成型加工时为改善其加工性能或为改善树脂本身性能所不足而必须添加的一些化合物。例如，为了降低聚氯乙烯的成型温度，使制品柔软而添加的增塑剂；又如为了制备质量轻、抗振、隔热、隔声的泡沫塑料而添加的发泡剂；有些塑料的热分解温度与成型加工温度非常接近，不加入热稳定剂就无法成型。因而，塑料助剂在塑料成型加工中占有特别重要的地位。塑料用助剂的类型有很多，常用的主要有：热稳定剂、光稳定剂、抗氧剂、填充剂、增塑剂及润滑剂等。不同类型的助剂在塑料中所起的作用不同，热稳定剂、光稳定剂和抗氧剂等稳定化助剂能提高塑料在加工及使用过程中受热、光、氧的稳定性能，因而可改善塑料的加工性能和制品的使用性能；填充剂可提高塑料的刚性、硬度等性能，还可降低成本；增塑剂可以改善塑料的物理力学性能和成型加工的流动性；润滑剂可以改善塑料的成型加工的流动性和制品的脱模性等。

## 二、高分子聚合物的结构

高分子聚合物结构单元的类型有很多，在高分子聚合物中连接的方式也各有不同，其结构单元的组成和连接方式的不同使聚合物有许多不同的品种，如聚乙烯、聚丙乙烯、聚氯乙烯等。

高分子聚合物分子链结构类型有三种，即直链、支链和交联（网状）结构等，如图1-1所示。通常具有直链或支链分子结构的聚合物呈热塑性，而具有交联结构的聚合物则呈热固性。大分子链在自然状态下，不同结构的分子链有不同的稳定形态，常见的有伸直链、折叠链、无规线团和螺旋链四种，如图1-2所示。在热或外力等作用下，大分子链的形态可以发生改变（变形），但作用消除后，在一定条件下又可恢复到自然状态。如果分子链的形态得不到恢复，聚合物分子即会存在恢复自然状态的趋势，而形成恢复形变的作用力（即内应力）。

（a）直链　（b）支链　（c）交联

**图1-1　聚合物分子链结构**

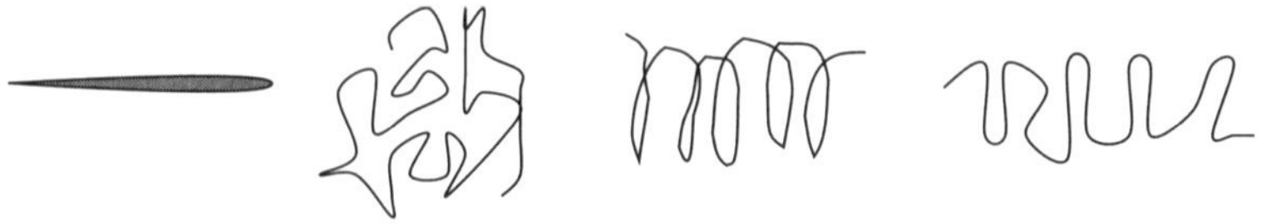

（a）伸直链　（b）无规线团　（c）螺旋链　（d）折叠链

**图1-2　聚合物分子链形态**

## 三、塑料的类型

高分子聚合物的品种有很多，不同品种的聚合物其分子的组成结构不同，性能也不同，因此在成型加工和应用方面也存在较大的差异。通常塑料可根据其树脂的受热性质分为热塑性和热固性塑料，所谓热塑性塑料是指在特定的温度范围内反复加热软化、冷却固化，在软化、熔融状态下可成型加工各种形状，并在一定温度下能保持这种形状的塑料。热固性塑料是在一定的温度范围内加热可发生交联、固化，固化后受热不能再软化、熔融，强热只能使其分解的塑料。

另外塑料还可根据其使用性能和用途进行分类，可分为通用塑料、工程塑料和功能塑料，通用塑料通常是性能一般，产量大，价格低的塑料；工程塑料是指具有较高的力学性能，能经受较宽的温度变化范围和苛刻的环境条件，可用于工程中作力学构件的塑料。功能塑料是具有某种特种功能，能满足于特殊性能要求的塑料品种，如具有导电性、导磁性等。

### 四、塑料的特性

由于聚合物分子的结构、组成不同，使得聚合物的品种繁多，不同品种的聚合物性能上相差较大，因此由聚合物为主要成分的塑料各品种在性能上也有较大的差异。但尽管如此，与其材料相比，塑料仍具有许多共同的特性，其特性主要有以下几方面：

① 聚合物通常是由不同相对分子质量大小的分子所组成的“混合物”，即具有相对分子质量的不均一性。一般在成型加工过程中，相对分子质量分布越宽，聚合物熔体的黏度越低，流动性越好，但制品的力学性能会下降，反之亦然。

② 质量轻，塑料的密度一般在0.9~2.3g/cm$^3$。

③ 隔热、绝缘性能好。

④ 耐化学腐蚀性能优异。

⑤ 力学性能范围宽，具有广泛的应用领域。

⑥ 具有良好的成型加工性能。

## 第二节　常用塑料材料的认识

塑料品种有很多，其中较为常见的有聚乙烯、聚丙烯、聚氯乙烯、聚苯乙烯、ABS、甲基丙酸酯、聚碳酸酯、聚甲基丙烯酸甲酯、聚酰胺、聚对苯二甲酸乙二醇酯、聚甲醛等。

### 一、聚乙烯

聚乙烯（PE）是树脂中分子结构最简单的一种，它原料来源丰富，价格低廉，具有优异的电绝缘性和化学稳定性，易于成型加工，并且品种较多，可满足不同性能的要求。因而它发展迅速，是目前产量最大的树脂品种，用途极为广泛。

1. PE 的类型

工业上合成的PE类型有很多，通常根据分子结构及相对分子质量大小的不同，可分为低密度聚乙烯（LDPE，高压法聚乙烯）、高密度聚乙烯（HDPE，低压法聚乙烯）、中密度聚乙烯（MDPE，中压法聚乙烯）、茂金属聚乙烯（mPE）、线型低密度聚乙烯（LLDPE）、高相对分子质量聚乙烯（HMWHDPE）、超高分子量聚乙烯（UHMWPE）、低分子量聚乙烯（LMWPE）等。

2. 聚乙烯的相对分子质量及表征

（1）相对分子质量

PE的相对分子质量通常在1.5万～30万，LDPE一般不超过7万，HDPE一般不超过30万，而UHMWPE平均相对分子质量在100万以上。随着相对分子质量的提高，PE的力学性能、耐低温性能、耐环境应力开裂性能都有所提高，而结晶度会下降，熔体黏度增大，成型加工性能变差，因而在成型加工中选用PE时既要考虑制品使用性能的要求，又要满足成型加工的顺利进行。

（2）相对分子质量的表征

在塑料工业中常采用熔体流动速率（MFR）作为平均相对分子质量的量度，即在一定温度和负荷下，熔体每10min通过标准口模的重量，MFR的单位为g/10min。一般使用熔体流动速率测定仪进行测定，如图1-3所示，测试的条件条件为温度190℃，负荷2160g。

**图1-3 熔体流动速率测定仪**

从实际使用情况来看，LDPE的MFR一般在50g/10min以下，

HDPE的MFR一般在15g/10min以下。在一定条件下，同一种类PE的MFR与相对分子质量的大小成反比，因而在生产中常把MFR值作为衡量PE相对分子质量大小的依据。但当PE分子结构（如支化程度等）不同，或测试条件不同时，不能以MFR值来比较不同类型PE的相对分子质量大小。

3. 聚乙烯的性能

（1）PE物理性能

纯净的PE是乳白色蜡状物，无味、无臭、无毒。PE易燃，燃烧时有蜡味，并伴有熔融滴落现象。工业上生产的PE为了使用和贮存的方便通常在聚合后加入适量的抗氧剂等塑料助剂进行混合造粒，故PE通常为半透明的颗粒料，如图1–4所示。

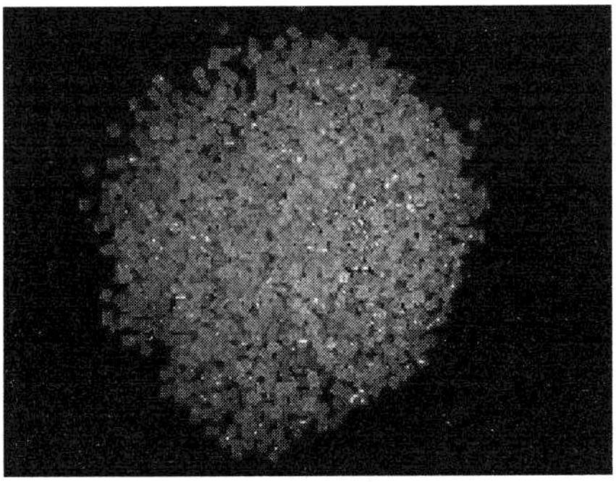

**图1–4　PE粒料**

（2）PE的结晶性

PE分子结构简单、对称规整，具有非极性，分子间作用力小，分子链柔顺性好，结晶能力强，属于结晶性聚合物。但不同类型的PE结晶度大小不同，如表1–1所示为不同类型PE的结晶度及密度。对于同一种类PE的结晶度会受其本身的相对分子质量的大小以及成型加工的条件的影响。相对分子质量越大，结晶越困难，结晶度会降低。成型加工中熔体冷却速度的快慢直接影响结晶度的大小，冷却速率慢，结晶度大；若采用快速冷却则会大大降低PE的结晶度，在生产中常用此法来控制产品的结晶度。

**表1–1　不同类型PE的结晶度及密度**

| PE类型 | 结晶度 | 密度/（g/cm³） |
|---|---|---|
| LDPE | 40%～60% | 0.910～0.925 |
| HDPE | 80%～95% | 0.941～0.970 |
| LLDPE | 65%～75% | 0.910～0.925 |

PE的结晶度大小会直接影响制品的透明性、拉伸强度、刚度、硬度、耐磨性、耐热性和耐化学药品性等性能。结晶度提高时，制品的透明性下降，拉伸强度、刚度、硬度、耐磨性、耐热性和耐化学药品性等性能提高。PE结晶度、相对分子质量对制品性能的影响如表1–2所示。

表1–2　PE结晶度、相对分子质量对制品性能的影响

| 性　　能 | 结晶度提高 | 相对分子质量增加 |
|---|---|---|
| 拉伸强度 | 增大 | 增大 |
| 刚性 | 增大 | 略微增大 |
| 硬度 | 增大 | 略微增大 |
| 耐磨性 | 增大 | 增大 |
| 冲击强度 | 降低 | 提高 |
| 耐热性 | 提高 | 略微提高 |
| 耐化学药品性 | 提高 | 提高 |
| 可渗透性 | 降低 | 略微降低 |
| 耐环境应力开裂性 | 降低 | 提高 |

（3）力学性能

与其他热塑性塑料相比，PE的拉伸强度比较低，硬度不足，耐蠕变性较差，在负荷作用下随着时间的延长会连续变形产生蠕变，而且蠕变随着负载增大、温度升高、密度降低而加大。常用几种PE的力学性能如表1–3所示。

（4）热性能

由于PE是结晶聚合物，受热时熔程一般比较窄，有明显的熔点。HDPE的熔点为125～137℃，LDPE的熔点为105～120℃，LLDPE为118～140℃。PE的热容量比大多数热塑性塑料都大，线膨胀系数也较大，这在成型加工中应予注意。

表1-3　常用几种PE的力学性能

| 性　能 | LDPE | HDPE | LLDPE | UHMWPE |
|---|---|---|---|---|
| 透明性 | 半透明 | 透明性差 | 半透明 | 不透明 |
| 吸水性/% | <0.01 | <0.01 | <0.01 | <0.01 |
| 硬度（邵氏） | D41～46 | D60～70 | D40～50 | D64～67 |
| 拉伸强度/MPa | 7～20 | 21～37 | 15～25 | 30～50 |
| 拉伸弹性模量/MPa | 100～300 | 400～1100 | 250～550 | 140～800 |
| 缺口冲击强度/$kJ·m^{-2}$ | 80～90 | 40～70 | >70 | >100 |

PE的使用温度不高，一般LDPE的连续使用温度在60℃以下，HDPE在80℃以下。PE具有良好的耐低温性能，在−50℃仍具有较好的韧性。PE树脂的热性能如表1-4所示。

表1-4　聚乙烯的比热容、热导率和线膨胀系数

| 热性能 | LDPE | HDPE |
|---|---|---|
| 熔点/℃ | 105～120 | 125～137 |
| 连续使用温度/℃ | <60 | <80 |
| 比热容/$J·(kg·K)^{-1}$ | 2512 | 2302 |
| 热导率/$W·(m·K)^{-1}$ | 0.35 | 0.42 |
| 线膨胀系数/$\times10^{-5}K^{-1}$ | 16～24 | 11～16 |

（5）透气性能

一般来说，PE对非极性介质的透气率大于极性介质的透气率，有机介质的透气率大于无机介质的透气率。PE对$O_2$、$N_2$、$CO_2$等的透气率较大，对水蒸气的透气率低。故PE一般不能用于需长期保持香味的物品的包装，但特别适合于防潮、防水的包装。PE的透气性会随其密度的增加而减小，如HDPE的透气性远低于LDPE。如表1-5所示为PE和几种常用塑料材料透气性的比较。

表1-5　PE和几种常用塑料材料透气性的比较

| 材料名称 | 透气率/$10^{-11}cm·cm^3(cm^2·s·cmHg)^{-1}$ | | | |
|---|---|---|---|---|
| | $N_2$ | $O_2$ | $CO_2$ | 水蒸气（相对值） |
| LDPE | 20 | 59 | 280 | 2 |
| HDPE | 3.3 | 11 | 43 | 1 |
| 聚苯乙烯 | 2.9 | 11 | 88 | 16 |

续表

| 材料名称 | 透气率/$10^{-11}$cm·cm$^3$（cm$^2$·s·cmHg）$^{-1}$ | | | |
|---|---|---|---|---|
| | $N_2$ | $O_2$ | $CO_2$ | 水蒸气（相对值） |
| 聚偏二氯乙烯 | 0.01 | 0.05 | 0.29 | 0.5 |
| 聚对苯二甲酸乙二醇酯 | 0.05 | 0.22 | 1.53 | 0.7 |
| 聚己内酰胺 | 0.01 | 0.35 | 1.6 | 43 |
| 聚氯乙烯 | 0.40 | 1.2 | 10 | 15 |
| 醋酸纤维素 | 2.8 | 7.8 | 23.8 | 206 |

注：测定温度30℃

（6）化学稳定性

PE具有优良的化学稳定性。室温下它能耐酸、碱和盐类的水溶液，如盐酸、氢氟酸、磷酸、甲酸、醋酸、氨、氢氧化钠、氢氧化钾以及各类盐溶液（包括具有氧化性的高锰酸钾溶液和重铬酸盐溶液等）。但浓硫酸和浓硝酸及其他氧化剂会缓慢侵蚀PE，当温度升高时，氧化作用更为显著。

PE在室温下不溶于任何溶剂，且耐溶剂性会随相对分子质量和结晶度的增大而增大。但随着温度的升高，耐溶剂性质会下降，LDPE能溶于60℃的苯中，HDPE能溶于80～90℃的苯中，超过100℃后二者均可溶于甲苯、三氯乙烯、四氢萘、十氢萘、石油醚、矿物油和石蜡中。因而，HDPE比LDPE有更好的化学稳定性。故LDPE塑料容器一般不适宜长期贮存化学药品和油类物质，可能由于溶胀致使容器变形。

（7）耐老化性

PE在大气、阳光和氧的作用下易发生老化，具体表现为伸长率和耐寒性降低，力学性能和电性能下降，并逐渐变脆、产生裂纹，最终丧失使用性能。为了防止PE的氧化降解，便于贮存、加工和应用，一般使用的PE原料在合成过程中需添加抗氧剂和光稳定剂等稳定化助剂，可满足一般的加工和使用要求。

（8）卫生性及电性能

PE是大分子链中仅含有碳、氢原子的聚合物，分子结构中没有极性基团，因此具有优异的卫生性能，被认为是卫生性最好的塑料品种之一。PE的电性能也非常优异，其电性能如表1–6所示。

表1–6　PE的电性能

| 电性能 | LDPE | HDPE |
| --- | --- | --- |
| 体积电阻率/Ω·cm | ＞1016 | ＞1016 |
| | 2.25～2.35（60～102Hz） | 2.30～2.35 |
| | 2.25～2.35（106Hz） | 2.30～2.35 |
| | ＜0.0005（10～102Hz） | ＜0.0005 |
| | ＜0.0005（106Hz） | ＜0.0005 |
| 介电强度/$kV \cdot mm^{-1}$ | ＞20 | ＞20 |

4. 成型加工特性

PE的熔体黏度较低，流动性能好，成型温度范围宽，具有很好的成型加工性能。但成型过程中还应注意以下几点。

① PE的热容量较大，故升温较为缓慢。PE的成型加工温度较低，一般LDPE在180℃左右，HDPE在220℃左右，最高成型加工温度通常不超过280℃。

② 熔融状态下，PE具有氧化倾向，成型中应尽量减少熔体与空气的接触及在高温下的停留时间。

③ PE的熔体黏度对剪切速率敏感，随螺杆转速的增大，熔体黏度下降得较快。但当剪切速率过大，易出现熔体破裂，使制品表面粗糙，甚至呈竹节状等缺陷。

④ 成型加工中对冷却速率的控制直接影响制品的结晶度及性能。快速冷却制品的结晶度小，透明性高。但不管是快速冷却或缓慢冷却，都应尽量使制品各部分冷却速率均匀一致，以免产生内应力或变形。

⑤ 由于结晶，PE熔体冷却后收缩率较大，一般成型收缩率为1.5%～5.0%。

⑥ PE属于化学惰性材料，印刷性能较差，为增加油墨与其表面的结合牢度，可对制品表面进行电晕处理或火焰处理。

5. 聚乙烯的选用

工业上以密度作为衡量其结构的尺度，以MFR来衡量它的相对平均分子质量，是PE选用的重要依据。一般MFR大，PE的相对分子质量低，熔体黏度小，流动性好，成型加工温度低，易于成型，但制品的力学性能较差，反之亦然。一般来说，挤出成型应选择MFR较低的PE，有利于挤出定型，提高制品的力学性能，如表1-7为不同PE制品对MFR的选用。

表1-7　不同PE制品对MFR的选用

| MFR | LDPE | LLDPE | HDPE |
|---|---|---|---|
| 管材 | 0.2 ~ 2.0 | 0.2 ~ 2.0 | 0.01 ~ 0.5 |
| 板、片 | 0.3 ~ 4.0 | 0.2 ~ 3.0 | 0.1 ~ 0.3 |
| 单丝、扁丝、带 | | 1.0 ~ 2.0 | 0.1 ~ 1.5 |
| 重包装薄膜 | 0.3 ~ 2.0 | 0.3 ~ 1.6 | <0.5 |
| 轻包装薄膜 | 2.0 ~ 7.0 | 0.3 ~ 3.3 | <2.0 |
| 电线电缆、绝缘层 | 0.1 ~ 2.0 | 0.4 ~ 1.0 | 0.2 ~ 1.0 |
| 中空制品 | 0.3 ~ 4.0 | 0.3 ~ 1.0 | 0.2 ~ 1.5 |
| 注射成型制品 | 1.5 ~ 50 | 2.3 ~ 50 | 0.5 ~ 20 |
| 涂覆 | 4.0 ~ 200 | 3.3 ~ 11 | 5.0 ~ 10 |
| 旋转成型制品 | 0.75 ~ 20 | 1.0 ~ 25 | 3.0 ~ 20 |

## 二、聚丙烯

1. 聚丙烯的类型

工业上生产的聚丙烯（PP）有多种类型，作为塑料用的PP主要是等规PP、间规PP、茂金属聚丙烯（mPP）以及无规共聚的聚丙烯（PP-R）等。PP-R与等规、间规PP相比具有更好的透明性、耐冲击性和低温韧性，熔融温度较低，热封合性良好，但刚性、硬度较低。目前常用的主要是等规PP。

2. PP相对分子质量及表征

工业生产中PP相对分子质量在20万 ~ 70万，随着相对分子质量增加，PP的熔体黏度、拉伸强度、断裂伸长率和冲击强度均有所提高。

与PE一样，PP相对分子质量的大小一般用MFR来表示，采用熔体流动速率仪的测试条件为：温度230℃，负荷2160g。塑料成型用PP的 MFR通常为0.1 ~ 30g/10min。

3. 聚丙烯的选用

PP的MFR表征了其相对分子质量的大小，同时也标志着其熔体流动性的好坏，挤出成型时，不同的产品，应选用不同MFR的PP树脂，如表1–8所示。

表1–8　常见挤出制品对PP的 MFR选用

| 挤出制品 | MFR/（g/10min） |
| --- | --- |
| 管材、棒材、片材、板材 | 0.5 ~ 2 |
| 单丝、编织袋、捆扎绳、打包带 | 0.5 ~ 8 |
| 双向拉伸薄膜 | 1 ~ 4 |
| 吹塑薄膜 | 6 ~ 12 |

4. 聚丙烯的性能

（1）物理性能

由于PP的结构与聚乙烯相似，是碳氢化合物，属于非极性线型热塑性聚合物。通常为白色蜡状粒状物或粉末，无毒，密度为0.89 ~ 0.91g/cm$^3$。是常用树脂中最轻的一种。易燃，火焰上端呈黄色，下端蓝色且有少量黑烟，燃烧后熔融滴落并发出石油气味。

（2）结晶性

由于等规PP分子排列规整，故PP具有高度的结晶性，属结晶型塑料。通常结晶度为70%左右。PP的晶体结构一般认为是球晶，结晶度和球晶大小对其性能影响较大，成型加工时可通过控制冷却速率、加入成核剂等方法进行控制。一般说来，成核剂的加入可增加球晶数量，提高PP的结晶度，减小球晶尺寸。小球晶制品的透明性和柔韧性好，而大的球晶制品的刚性和耐热性则提高。

（3）力学性能

PP具有良好的力学性能，其拉伸强度比PE等塑料大。特别是当温度超过80℃时，PP的拉伸强度随温度的上升而下降较少。PP的刚性与其相对分子质量、结晶度等有关，当相对分子质量小，MFR大，结晶度高时，PP刚性越大。

PP在室温下具有良好的抗冲强度和表面硬度，并具有优良的表面光泽性，且随相对分子质量的降低而增加。但PP低温抗冲性差，即具有低温脆性。另外PP还具有优异的耐弯曲疲劳性，用PP制成的活络绞链，能经受几十万次的折叠弯曲而不破坏。PP与HDPE的综合性能如表1–9所示。

表1-9　PP与HDPE的综合性能

| 性能 | PP | HDPE |
|---|---|---|
| 密度/g·cm$^{-3}$ | 0.89～0.91 | 0.941～0.970 |
| 吸水率/% | 0.01～0.04 | ＜0.01 |
| 拉伸屈服强度/MPa | 30～39 | 21～28 |
| 伸长率/% | ＞200 | 20～1000 |
| 拉伸弹性模量/MPa | 1100～1600 | 400～1100 |
| 压缩强度/MPa | 39～56 | 22.5 |
| 弯曲强度/MPa | 42～56 | 7 |
| 缺口冲击强度（相对值） | 0.5 | 1.3 |
| 邵氏硬度（D） | 95 | 60～70 |
| 刚性（相对值） | 7～11 | 3～5 |
| 维卡软化点/℃ | 150 | 125 |
| 脆化温度/℃ | –30～–10 | –78 |
| 线膨胀系数/10$^{-5}$K$^{-1}$ | 6～10 | 11～13 |
| 成型收缩率/% | 1.5～2.5 | 2.0～5.0 |

（4）热性能

PP是通用塑料中耐热性最好的品种，熔点为164～170℃，长期使用温度也可达100～120℃，能在沸水中煮沸，并能经受135℃的高温消毒。PP受热稳定性良好，其分解温度为315℃左右。

（5）化学性能

PP和PE一样具有优良的化学稳定性，在80℃以下能耐大多数无机酸、碱、盐溶液及有机溶剂，但不耐发烟硫酸、硝酸，在加热时可溶于甲苯。

PP的耐老化性很差，在加工过程和使用过程中易受光、热、氧的作用，另外，PP在铜的存在下，会成倍地加快氧化降解，又称为“铜害”。故一般PP中都加入抗氧剂、光稳定剂等。

（6）其他性能

PP电性能优异，可作耐热高频电绝缘材料。属非极性材料，着色性和印刷性较差。

5. 成型加工特性

PP的熔体黏度低，流动性好，成型加工的温度范围宽，具有良好的加工性能。但在成型过程还要注意以下几方面。

① PP熔体黏度主要依赖于剪切速率，在成型过程中，提高螺杆的转速可明显降低PP熔体的黏度。

② PP高温时对氧极为敏感，即高温下极易氧化降解，成型应注意PP受热时间也不宜过长，尽量避免高温熔体与空气接触而发生氧化变色。

③ PP吸水性小，加工前一般不必干燥，但为了提高制品质量及加工效率，可于80～100℃预热1小时左右。

④ PP成型收缩率较大，一般为1.5%～2.5%。结晶度及结晶形态对制品性能影响极大，成型时需用控制工艺条件的办法来控制结晶度及结晶形态，以期得到性能优异的制品。

⑤ PP成型时易发生取向，成型过程中拉伸有利于制品拉伸强度的提高。

## 三、聚氯乙烯

聚氯乙烯（代号PVC）由于原料来源丰富、合成工艺成熟、价格低廉、用途广泛等特点，已成为世界上产量仅次于聚乙烯树脂的第二大通用树脂，占世界合成树脂总消费量的29%。

PVC塑料是以PVC树脂为基体，加入各种塑料助剂制备而成的多组分塑料。通过配方可以制备软、硬程度不同的塑料材料和制品，可适用于热塑性塑料多种成型加工方法，其中以挤出、压延为主，如图1–5所示。

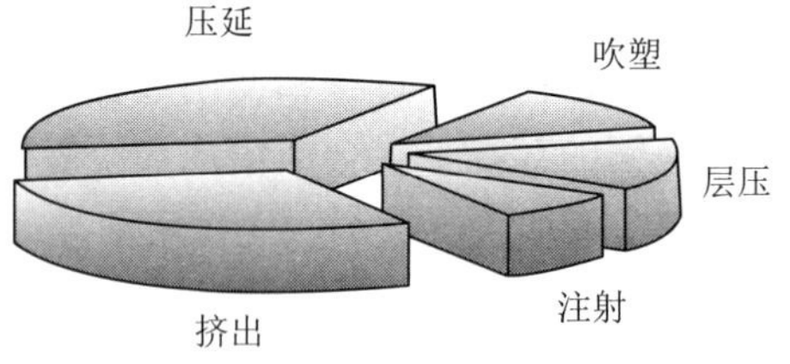


图1–5　PVC的成型加工

1. PVC树脂的类型与选用

（1）PVC树脂的类型

PVC树脂的类型较多，根据工业上的合成方法不同可以分为悬浮法、乳液法、本体法和溶液法树脂。而目前世界上是以悬浮法生产的PVC为主，约占PVC总产量80%以上，我国则在90%以上。根据PVC应用范围不同又可分为：通用型PVC树脂、高聚合度PVC树脂、交联PVC树脂。通用型PVC树脂由于制备方法简单、用途广泛，工业生产中的绝大部分是通用型，而高聚合度和交联的PVC树脂一般在特殊领域应用较多。

悬浮法生产的PVC树脂由于在聚合过程中所采用的分散剂不同，其颗粒的结构有两种，一种是疏松型，一种是紧密型，而应用最多的是疏松型树脂。两种颗粒结构的PVC树脂的区别及特点如表1-10所示。

**表1-10　悬浮法PVC树脂颗粒结构的区别及特点**

| 项目 | 疏松型树脂 | 紧密型树脂 |
|---|---|---|
| 粒子直径 | 50~150μm | 20~100μm |
| 颗粒外形 | 棉花球状，不规则，表面粗糙 | 玻璃球状，表面光滑 |
| 断面结构 | 疏松，多孔呈网状 | 无孔，实心结构 |
| 吸收增塑剂 | 快 | 慢 |
| 塑化性能 | 塑化速度快 | 塑化速度慢 |

工业上合成PVC树脂时由于聚合反应的条件不同，制得PVC的聚合度大小不同，相对分子质量也不同。工业上一般根据PVC相对分子质量的大小将其分为不同的规格型号，我国将PVC疏松型通用树脂（SG）分为0～9共10个PVC树脂型号，每个型号都分为三个等级，并对每个型号不同等级的树脂性能指标做了规定，如表1-11所示为悬浮法通用型聚氯乙烯树脂国家标准GB/T 5761—2006。

对于PVC平均相对分子质量大小的表征，不同国家的表征方法有所不同，欧美常用K值来表征，日本用平均聚合度，而我国主要用黏数来表征。K值、平均聚合度、黏数与平均相对分子质量之间的关系如表1-12所示。

表1-11　悬浮法通用型聚氯乙烯树脂国家标准GB/T 5761-2006

| 序号 | 项目 | 型号 | | | | | | | | | | | | |
|---|---|---|---|---|---|---|---|---|---|---|---|---|---|---|
| | | SG0 | SG1 | | | SG2 | | | SG3 | | | SG4 | | |
| | | 等级 | | | | | | | | | | | | |
| | | | 优等品 | 一等品 | 合格品 | 优等品 | 一等品 | 合格品 | 优等品 | 一等品 | 合格品 | 优等品 | 一等品 | 合格品 |
| 1 | 黏数/（ml/g） | >156 | 156～144 | | | 143～136 | | | 135～127 | | | 126～119 | | |
| | （或K值） | >77 | 77～75 | | | 74～73 | | | 72～71 | | | 70～69 | | |
| | [或平均聚合度] | >1785 | 1785～1536 | | | 1535～1371 | | | 1370～1251 | | | 1250～1136 | | |
| 2 | 杂质粒子数/个≤ | | 16 | 30 | 80 | 16 | 30 | 80 | 16 | 30 | 80 | 16 | 30 | 80 |
| 3 | 挥发物（包括水）质量分数/%≤ | | 0.30 | 0.40 | 0.50 | 0.30 | 0.40 | 0.50 | 0.30 | 0.40 | 0.50 | 0.30 | 0.40 | 0.50 |
| 4 | 表观密度/（g/ml）≥ | | 0.45 | 0.42 | 0.40 | 0.45 | 0.42 | 0.40 | 0.45 | 0.42 | 0.40 | 0.47 | 0.45 | 0.42 |
| 5 | 筛余物质量分数/% 250μm筛孔≤ | | 2.0 | 2.0 | 8.0 | 2.0 | 2.0 | 8.0 | 2.0 | 2.0 | 8.0 | 2.0 | 2.0 | 8.0 |
| | 筛余物质量分数/% 63μm筛孔≤ | | 95 | 90 | 85 | 95 | 90 | 85 | 95 | 90 | 85 | 95 | 90 | 85 |
| 6 | “鱼眼”数/（个/400厘米$^2$）≤ | | 20 | 40 | 90 | 20 | 40 | 90 | 20 | 40 | 90 | 20 | 40 | 90 |

续表

| 序号 | 项目 | 型号 | | | | | | | | | | | | |
|---|---|---|---|---|---|---|---|---|---|---|---|---|---|---|
| | | SG0 | SG1 | | | SG2 | | | SG3 | | | SG4 | | |
| | | 等级 | | | | | | | | | | | | |
| | | | 优等品 | 一等品 | 合格品 | 优等品 | 一等品 | 合格品 | 优等品 | 一等品 | 合格品 | 优等品 | 一等品 | 合格品 |
| 7 | 100g树脂的增塑剂吸收量/g≥ | | 27 | 25 | 23 | 27 | 25 | 23 | 26 | 25 | 23 | 23 | 22 | 20 |
| 8 | 白度（160℃10min）/%≥ | | 78 | 75 | 70 | 78 | 75 | 70 | 78 | 75 | 70 | 78 | 75 | 70 |
| 9 | 水萃取液电导率，μS/（cm·g）≤ | | 5 | 5 | — | 5 | 5 | — | 5 | 5 | — | | — | |
| 10 | 残留氯乙烯含量/（μg/g）≤ | 30 | 5 | 10 | 30 | 5 | 10 | 30 | 5 | 10 | 30 | 5 | 10 | 30 |
| 11 | 外观 | 白色粉末 | | | | | | | | | | | | |

表1-11（续）

| 序号 | 项目 | | SG5 | | | SG6 | | | SG7 | | | SG8 | | | SG9 |
|---|---|---|---|---|---|---|---|---|---|---|---|---|---|---|---|
| | | | 优等品 | 一等品 | 合格品 | 优等品 | 一等品 | 合格品 | 优等品 | 一等品 | 合格品 | 优等品 | 一等品 | 合格品 | |
| 1 | 黏数/（ml/g） | | 118～107 | | | 106～96 | | | 95～87 | | | 86～73 | | | <73 |
| | （或K值） | | 68～66 | | | 65～63 | | | 62～60 | | | 59～55 | | | <55 |
| | [或平均聚合度] | | 1135～981 | | | 980～846 | | | 845～741 | | | 740～650 | | | <650 |
| 2 | 杂质粒子数/个≤ | | 16 | 30 | 80 | 16 | 30 | 80 | 20 | 40 | 80 | 20 | 40 | 80 | |
| 3 | 挥发物（包括水）质量分数/%≤ | | 0.40 | 0.40 | 0.50 | 0.40 | 0.40 | 0.50 | 0.40 | 0.40 | 0.50 | 0.40 | 0.40 | 0.50 | |
| 4 | 表观密度/（g/ml）≥ | | 0.48 | 0.45 | 0.42 | 0.48 | 0.45 | 0.42 | 0.50 | 0.45 | 0.42 | 0.50 | 0.45 | 0.42 | |
| 5 | 筛余物质量分数/% | 250μm筛孔≤ | 2.0 | 2.0 | 8.0 | 2.0 | 2.0 | 8.0 | 2.0 | 2.0 | 8.0 | 2.0 | 2.0 | 8.0 | |
| | | 63μm筛孔≤ | 95 | 90 | 85 | 95 | 90 | 85 | 95 | 90 | 85 | 95 | 90 | 85 | |
| 6 | “鱼眼”数/（个/400厘米$^2$）≤ | | 20 | 40 | 90 | 20 | 40 | 90 | 30 | 50 | 90 | 30 | 50 | 90 | |

续表

| 序号 | 项目 | 型号 | | | | | | | | | | | | |
|---|---|---|---|---|---|---|---|---|---|---|---|---|---|---|
| | | SG5 | | | SG6 | | | SG7 | | | SG8 | | | SG9 |
| | | 等级 | | | | | | | | | | | | |
| | | 优等品 | 一等品 | 合格品 | 优等品 | 一等品 | 合格品 | 优等品 | 一等品 | 合格品 | 优等品 | 一等品 | 合格品 | |
| 7 | 100g树脂的增塑剂吸收量/g≥ | 19 | 17 | - | 15 | 15 | - | 12 | — | — | 12 | — | — | |
| 8 | 白度（160℃10min）/%≥ | 78 | 75 | 70 | 78 | 75 | 70 | 75 | 70 | 70 | 75 | 70 | 70 | |
| 9 | 水萃取液电导率，μS/（cm·g）≤ | | — | | | — | | | — | | | — | | |
| 10 | 残留氯乙烯含量/（μg/g）≤ | 5 | 10 | 30 | 5 | 10 | 30 | 5 | 10 | 30 | 5 | 10 | 30 | 30 |
| 11 | 外观 | 白色粉末 | | | | | | | | | | | | |

注：SG0、SG9项目指标除残留氯乙烯单体项目外由供需双方协商确定。

表1-12　K值、平均聚合度、黏数与平均相对分子质量关系表

| K值 | 平均聚合度 | 黏数/ml·g$^{-1}$ | 平均相对分子质量 |
|---|---|---|---|
| ≥74.2 | ≥1340 | ≥143 | ≥8.375万 |
| 70.3～74.2 | 1110～1340 | 127～143 | 6.9万～8.375万 |
| 68～70.3 | 980～1110 | 117～127 | 6.13万～9.94万 |
| 65.2～68 | 850～980 | 106～117 | 5.13万～6.13万 |
| 62.2～65.2 | 720～850 | 97～106 | 4.5万～5.13万 |
| 58.5～62.2 | 590～720 | 84～97 | 3.69万～4.5万 |

（2）PVC树脂的选用

PVC树脂的型号不同，相对分子质量的大小不同，在性能上也有一定的差别，因此在生产中应根据不同的用途选用不同型号的树脂。一般来讲，PVC的黏数大，平均相对分子质量高，树脂的力学性能好，热稳定性好，成型加工温度也高，但塑化较困难，为了改善其成型加工性能，需加入较多的增塑剂，因而这类树脂适用于力学性能要求较高的PVC软制品；与此相反，PVC的黏数小，相对分子质量较低，其力学性能较差，但成型加工容易，可用于生产要求无增塑剂或有少量增塑剂的PVC硬制品，不同型号PVC树脂的应用如表1-13所示。

成型加工中，一般希望PVC相对分子质量的分布窄一些，以便于成型温度控制、塑化均匀，获得质量较均匀的制品。否则，在正常的成型加工温度下，由于相对分子质量过高的组分难以塑化，这样易使制品形成晶点（或鱼眼），影响制品的外观质量和力学性能，而相对分子质量较低的组分则会发生分解。一般情况下应避免把不同型号的PVC树脂混合使用。

表1-13　悬浮法PVC树脂的型号与用途

| 型号 | 黏数/ml·g$^{-1}$ | 主要用途 |
|---|---|---|
| PVC-SG0 | ＞156 | 耐热、耐寒电线电缆、缓冲垫、密封材料、人造革、鞋底 |
| PVC-SG1 | 156～144 | 高级电绝缘材料 |

续表

| 型号 | 黏数/ml·g$^{-1}$ | 主要用途 |
|---|---|---|
| PVC–SG2 | 143 ~ 136 | 电绝缘材料、薄膜<br>一般软材料 |
| PVC–SG3 | 135 ~ 127 | 电绝缘材料、农用薄膜、人造革<br>全塑凉鞋 |
| PVC–SG4 | 126 ~ 119 | 工业和民用薄膜、软管、人造革、高强度管材 |
| PVC–SG5 | 118 ~ 107 | 透明制品、硬管、硬片、单丝、型材、套管 |
| PVC–SG6 | 106 ~ 96 | 唱片、透明制品、硬板、焊条、纤维 |
| PVC–SG7 | 95 ~ 87 | 瓶子、透明片、硬质注塑件、过氯乙烯树脂 |
| PVC–SG8 | 86 ~ 73 | 管件、地板材料等、发泡型材，压延片材和透明片 |
| PVC–SG9 | <73 | 管件、地板材料等、发泡型材，压延片材和透明片 |

2. PVC的性能

（1）物理性能

工业生产的悬浮法PVC树脂为白色粉末或颗粒状，粒径一般为60 ~ 250μm，表观密度0.40 ~ 0.60g/cm$^3$，透明性优于聚乙烯、聚丙烯，但比聚苯乙烯要差。

（2）热性能

PVC是无定形聚合物，在80 ~ 85℃（玻璃化温度$T_g$）以下为固体，高于此温度即开始软化，随着温度的升高，在136℃（黏流温度$T_f$）以上熔融，而在140℃即产生大量分解。由于PVC的分解温度低，且与黏流温度相接近，使PVC在加工过程中热稳定性差，而难以成型加工，通常都需加入热稳定剂来提高PVC的分解温度。一般加入热稳定剂后分解温度可达到200℃，但成型加工中仍不宜采用过高的温度，以及在高温下停留时间过长，否则仍会引起PVC的过热分解。

（3）力学性能

PVC的力学性能与其相对分子质量的大小、所添加塑料助剂的种类及数量有关。尤其是与增塑剂的加入量有关。增塑剂的加入不但能提高PVC树脂的流动性，降低塑化温度，而且还可以改变PVC的硬度。根据在PVC树脂中加入增塑剂量的多少，一般把PVC塑料分为硬质PVC（UPVC或PVC–U）、软质PVC（SPVC 或PVC–P）和半硬质三种。通常在100份PVC树脂中增塑剂用量在5份以下的为UPVC，增塑剂用量大于25份的为软PVC，介于二者之间为半硬质PVC。UPVC的拉伸强度、刚度、硬度等力学强度较高；软PVC具有较高的断裂伸长率和良好的柔韧性。

（4）成型性能

PVC吸湿性小，如果原料在储存和运输过程中包装完好，没有被打湿，一般情况下成型前不需干燥处理。

PVC热稳定性差，属于热敏性塑料，成型时应严格控制成型温度，一般不宜用提高温度的方法来增加熔体的流动性，应采取增大压力和螺杆转速，提高剪切速率以降低熔体黏度来改善其流动性，但剪切速率不宜过大，否则易引起熔体破裂。

PVC在成型时的熔化速度慢，熔体强度低，易引起熔体流动缺陷，往往需加入加工改性剂来加快脂凝胶化速度，提高熔体的流动性，改善制品质量。常用的加工改性剂主要有ACR、氯化聚乙烯、乙烯/乙酸乙烯酯共聚物、甲基丙烯酸甲酯/丁二烯/苯乙烯共聚物等。

PVC在成型过程中分解放出的HCl对模具和设备有腐蚀作用，故模具和设备应选用耐腐蚀、耐高温的材料来制造。

## 四、聚苯乙烯

目前我国工业生产的聚苯乙烯（PS）树脂有多种型，常用的PS主要有三类：通用PS（GPS）、高抗冲击PS（HIPS）和可发性PS（EPS）。

1. 通用聚苯乙烯

PS是线型热塑性的无定型聚合物，通常为无色透明粒料，密度为1.05g/cm$^3$，吸水率约为0.05%，无毒。似玻璃状，质硬而易脆，落地或敲击时会发出金属般的清脆声音。

PS容易燃烧，燃烧时软化、起泡，有浓黑烟，并伴有苯乙烯单体的甜香味。

（1）力学性能

由于PS大分子链僵硬，柔顺性差，在宏观上表现出硬而脆的性质，是刚性较大、抗弯能力较强、冲击强度较低的塑料品种。并且在成型加工中容易产生内应力，在较低的外力作用下即产生应力开裂。

PS的力学性能受相对分子质量的影响较大，当相对分子质量增大，力学性能提高。比如，相对分子质量在5万以下，PS的拉伸强度较低，随着相对分子质量增加，拉伸强度增大，但当相对分子质量超过10万时，拉伸强度的改善就不明显了。

（2）热性能

PS的$T_g$为80～105℃，脆化温度约-30℃，熔融温度为140～180℃。长期使用温度不宜超过80℃。PS的热导率较低，为0.04～0.15W·（m·K）$^{-1}$，几乎不随温度而变化，因而具有良好的隔热性。

（3）化学性能

PS是饱和的碳氢聚合物，具有一定的化学稳定性。PS耐各种碱、盐及其水溶液，以及低级醇类和一些酸类，但是浓硝酸和其他氧化剂能腐蚀破坏PS，高级醇类和油类可使PS产生应力开裂或溶胀。PS能溶于四氯乙烷、苯乙烯、异丙苯、苯、氯仿、二甲苯、甲苯、四氯化碳、甲乙酮、酯类等溶剂中；而乙醚、丙酮、苯酚和一些脂肪烃类（如己烷、庚烷等）等则能使其发生溶胀作用。

PS在热、氧及大气条件下易发生老化现象，使PS在长期使用中容易变黄变脆。

（4）光学性能

PS具有优良的光学性能和透明性，透光率达88%～92%，但PS受阳光、灰尘作用后，会出现混浊、发黄等现象，因而用作光学部件可加入1%不饱和脂肪酸胺、环胺或氨基醇类化合物，以改善PS

的耐候性，制得高透明度的制品。

（5）成型加工特性

PS的熔融温度与分解温度相差较大，成型温度范围宽，熔体黏度低，易于成型加工，且极易着色，可与有机或无机着色剂混合，制成各种色泽鲜艳的制品，是热塑性塑料中较易成型加工的品种之一。成型时由于PS的吸水率低，成型为一般制品时可以不干燥而直接成型加工。但是对于外观质量要求较高的制品，成型前需在60～80℃下干燥适当时间，以除去原料中的游离水分；PS的比热容较PE和PP低，塑化速率和固化速率较快，成型时牵伸速度应大些；在成型过程中，由于PS属无定形聚合物，成型收缩率小（0.45%），制品尺寸稳定性好，但由于分子链的刚性大，制品容易产生内应力而出现开裂现象。成型后制品的内应力一般通过热处理消除，即将制品放入60～80℃的热水中静置1～4h，然后缓慢冷却至室温。

2. 高抗冲聚苯乙烯

HIPS实质上是GPS的改性品种，通过PS与橡胶共混或苯乙烯与橡胶共聚来改善GPS的脆性，提高冲击强度，如表1-14所示。近年来HIPS的发展迅速，应用范围不断扩大。

表1-14　不同橡胶含量的HIPS力学性能

| 性能 | 丁二烯含量 3%～4% | 丁二烯含量 5.1% | 丁二烯含量 14.5% |
|---|---|---|---|
| 悬臂梁冲击强度（缺口）/$kJ\cdot m^{-1}$ | 3.24 | 7.0 | 24.3 |
| 拉伸强度/MPa | 24.6 | 20.0 | 13.3 |
| 弹性模量/MPa | 3100 | 2200 | 1600 |
| 伸长率/% | 1.4 | 3.5 | 17 |

HIPS具备GPS的大多数特点，如刚性、易加工性、易染色性等，还具有卓越的冲击韧性，冲击度比GPS高出7倍以上，但拉伸强度有所下降，不透明。HIPS可用于生产各种板材及对韧性要求较高的管材和注射制品。

3. 可发性聚苯乙烯

EPS是在一定条件下使苯乙烯单体进行悬浮聚合而制得的珠状

产品，一般要求珠粒大小均匀性要好。该种PS易于加入发泡剂制得整体内含有无数微孔的泡沫塑料。

## 五、ABS

ABS是丙烯腈、丁二烯、苯乙烯的三元共聚物，ABS具有三种组分的综合性能，丙烯腈使ABS具有良好的耐化学腐蚀性、高的表面硬度和耐热性；丁二烯使ABS具有较高的韧性和冲击强度；苯乙烯则赋予ABS良好的刚性和易加工性。并且ABS性能随各组分所占的比例不同而改变。通常各组分比例为：丙烯腈20%～30%，丁二烯6%～30%，苯乙烯45%～70%。

### 1. ABS的类型

由于ABS在聚合过程中各组分比例不同，以及改性技术的不断发展，ABS新品种在不断出现。目前ABS的品种、牌号较多，性能也各异。我国生产的ABS树脂品种主要有通用型、挤出型、高流动型、耐热型，耐寒型、阻燃型和电镀型等，如用于挤出型ABS通常有板材级和管材级两种，MFR一般为0.2～2.0g/10min。板材级树脂耐环境应力开裂性和低温韧性好，卫生性和外观良好；管材级树脂综合性能好，冲击强度高，有较好的耐光氧老化性能。

### 2. ABS的性能

ABS树脂呈浅象牙色、不透明，无毒无味，相对密度为1.05左右，吸水率为0.2%～0.7%。ABS燃烧缓慢，离火后继续燃烧，火焰呈黄色，有黑烟，燃烧后塑料软化、焦化，伴有橡胶燃烧气味，无熔融滴落现象。

ABS具有质硬、性刚且坚韧综合性能。因而被广泛地用作通用工程塑料。但不同品种之间性能差别较大，如表1–15所示。

ABS的耐热性一般，在1.86MPa压力下的热变形温度为85℃左右，制品经热处理后，热变形温度可提高10℃。ABS的使用温度范围为–40～85℃，最高一般不超过100℃。

ABS的线膨胀系数在热塑性塑料中属于较小的品种，易制得尺寸精度较高的制品。

表1-15　ABS树脂的力学性能

| 性能 | 耐热型ABS | 高抗冲击型ABS |
| --- | --- | --- |
| 拉伸强度/MPa | 45 ~ 57 | 35 ~ 44 |
| 伸长率/% | 3 ~ 20 | 5 ~ 60 |
| 拉伸弹性模量/MPa | 2300 ~ 3000 | 1600 ~ 3300 |
| 压缩强度/MPa | 65 ~ 71 | 49 ~ 64 |
| 弯曲强度/MPa | 70 ~ 85 | 52 ~ 81 |
| 洛氏硬度（R） | 105 ~ 115 | 65 ~ 109 |
| 悬臂梁缺口冲击强度/$J\cdot m^{-1}$ | 11 ~ 25 | 16 ~ 44 |
| 弯曲弹性模量/MPa | 2100 ~ 3000 | 1600 ~ 2500 |
| 压缩弹性模量/MPa | 1700 | 1200 ~ 1400 |

ABS能耐水、无机盐、碱及弱酸和稀酸，但不耐氧化性酸，如浓硫酸和浓硝酸；大多数烃类、醇类、矿物油、植物油等化学介质与ABS长期接触时会引起应力开裂。酮、醛、酯及氯代烃等溶剂会使ABS溶解或形成乳浊液。

ABS树脂的耐候性较差，在紫外线和热氧的作用下易发生氧化降解，出现变硬发脆。常加入炭黑和酚类抗氧剂等提高其耐候性。尤其是炭黑成本低，稳定效果好，是ABS常用的稳定剂兼着色剂。

3. 成型加工特性

ABS为无定形聚合物，无明显熔点，黏流温度在160℃左右，分解温度达250℃以上，属于成型加工性能良好的材料。一般挤出温度在160 ~ 210℃。熔体流动性中等，成型时可通过提高成型温度也可通过增大剪切速率来改善熔体的流动性。

ABS树脂易于吸湿，吸水率为0.3%左右，有时表面吸水率可达0.8%，因而在成型前常需进行干燥处理，使吸水率降低至0.2%以下。生产中多采用带有干燥系统的加料装置，也可采用循环鼓风干燥烘箱，干燥温度为70 ~ 90℃，时间为6h左右。使用干燥后的树脂可获得表面高度光洁的制品。

ABS的成型收缩率为0.4% ~ 0.8%，可以制得尺寸精度较高的制品。另外，如果采用抛光或研磨光洁的模具来成型，制品具有高度光泽且色彩丰富。

## 六、聚甲基丙烯酸甲酯

聚甲基丙烯酸甲酯（PMMA），俗称有机玻璃，是无毒无味的无定形热塑性塑料，具有质硬、不易碎裂、高度透明、耐候性好、易于染色和成型等特点，成为应用广泛的透明塑料材料。

1. PMMA的性能

PMMA有均一的折光指数（1.49），透光率达92%，比无机硅酸盐玻璃还高，其透明性是常用塑料中最好的。PMMA属易燃材料，点燃离火后不能自熄，火焰呈浅兰色，下端为白色。燃烧时起泡、熔融滴落，分解产生甲基丙烯酸甲酯等单体，并伴有腐烂水果、蔬菜的气味。

PMMA的玻璃化温度（$T_g$）为105℃，维卡软化点100～102℃，脆化温度在-60℃以下。可在-60～65℃范围内长期使用，短时使用温度不宜超过105℃。PMMA的比热容比大多数热塑性塑料低，受热塑化快。

PMMA具有较高的拉伸强度和弹性模量，具有一定的脆性，但韧性高于PS。PMMA的表面硬度不足，易于被硬物擦伤、擦毛而失去光泽，不过，细微的划痕可用抛光膏打磨除去。其主要力学性能如表1-16所示。

表1-16　聚甲基丙烯酸甲酯的力学性能

| 项目 | 性能值 | 项目 | 性能值 |
|---|---|---|---|
| 密度/g·cm$^{-3}$ | 1.17～1.19 | 弯曲强度/Mpa | 110 |
| 拉伸强度/MPa | 55～77 | 压缩强度/MPa | 130 |
| 伸长率/% | 1400～2800 | 洛氏硬度（M） | 80～105 |
| 拉伸弹性模量/MPa | 2.5～6 | 冲击强度/kJ·m$^{-2}$ | 12～14 |

PMMA不耐氧化性酸和强碱，如氢氰酸、铬酸、王水、浓硫酸和硝酸等均能使其受到侵蚀。而随温度升高和介质的浓度的增加其化学稳定性下降，在60℃时即使10%的氨水也会被腐蚀。接触四氯化碳、二氯乙烷、四氯乙烷、甲酸、苯、丙酮、二甲基甲酰胺等时会使制品产生银纹，甚至开裂。

2. 成型加工特性

① PMMA易于吸湿，因而物料在成型加工前必须进行干燥，使水分含量降低到0.02%以下。否则，水分在加热时挥发成气体或促使其产生高温水解，导致制品起泡，产生斑纹、银纹等，不但影响制品的透明性和外观质量，力学性能也大大降低。干燥时，可采用循环鼓风干燥或远红外线干燥等方法，干燥温度80 ~ 95℃，干燥时间视料层厚度而定，一般4 ~ 10h。

② PMMA成型加工时必须严格控制温度，温度超过260℃易引起材料分解，一般应控制在180 ~ 250℃。

③ 在成型加工温度下PMMA的熔体黏度较高，成型时可采用提高压力和螺杆转速的办法来提高熔体的流动性。

④ PMMA大分子链具有一定刚性，挤出成型时的机头口模温度和定型温度都应稍高一些。

## 七、聚碳酸酯

聚碳酸酯（PC）是属于热塑性工程塑料，具有优异而均衡的力学、热和电性能，特别是冲击强度为一般热塑性塑料之冠。工业生产的PC有多种类型，作为工程塑料的品种主要是双酚A型的芳香族PC。

1. 聚碳酸酯的性能

PC是一种无味、无臭、无毒、透明的无定形热塑性聚合物，密度为1.2g/cm$^3$，吸水率小于0.2%。燃烧缓慢，离火自熄，燃烧时熔融、起泡，伴有腐烂花果臭气味。PC可制成透明、半透明和不透明制品。

（1）力学性能

PC力学性能优良，是典型的硬而韧聚合物，属于冲击强度优异的工程塑料品种，但冲击强度对缺口较敏感。PC的刚性较大，蠕变值很小，具有良好的尺寸稳定性，但疲劳强度和耐磨性一般，较易产生内应力而引起应力开裂。

（2）热性能

PC的玻璃化温度（$T_g$）较高（约150℃），熔融温度为

220～230℃，$T_d$在320℃以上，长期工作温度可高达120℃，短时使用温度可达140℃；同时它也具有良好的耐寒性，脆化温度低达-100℃。

（3）化学性能

室温下，PC耐无机和有机的稀酸溶液、食盐溶液、饱和的溴化钾溶液，耐脂肪烃、环烷烃及大多数醇类和油类，特别是耐油性优良。但不耐碱液、浓硫酸、浓硝酸、王水和糠醛等。对于有机溶剂，PC溶解和溶胀于氯化烃类、吡啶、四氢呋喃、三甲酚、磷酸三甲酯等极性溶剂中。

PC对热、氧、大气和紫外线均有良好的稳定性。但长期在室外使用或受强烈光照下，其表面会变暗，失去光泽、泛黄，甚至产生龟裂，可加入抗氧剂1076和紫外线吸收剂等稳定化助剂，提高其稳定性。

PC的性能如表1-17所示。

**表1-17　PC的性能**

| 项目 | 性能值 | 项目 | 性能值 |
|---|---|---|---|
| 密度/g·cm$^{-3}$ | 1.20 | 最高连续使用温度/℃ | 120 |
| 吸水率/% | 0.18 | 热分解温度/℃ | 340 |
| 拉伸屈服强度/MPa | 60～68 | 脆化温度/℃ | -100 |
| 拉伸强度/MPa | 58～74 | 玻璃化温度/℃ | 145～150 |
| 伸长率/% | 70～120 | 热导率/W·（m·K）$^{-1}$ | 0.145～0.22 |
| 拉伸弹性模量/MPa | 2200～2400 | 比热容/J·（kg·K）$^{-1}$ | 1090～1260 |
| 弯曲强度/MPa | 91～120 | 透光率/% | 85～90 |
| 压缩强度/MPa | 70～100 | 折射率/% | 1.585～1.587 |
| 缺口简梁冲击强度/kJ·m$^{-2}$ | 45～60 | 介电常数，$10^6$Hz | 3.05 |
| 无缺口简梁冲击强度/kJ·m$^{-2}$ | 不断 | tanδ，$10^6$Hz | （0.9～1.1）×$10^{-2}$ |
| 布氏硬度/MPa | 90～95 | 体积电阻率/Ω·m | 4 ×$10^{16}$ |
| 热变形温度（1.82MPa）/℃ | 126～135 | 介电强度/kV·mm$^{-1}$ | 15～22 |
| 黏流温度/℃ | 220～230 | 氧指数 | 25～27 |

2. 成型加工特性

（1）塑料成型用PC的相对分子质量一般宜较高，通常在3万~4万以上。相对分子质量提高不但有利于成型，而且有利于提高制品的力学性能，尤其是耐环境应力开裂性。

（2）PC吸水率较小，一般约0.18%，但由于高温下微量的水分也易导致发生水解，放出$CO_2$等气体，使制品易出现银丝、气泡及变色等。因此，PC在成型前必须进行干燥，使其水分含量降低到0.03%以下，通常干燥温度应在135℃以下。

（3）PC成型温度一般控制在220~300℃，其熔体黏度高，流动性差，熔体黏度对温度变化敏感，受剪切速率的影响较小，因此，成型加工中常可用提高温度来提高熔体的流动性，并需采用较高的成型压力。

（4）PC熔体冷却时收缩均匀，成型收缩率小，一般在0.4%~0.8%的范围内，可制得尺寸精度较高的制品。

## 八、聚酰胺

聚酰胺（PA，俗称尼龙），目前工业生产的PA种类有很多，常用的主要有PA-6、PA-66、PA-610、PA-1010、PA-11、PA-12等。

1. 聚酰胺的性能

（1）物理性能

塑料工业中常用的PA为脂肪族类，属于典型的线型热塑性聚合物。PA无毒、无味、不霉烂，外观为半透明或不透明的乳白色或淡黄色粒料。密度一般在1.02~1.36g/cm$^3$，随着链节中碳原子数的增加，密度下降。大多数PA具有自熄性，少数品种虽具有可燃性，但对火焰的传播速度很慢。

（2）吸湿性

PA的吸湿性大，吸水率0.3%~9.0%，随着链节中碳原子数的增加，吸水率下降。吸水率对制品的影响主要表现在两个方面：一是因吸水后发生尺寸变化，降低制品尺寸稳定性；二是力学性能对吸水率有较大依赖性，拉伸强度、弯曲强度和硬度随吸水率的增大而降低，冲击强度则明显提高，在使用时必须考虑环境湿度的变化。

（3）结晶性

PA分子间的作用力增大，分子结构较规整，易于结晶，结晶度可达50%～60%。所以PA具有较高的力学强度和熔点。但也有无定形结构的PA共缩聚品种，具有较好的韧性和透明性，其透明性接近于有机玻璃，称为透明PA。

（4）力学性能

PA是典型的硬而韧聚合物，综合性能优于前面介绍的各种通用塑料。与金属材料相比，PA的刚性比较低，但它的比拉伸强度大于金属，比压缩强度与金属相当，可代替某些金属材料使用。PA的拉伸强度、弯曲强度和硬度随温度和吸水率的增大而降低，冲击强度则明显提高。几种PA的综合力学性能见表1-18。

表1-18　PA的综合力学性能

| 性能 | PA-6 | PA-66 | PA-610 | PA-1010 | PA-11 | PA-12 |
|---|---|---|---|---|---|---|
| 拉伸强度/MPa | 63 | 80 | 60 | 55 | 55 | 43 |
| 拉伸弹性模量/MPa | — | 2900 | 2000 | 1600 | 1300 | 1800 |
| 伸长率/% | 130 | 60 | 200 | 250 | 300 | 300 |
| 弯曲强度/MPa | 90 | — | 90 | 75 | 70 | — |
| 弯曲模量/MPa | 2650 | 3000 | 2200 | 1300 | 1000 | 1400 |
| 冲击强度（缺口）/ $kJ\cdot m^{-2}$ | 3.1 | 3.9 | 4.0 | 4.5 | 4.1 | 11.3 |

PA具有优良的耐磨性，其中尤以PA-1010的耐磨性最佳。它的密度约为铜的1/7，而耐磨性却是铜的8倍。PA对钢的摩擦系数在油润滑下有明显下降，在水润滑下反而比干燥状态时更高。如果在PA中添加二硫化钼、石墨等填料或聚四氟乙烯粉末，可进一步提高PA的耐磨性。

PA还具有良好的耐疲劳性，在12～40MPa交变循环应力作用下的疲劳寿命达$10^7$次，与铸铁和铝合金等金属材料相当。PA的疲劳寿命随吸水率的增大而降低，随相对分子质量的增大而提高。若用玻璃纤维增强可以有效地改善其耐疲劳性，增强PA的疲劳强度约为未增强PA的2.5倍。表1-19为PA-6和PA-66用玻璃纤维增强前后的性能比较。

表1-19 PA-6和PA-66用玻璃纤维增强前后的性能比较

| 项目 | PA-6 | | PA-66 | |
|---|---|---|---|---|
| | 纯PA-6 | 30%玻纤增强 | 纯PA-66 | 30%玻纤增强 |
| 密度 /g·cm$^{-3}$ | 1.13 | 1.36 | 1.14 | 1.38 |
| 拉伸强度/MPa | 78 | 170 | 83 | 189 |
| 伸长率/% | 70 | 5 | 60 | 3 |
| 弯曲弹性模量/MPa | 2700 | 8000 | 3000 | 9100 |
| 悬臂梁冲击强度/J·m$^{-1}$ | 33 | 110 | 39 | 102 |
| 热变形温度（1.82MPa）/℃ | 63 | 215 | 60 | 248 |

（5）热性能

PA是结晶性聚合物，具有较明晰的熔点，熔点较高，通常在180~280℃，随品种和结构的不同而异。PA长期使用温度却不高，一般不宜超过100℃，通常在80℃左右。若在100℃以上的温度下长期与氧气接触会引起其表面缓慢热氧降解，使制品逐渐呈现褐色，丧失使用性能。芳香族PA的耐热性提高，长期使用温度可达200℃。

PA线膨胀系数较大，作为耐磨材料使用时，为排除摩擦热，一般宜与金属配合使用，或采用油润滑，以避免热量的集聚，而使材料膨胀。此外，加入铜粉或石墨可提高PA的散热能力。

（6）化学性能

PA在室温下耐稀酸、弱碱和大多数盐类，但强酸和较高浓度的酸及强氧化剂会使其明显受到侵蚀。

PA的耐溶剂性和耐油性优良，能耐烃类、油类及一般有机溶剂，但水和醇及其类似的化合物能使PA产生溶胀，能溶解于甲酸、冰醋酸、苯酚、甲酚等溶液中。工业上常利用PA的这一特性对其制品进行黏结。

PA的耐候性一般，直接暴露在大气中或在热氧的作用下则易于老化，导致制品表面变色，力学性能下降。加入炭黑、胺类和酚类稳定剂可明显提高其耐候性，并使耐热性也能得到改善。

2. 成型加工性能

① PA较高吸湿性，不仅使熔体黏度下降，制品表面还会出现气泡、银丝、斑纹，而且制品的力学性能和电性能也显著降低。因此，成型前必须对树脂进行干燥，使吸水率降低至0.2%以下。但由于PA在高温下又容易氧化变色，故为避免氧化，通常采用真空干燥法，干燥温度80～100℃，干燥时间6～10h。

② PA熔体黏度低，流动性大，在挤出牵伸时易出现断料。在成型过程中可通过调节温度来控制熔体的黏度。

③ 熔融状态的PA热稳定性差，易降解和氧化，故成型过程中应严格控制物料温度和在高温下的停留时间，冷却定型装置应尽量靠近机头。一般成型加工温度高于PA熔点5～50℃，受热时间不宜超过半小时。

④ PA具有较大的成型收缩率，一般为1.5%～2.5%，同时，由于结晶的不完全性和不均匀性，往往还会导致制品在成型后出现后收缩，从而导致PA制品尺寸稳定性差。

⑤ PA成型时对制品进行缓慢冷却，制品的结晶度提高，其拉伸强度、刚度、硬度、耐磨性也会相应得到提高，同时还可提高其抗热氧老化性能，但冲击强度会下降。当对PA制品进行快速冷却时，结晶度降低，但在使用中遇热、有外力作用或暴露在潮湿环境中会发生二次结晶现象。

## 九、聚对苯二甲酸乙二醇酯

聚对苯二甲酸乙二醇酯（PET），属于热塑性聚酯。PET是支化度极小的线型大分子，属结晶性高聚物，但它的结晶速度慢，结晶温度高，故结晶度不高，并可在一定条件下制成透明度很高的制品。

1. PET的性能

（1）物理性能

PET为无色具有一定光泽的透明物质（无定形），或不透明乳白色物质（结晶形），比重分别1.30～1.33g/cm$^3$、1.33～1.38g/cm$^3$，难于着火和燃烧，但一经燃烧，离火后仍能继续燃烧，燃烧时会爆成碎片并呈黄色火焰，边缘为蓝色，有小滴落下，发黑烟，放出带微甜味、有刺激性的气体。聚对苯二甲酸乙二醇酯（PET）是线型聚合物，易于取向，能结晶。

（2）力学性能

PET综合力学性能表现出较大的刚性，具有良好的耐蠕变、耐疲劳性及耐磨性能，但韧性较差，抗冲击性较差，具有一定的脆性。缺口冲击强度4～5$kJ \cdot m^{-2}$，拉伸强度为73MPa左右。但玻璃纤维增强后，其拉伸强度、冲击强度可提高一倍以上，30%玻璃纤维增强PET拉伸强度140～160MPa，缺口冲击强度达8$kJ \cdot m^{-2}$。

（3）受热性能

PET玻璃化温度$T_g$为80℃，熔点$T_m$为250～265℃，脆化温度为-70℃，长期使用温度为120℃，短期使用可达150℃，在-40℃的超低温仍具一定的韧性。PET热变形温度为85℃，玻璃纤维增强后可达210℃以上。

PET的熔点约为265℃，成型加工温度范围较窄，一般在270～290℃。当温度达295～300℃时，熔料会由液态逐渐变成胶状，最后可能形成交联，熔体会出现发黑现象。当温度超过300℃时，则发生分解，放出CO、$CO_2$、乙醛、对苯甲酸等。

（4）电性能

PET的电性能优良，即使在高频率下，仍能保持很好的电性能。25℃体积电阻率为$10^{18}\Omega \cdot cm$，25℃、$10^6$Hz时的介电常数为3.0，但在作为高电压材料使用时，PE的耐电晕性较差。

（5）化学性能

PET不耐浓硫酸、浓硝酸、浓盐酸等。酯基对碱性溶液敏感，特别是氨水，容易发生水解。高温下长期与水接触，也会由于水解而使机械性能急剧下降。加热可溶于某些极性溶剂如苯酚、三甲酚、苯甲醇等。对于一般无极性的有机溶剂稳定，室温下也可耐某些极性溶剂。

（6）结晶性能

PET具有一定的结晶性，但结晶速率小，最大结晶速率温度为

190℃，结晶度最大可达到40%。

2. 成型加工与应用

PET具有刚柔相济的分子结构赋予了PET优良的力学性能，采用纤维增强后具有较高的拉伸强度、刚度和硬度，良好的耐磨性和耐蠕变性，并能在较宽的温度范围内保持这种良好的力学性能，长期使用温度可达120℃，能在150℃下短时间使用。

PET易受强酸、强碱的侵蚀，但对大多数有机溶剂和油类具有良好的化学稳定性；具有一定的吸水性，吸水率约0.4%，且高温易水解，因此成型前应干燥；PET具有优良的气体阻隔性， PET经挤出成型可制得双轴拉伸薄膜和透明基材。PET双轴拉伸薄膜为无色、透明、光泽度高、力学性能好的薄膜，有优良的电气和耐热性能，其拉伸强度与铝箔相似，比PE高9倍，比PA高3倍，使其在包装领域得到了广泛应用。也常用于绝缘胶带、磁带、感光胶片、录像带、金属镀膜、电工膜和软磁盘等。

## 第三节　塑料助剂的认识

### 一、增塑剂

1. 增塑剂的概念

增塑剂是可以改善塑料的可塑性，提高其柔韧性而加入到塑料中的低挥发性物质。增塑剂通常为高沸点、低挥发的液体，或低熔点的固体，其分子中大都具有极性和非极性两部分。极性部分常由极性基团所构成，非极性部分为具有一定长度和体积的烷基。极性基团主要有酯基、氯原子和环氧基等。含有不同极性基团的化合物具有不同的特点，如邻苯二甲酸酯类的相容性、增塑效果好，性能也较全面；磷酸酯和氯化物具有阻燃性；环氧化物、双季戊四醇酯的耐热性能好；脂肪族二元酸酯的耐寒性优良；烷基磺酸苯酯的耐候性好；柠檬酸酯及乙酰柠檬酸酯类具有抗菌性等。

2. 增塑剂的作用

增塑剂的主要作用是削弱聚合物分子间的作用力，降低熔融温度和熔体黏度，改善其成型加工性能，在使用温度范围内，赋予塑料制品柔韧性与其他各种必要的性能。

3. 增塑剂主要类型

增塑剂品种很多，按不同的分类方法可得不同的类型。其分类方法主要有按化学结构分类、按与被增塑物的相容性分类和按增塑剂使用性能分类三种。

（1）按化学结构分

这是增塑剂最常用的分类方法。一般可分为邻苯二甲酸酯类，脂肪族二元酸酯类，磷酸酯类，偏苯三酸酯类，烷基苯磺酸酯类，环氧酯类，含氯化合物等。

（2）按与被增塑物的相容性分

可分为主增塑剂、辅（助）增塑剂和增量剂三类。主增塑剂与被增塑物的相容性良好，可单独使用，如邻苯二甲酸酯类、磷酸酯类等；辅增塑剂与被增塑物的相容性良好，但一般不单独使用，常需与适当的主增塑剂配合作用，如脂肪族二元酸酯类、多元醇酯类等；增量剂与被增塑物的相容性较差，但与主、辅增塑剂有一定的相容性，且能与它们配合，以达到降低成本和改善某些性能的目的，如含氯化合物等。

（3）按使用性能分

可分为耐寒性增塑剂、耐热性增塑剂、阻燃性增塑剂、防霉性增塑剂、耐候性增塑剂、无毒性增塑剂和通用型增塑剂七类。

4. 增塑剂主要类型的特性

（1）邻苯二甲酸酯类

邻苯二甲酸酯（PAE）类增塑剂是目前应用最为广泛的一类主增塑剂。它具有色浅、低毒，品种多，电性能好，挥发性小，耐低温等特点，具有比较全面的综合性能。常见的邻苯二甲酸酯类增塑剂品种及性能如表1–20所示。

常用的是邻苯二甲酸二辛酯（DOP）。它是一个带有支链的醇酯，具有良好的综合性能，挥发性低，耐热性、耐久性好，增塑效率适中，具有良好的加工性能，应用广泛，产量最大。邻苯二甲酸二异辛酯（DIOP）和邻苯二甲酸二异癸酯（DIDP）由于挥发性低，耐热性好，用量不断增长。而邻苯二甲酸二丁酯（DBP）因其挥发性较大，耐久性较差，近年来在PVC工业中单独使用较少，但在黏合剂和乳胶漆中用作增塑剂逐渐增多。

表1-20　常见的邻苯二甲酸酯类增塑剂品种及性能

| 化学名称 | 简称 | 相对分子质量 | 外观 | 沸点/（℃/mmHg） | 凝固点/℃ | 闪点/℃ |
|---|---|---|---|---|---|---|
| 邻苯二甲酸二甲酯 | DMP | 194 | 无色透明液体 | 282/760 | 0 | 151 |
| 邻苯二甲酸二乙酯 | DEP | 222 | 无色透明液体 | 298/760 | –40 | 153 |
| 邻苯二甲酸二丁酯 | DBP | 278 | 无色透明液体 | 340/760 | –35 | 170 |
| 邻苯二甲酸二庚酯 | DHP | 362 | 无色透明油状液体 | 235 ~ 240/10 | –46 | 193 |
| 邻苯二甲酸二辛酯 | DOP | 390 | 无色油状液体 | 387/760 | –55 | 218 |
| 邻苯二甲酸二正辛酯 | DnOP | 390 | 无色油状液体 | 390/760 | –40 | 219 |
| 邻苯二甲酸二异辛酯 | DIOP | 391 | 无色黏稠液体 | 229/5 | –45 | 221 |
| 邻苯二甲酸二壬酯 | DNP | 439 | 透明液体 | 230 ~ 239/5 | –25 | 219 |
| 邻苯二甲酸二异癸酯 | DIDP | 446 | 无色油状液体 | 420/760 | –35 | 225 |
| 邻苯二甲酸丁辛酯 | BOP | 334 | 油状液体 | 340/760 | –50 | 188 |
| 邻苯二甲酸二丁苄酯 | BBP | 312 | 无色油状液体 | 370/760 | –35 | 199 |
| 邻苯二甲酸二环己酯 | DCHP | 330 | 白色结晶状粉末 | 220 ~ 228/760 | 65 | 207 |
| 邻苯二甲酸二仲辛酯 | DCP | 391 | 无色黏稠液体 | 235/5 | –60 | 201 |

续表

| 化学名称 | 简称 | 相对分子质量 | 外观 | 沸点/（℃/mmHg） | 凝固点/℃ | 闪点/℃ |
|---|---|---|---|---|---|---|
| 邻苯二甲酸二（十三）酯 | DTDP | 531 | 黏稠液体 | 280～290/5 | −35 | 243 |
| 丁基邻苯二甲酰甘醇酸丁酯 | BPBG | 336 | 无色油状液体 | 219/5 | −35 | 199 |

（2）磷酸酯类

磷酸酯类有四种类型，即磷酸三烷基酯，磷酸三芳基酯，磷酸烷基芳基酯与含卤磷酸酯。该类增塑剂与PVC树脂的相容性好，可作主增塑剂使用。除具有增塑作用外，磷酸酯还具有阻燃作用，是良好的阻燃增塑剂。常见的磷酸酯类增塑剂的品种及性能如表1–21所示。

**表1–21　常见的磷酸酯类增塑剂的品种及性能**

| 化学名称 | 简称 | 相对分子质量 | 外观 | 沸点/（℃/Pa） | 凝固点/℃ | 闪点/℃ |
|---|---|---|---|---|---|---|
| 磷酸三丁酯 | TBP | 266 | 无色液体 | 137～145/533 | −80 | 193 |
| 磷酸三辛酯 | TOP | 434 | 无色液体 | 216/533 | <−90 | 216 |
| 磷酸三苯酯 | TPP | 326 | 白色针状结晶 | 370/101324 | 49 | 225 |
| 磷酸三甲苯酯 | TCP | 368 | 无色液体 | 235～255/533 | −35 | 230 |
| 磷酸二苯一辛酯 | DPOP | 362 | 浅黄色液体 | 375/101324 | −6 | 200 |
| 磷酸三（$\beta$–氯乙基）酯 | TCEP | 285.5 | | 210/2666.4 | <−20 | 225 |
| 磷酸甲苯二苯酯 | CDPP | 340 | | 258/1333 | <−35 | 232 |

磷酸三辛酯不溶于水，易溶于矿物油和汽油，能与PVC、氯乙烯—醋酸乙烯酯树脂（VC–VA）、硝酸纤维素相容，具有阻燃和防霉作用，耐低温性能好，使制品的柔性能在较宽的温度范围内变化

不明显。但通常迁移性、挥发性大，加工性能不及磷酸三苯酯，可作辅助增塑剂与邻苯二甲酸酯类并用，常用于PVC薄膜、PVC电缆料、涂料以及合成橡胶和纤维素塑料。

磷酸三甲苯酯不溶于水，能溶于普通有机溶剂及植物油，可与纤维素树脂、PVC、氯乙烯共聚物相容。一般用于PVC人造革、薄膜、板材、地板料以及运输带等。其特点是阻燃，水解稳定性好，耐油耐霉菌性好，电性能优良，但有毒，耐寒性差，可与耐寒性增塑剂配合使用。

磷酸二苯一辛酯，几乎能与所有的主要工业用树脂和橡胶相容，与PVC相容性尤其好，可作主增塑剂用。具有无毒、阻燃、低挥发、耐寒、耐候、耐光、耐热稳定等性能特点，可改善制品的耐磨性、耐水性和电气性能，但价贵，使用受到限制。常用于PVC薄膜、薄板、挤出和模塑制品以及塑胶制品。

（3）脂肪族二元酸酯类

脂肪族二元酸酯类增塑剂的碳原子总数一般在18～26，以保证它与树脂具有良好的相容性和低温挥发性。常用的主要有己二酸酯、壬二酸酯和癸二酸酯等，其各品种的性能如表1–22所示。此类增塑剂的低温性能优于DOP，是一类优良的耐寒型增塑剂。在商业化品种中，耐寒性最佳者当属DOS。

癸二酸二辛酯（DOS）为油状液体，不溶于水，溶于醇，为一优良的耐寒增塑剂，无毒，挥发性低，还可在较高的温度下使用，主要用作PVC、氯乙烯共聚物、纤维素树脂的耐寒增塑剂。因有较好的耐热、耐光和电性能，加之增塑效率高，故适用于耐寒电线、电缆料、人造革、薄膜、板材、片材等。但由于迁移性大，易被烃类抽出，耐水性也不理想，常与DOP、DBP并用，做辅助增塑剂。

己二酸二辛酯（DOA）为PVC、纤维素树脂的典型耐寒增塑剂，增塑效率高，受热不易变色，耐低温和耐光性好，在挤出和压延成型中有良好的润滑性，使制品有良好的手感。但因易挥发、迁移性大，电性能差，使它只能作辅助增塑剂与DOP、DBP等并用。

壬二酸二辛酯（DOZ）为乙烯基树脂及纤维素树脂的优良耐寒增塑剂。其耐寒性比DOA好，由于它黏度低，沸点高，挥发性小，以及优良的耐热、耐光及电绝缘性等，加上增塑效率高，制成的增塑糊黏度稳定，所以广泛用于人造革、薄膜、薄板、电线和电缆护套等。但价格也比较昂贵，使其应用受到限制。

表1-22　常见的脂肪族二元酸酯类增塑剂

| 化学名称 | 简称 | 相对分子质量 | 外观 | 沸点/（℃/mmHg） | 凝固点/℃ | 闪点/℃ |
|---|---|---|---|---|---|---|
| 己二酸二辛酯 | DOA | 370 | 无色油状液体 | 210/5 | −60 | 193 |
| 己二酸二异癸酯 | DIDA | 427 | 无色油状液体 | 245/5 | −66 | 227 |
| 壬二酸二辛酯 | DOZ | 422 | 无色液体 | 376/760 | −65 | 213 |
| 癸二酸二丁酯 | DBS | 314 | 无色液体 | 349/760 | −11 | 202 |
| 癸二酸二辛酯 | DOS | 427 | 无色油状液体 | 270/4 | | 241 |
| 己二酸610酯 | | 378 | 无色液体 | 240/5 | | 204 |
| 己二酸810酯 | | 400 | 无色液体 | 260/5 | | |
| 顺丁烯二酸二辛酯 | DOM | 341 | 无色液体 | 203/5 | −50 | 180 |

（4）多元醇酯

多元醇酯主要是指由二元醇、多缩二元醇、三元醇、四元醇与饱和脂肪一元酸或苯甲酸生成的酯类。各种多元醇酯的分子结构不同，有的是直链结构，有的是支链结构；有的是脂肪酸酯，有的则是苯甲酸酯，而且相对分子质量差异很大，因此不同的多元醇酯，其增塑性能和用途也不一样。主要品种有$C_5 \sim C_9$酸乙二醇酯（0259）和$C_7 \sim C_9$酸二缩三乙二醇酯（2379）。

（5）环氧化合物

环氧化合物增塑剂分子中含有环氧基团。由于它能吸收HCl，起到稳定剂的作用，所以环氧化合物是一类对PVC具有增塑和稳定双重作用的增塑剂。它的耐候性好，但与聚合物的相容性差，通常只做辅助增塑剂。此外，环氧增塑剂毒性低，可允许用作食品和医药品的包装材料。其代表品种有环氧大豆油（ESO）、环氧大豆油酸2–乙基已酯（ESBO）、环氧硬脂酸2–乙基已酯（ED–3）、环氧硬脂酸辛酯（EOST）、环氧四氢邻苯二甲酸辛酯等。

（6）含氯化合物

含氯化合物是一类增量剂，主要为氯化石蜡、五氯硬脂酸甲酯等。它们与PVC的相容性较差，一般热稳定性也不好，但有优良的电绝缘性和阻燃性，成本低廉，因此常用在电线电缆的配方中。其中氯化石蜡的表示方式为：CP–××，××为含氯量，如CP–52、CP–42分别表示其中的含氯量为52%和42%。

（7）聚酯

聚酯型增塑剂为聚合型增塑剂中一种主要类型，由二元酸与二元醇缩聚而得。一般，相对分子质量在1500～4000。缩聚单体二元酸主要有己二酸、壬二酸、癸二酸和戊二酸，二元醇多为丙二醇、丁二醇、一缩二乙二醇。在塑化效率上，聚酯增塑剂通常不如DOP，但这类增塑剂的挥发性小，在PVC中扩散速率低，因而耐抽出，迁移性小。聚酯型增塑剂一般无毒或低毒，主要用于汽车内装饰制品、电线电缆、电冰箱等室内外长期使用的制品，是目前发展较快的一类增塑剂。

## 二、热稳定剂

1. 热稳定剂及其作用

热稳定剂是以改善聚合物热稳定性为目的而添加的助剂。由于PVC的热稳定性差，是生产中最主要解决的问题，其热稳定剂的应用最为普遍，因此通常所说的热稳定剂即专指PVC及氯乙烯共聚物使用的热稳定剂。

由于PVC大分子在受热时易于脱除氯化氢，形成共轭多烯结构，且在初始阶段所形成的氯化氢和其共轭多烯结构都能进一步促进PVC继续进行热分解，从而形成连锁降解反应。因而PVC热分解脱除氯化氢的反应一旦开始，就会使得进一步脱除氯化氢的反应变得更为容易。

热稳定剂通常具有能吸收（捕捉）PVC分解形成的氯化氢及高

活性金属氯化物（$ZnCl_2$或$CdCl_2$等）的作用，以消除所有对链断裂分解反应具有催化作用的物质。或能通过置换PVC中烯丙基氯原子和双键等结构，而得到更为稳定的化学键，以消除分子链中热分解的引发源，减少脱除氯化氢反应，而防止或延缓PVC的热分解。

2. 热稳定剂的类型与特性

热稳定剂的品种繁多，其分类比较复杂，按热稳定剂的化学组成来分可分为盐基性铅盐、金属皂、有机锡、亚磷酸酯、环氧化合物、稀土类热稳定剂及复合热稳定剂等。一般按使用情况来分可把PVC热稳定剂分为主热稳定剂、辅助热稳定剂以及复合热稳定剂。通常盐基性铅盐、金属皂和有机锡、稀土类热稳定剂属于主热稳定剂，而亚磷酸酯、环氧化合物等为辅助热稳定剂。主热稳定剂的性能好，而辅助热稳定剂在单独使用时性能尚有不足，但与其他类型的热稳定剂配合作用时，则能产生优异的应用效果。

（1）盐基性铅盐类

盐基性铅盐类是带有未成盐的氧化铅（PbO，称为盐基）的无机酸或有机酸的铅盐。盐基性铅盐类热稳定剂的长期热稳定性好，电气绝缘性好；具有白色颜料的性能，覆盖力大，价格低廉。但制品透明性差，毒性大，分散性差，易发生硫化污染。常用的品种有三盐基硫酸铅、二盐基亚磷酸铅、盐基性亚硫酸铅、二盐基邻苯二甲酸铅、三盐基马来酸铅、二盐基硬脂酸铅和碱式碳酸铅（铅白）等。一般用量为2～7份。

（2）金属皂类

金属皂是指高级脂肪酸的金属盐。作为PVC热稳定剂的金属皂则主要是硬脂酸、月桂酸和棕榈酸的钡、镉、铅、钙、锌、镁、锶等金属盐（MSt）。

金属皂类热稳定剂的作用主要表现在它能置换出PVC分子链中的活性氯原子。金属皂外观多为白色粒状或白色微细粉末，大多数可用于透明制品。

（3）有机锡类

有机锡类热稳定剂主要有下列三种类型：脂肪酸盐类、马来酸盐类、硫醇盐类有机锡及复合有机锡等类有机锡。此类稳定剂的主要特点是：具有高度的透明性，突出的耐热性，低毒，耐硫化污染。

（4）亚磷酸酯类

亚磷酸酯作为辅助热稳定剂，与金属皂类配合使用时，能提高制品的耐热性、透明性、耐压析性、耐候性等使用性能。在PVC中主要使用烷基芳基亚磷酸酯，其作用是螯合金属离子、置换烯丙基氯、捕捉氯化氢，兼具分解过氧化物和与多烯加成的作用。亚磷酸酯是过氧化物分解剂，故在聚烯烃、ABS、聚酯与合成橡胶中广泛用作辅助抗氧剂。

亚磷酸酯广泛用于液体复合热稳定剂中，一般添加量为10%～30%；用于农业薄膜、人造革等软质制品中，用量为0.3～1份；在硬质制品中用量为0.3～0.5份。

（5）环氧化合物类

作为辅助热稳定剂的主要是增塑剂型环氧化合物。常用品种有环氧大豆油、环氧硬脂酸酯、环氧四氢邻苯二甲酸酯和缩水甘油醚等。环氧化合物与金属皂、铅盐、有机锡类等热稳定剂配合使用时具有良好的协同效果。特别是与镉/钡/锌复合稳定剂并用时效果尤为突出。

（6）复合热稳定剂类

所谓复合热稳定剂是指有机金属盐类、亚磷酸酯、多元醇、抗氧剂和溶剂等多组分的混合物，一般呈液状。使用复合热稳定剂具有方便、清洁、高效的优点。金属皂类热稳定剂是复合热稳定剂的主体成分。如镉/钡/锌皂（通用型）、钡/锌皂（耐硫化污染型）、钙/锌皂（无毒型）以及钙/锡皂和钡/锡皂复合物等复合热稳定剂。复合热稳定剂中常用的亚磷酸酯有亚磷酸三苯酯、亚磷酸一苯二辛酯、亚磷酸三异辛酯和三壬基苯基亚磷酸酯等。抗氧剂习惯上一般选用双酚A作为抗氧剂。而溶剂一般可用矿物油、高级醇、液体石蜡或增塑剂等。由于各生产厂家所用原料与制造方法均不相同，使得相同配方的液体复合稳定剂在组成、性能和用途等方面存在着较大的差异。因此在使用时，要以生产厂家的产品说明书为准。

## 三、抗氧剂

1. 抗氧剂的作用

抗氧剂是能阻止聚合物自动氧化的进行，提高塑料材料的抗氧化能力的一种塑料助剂。抗氧剂通常可以与聚合物产生的自由基反应，而终止聚合物在氧化过程中产生的自由基链的传递和增长，或能与氧化过程中产生的过氧化物反应并生成稳定化合物的物质，阻止或延缓氧化老化过程中自由基产生，而达到抗氧化目的，以延长塑料制品的使用寿命。

2. 抗氧剂的类型

按抗氧剂的化学组成分，一般可分为受阻酚类、胺类、硫代酯类、亚磷酸酯类和金属螯合剂等，其中以受阻酚类为主。

（1）酚类抗氧剂

大多数酚类抗氧剂具有受阻酚的化学结构，它包括烷基单酚、烷基多酚和硫代双酚等类型。酚类抗氧剂一般为低毒或无毒，具有优异的不变色性、无污染。

烷基单酚抗氧剂分子内部只有一个受阻酚单元。常用的品种有抗氧剂264和抗氧剂1076。抗氧剂264是各项性能优良的通用型抗氧剂，不变色，无污染，可用于PE、PVC、PP、PS、ABS及聚酯塑料中，尤其适用于白色或浅色制品及食品包装材料，用量一般小于1%。但其相对分子质量低，挥发性大，不适合用于加工或使用温度高的塑料中。抗氧剂1076相对分子质量大，挥发性低于抗氧剂264。

烷基多酚抗氧剂中分子内有两个或两个以上的受阻酚单元。常用的品种有抗氧剂、抗氧剂CA、抗氧剂330、抗氧剂1010等。抗氧剂2246具有优良抗氧性能，无污染，同时由于相对分子质量大，挥发性小，可用于浅色或彩色制品，用量一般低于1%。抗氧剂CA为三元酚抗氧剂，熔点在185℃以上。是常用的塑料抗氧剂，在PP、PE、PVC、ABS的加工和制品中具有良好的稳定作用，用量一般在0.02%～0.5%。它与DLTP以1∶1并用，可产生协同效应。

硫代双酚类抗氧剂具有不变色、无污染的优点，其抗氧性能类似于烷基双酚，但同时它还具有分解过氧化物的功效，从而抗氧效率较高。其典型品种有抗氧剂300与抗氧剂2246-S。抗氧剂300，熔点在160℃以上，耐热性优良，不变色，污染性低，主要用于聚烯烃塑料，用量一般为0.5%～1%。抗氧剂2246-S，广泛用作无污染、不变色的抗氧剂，用于聚烯烃制品，用量1.5%～2%。

（2）胺类抗氧剂

胺类抗氧剂是一类具有良好应用效果的抗氧剂。它对氧、臭氧的防护作用很好，对热、光、铜害的防护作用也很突出。主要用于橡胶制品，如电线、电缆、机械零件等。但由于具有较强的变色性和污染性，故在塑料中应用要特别注意。常用的品种有防老剂A、防老剂D、防老剂H等。

（3）硫代酯类抗氧剂

硫代酯类抗氧剂是优良的辅助抗氧剂，通常可与酚类抗氧剂并用，产生协同效应。主要有抗氧剂DLTP和DSTP（硫代二丙酸双十八酯）两个品种。抗氧剂DLTP广泛用于PP、PE、ABS、橡胶及油脂等材料，用量一般有0.1%～1%。抗氧剂DSTP的抗氧效果较DLTP好，与主抗氧剂1010、1076等并用有协同效应，可用于PP、PE、合成橡胶与油脂等方面。

（4）亚磷酸酯

亚磷酸酯类是一种辅助抗氧剂，通常可与酚类主抗氧剂并用，具有良好的协同效应，在PVC中还是常用的辅助热稳定剂。常用品种主要有亚磷酸三壬基苯酯（抗氧剂TNP）、三（2，4-二叔丁基苯基）亚磷酸酯（抗氧剂168）和亚磷酸二苯一辛酯（DPOP）等。抗氧剂TNP，该品无污染，无毒，常与酚类抗氧剂并用。在塑料工业中，可用于HIPS、PVC、PUR等材料中，用量一般为0.1%～0.3%。抗氧剂168和亚磷酸二苯一辛酯（DPOP）主要用于聚烯烃、PVC等塑料中，与酚类抗氧剂、金属皂类稳定剂并用，可显著提高其应用性能。抗氧剂168是目前广泛使用的复合抗氧剂的重要组分。

（5）金属螯合剂

金属螯合剂是较为重要的辅助抗氧剂，也曾称其为铜抑制剂。常用的品种主要有N-水杨叉-N′-水杨酰肼、N，N′-二苯基草酰胺及其衍生物等。N–水杨叉–N′–水杨酰肼为淡黄色粉末，熔点281～283℃。常用作聚烯烃的铜抑制剂，用量一般为0.1%～1%。N，N′–二乙酰基己二酰基二酰肼为白色粉末，熔点252～257℃，主要用作聚烯烃的金属离子钝化剂。常与酚类抗氧剂或过氧化物分解剂（如DLTP、亚磷酸酯）并用，用量一般为0.3%～0.5%。

## 四、光稳定剂

1. 光稳定剂的作用

光稳定剂的作用主要有以下几个方面：

① 能够反射或吸收高能量的紫外线，在聚合物与光源之间设立了一道屏障，使光在达到聚合物的表面时就被反射或吸收，阻碍了紫外线深入聚合物内部，从而有效地抑制了制品的老化。

② 能强烈地、选择性地吸收紫外线，并以能量转换形式，将吸收的能量以热能或无害的低能辐射释放出来或消耗掉，从而防止聚合物的发色团吸收紫外线能量随之发生激发。

③ 分解氢过氧化物的非自由基，阻止引发分子链降解及产生过氧化物。

④ 转移聚合物分子因吸收紫外线后所产生的激发态能，从而阻止过氧化物的产生。

⑤ 通过捕获自由基、分解过氧化物、传递激发态能量等多种途径，赋予聚合物高度的稳定性。

2. 光稳定剂类型

光稳定剂根据稳定机理的不同，一般可分为光屏蔽剂、紫外线吸收剂、光猝灭剂和自由基捕获剂四大类型。

光屏蔽剂又称为遮光剂，常用品种主要有炭黑、二氧化钛、氧化锌等。其中，炭黑可吸收可见光和部分紫外光；而$TiO_2$与ZnO为白色颜料，对光线有反射作用。炭黑的效力最大，如在PP中加入2%的炭黑，寿命可达30年以上。

紫外线吸收剂的应用为塑料的光稳定化设置了第二道防线，是目前应用最广的光稳定剂。工业上应用最多主要品种有二苯甲酮类、水杨酸酯类和苯并三唑类等。其中应用最为广泛的品种是

UV-9和UV-531。UV-9能有效吸收290～400nm的紫外线，但几乎不吸收可见光，故适用于浅色透明制品。本品对光、热稳定性良好，在200℃时不分解，但升华损失较大，可用于油漆和各种塑料。对软PVC、UPVC、PS、丙烯酸酯类树脂和浅色透明木材家具特别有效，用量为0.1～0.5份。UV-531能强烈吸收300～375nm的紫外线，与大多数聚合物相容，特别是与聚烯烃有很好的相容性，挥发性低，几乎无色。主要用于聚烯烃，也用于乙烯基类树脂、PS、纤维素塑料、聚酯、PA等塑料，用量为0.5份左右。

光猝灭剂又称减活剂或消光剂，或称激发态能量猝灭剂。这类稳定剂本身对紫外线的吸收能力很低（只有二苯甲酮类的1/20到1/10）。大多用于薄膜和纤维，在塑料厚制品很少用。其代表品种有光稳定剂AM-101〔硫代双（4-叔辛基酚氧基）镍〕和光稳定剂1084〔2，2′-硫代双（4-叔辛基酚氧基）镍-正丁胺络合物〕。AM-101为绿色粉末，最大吸收波长290nm，对聚烯烃和纤维的光稳定化非常有效。在溶剂中的溶解度极小，与紫外线吸收剂并用有着良好的协同效应。但易使制品着色，在高温加工有变黄的倾向，故不适用于透明制品，在塑料中用量为0.1～0.5份。

自由基捕获剂是受阻胺类光稳定剂（HALS），几乎不吸收紫外线，但可清除自由基、切断自动氧化链式反应的进行，赋予聚合物高度的稳定性，是目前公认的高效光稳定剂。其主要品种有LS-744，LS-770，GW-540，PDS等。LS-744与聚合物有较好的相容性，不着色，耐水解，毒性低，不污染，耐热加工性良好。其光稳定效率为一般紫外线吸收剂的数倍，与抗氧剂和紫外线吸收剂并用，有良好的协同作用。作为光稳定剂，适用于PP、PE、PS、PUR、PA等多种树脂。LS-770的光稳定效果优于目前常用的光稳定剂。它与抗氧剂并用，能提高耐热性能，与紫外线吸收剂并用，有协同作用，能进一步提高耐光效果；与颜料配合使用，不会降低耐光效果。广泛用于PP、HDPE、PS、ABS等中。GW-540的特点是与聚烯烃有良好的相容性，同时具有突出的光防护性能。由于分子中含有亚磷酸酯结构，具有过氧化物分解剂的基团，因而具有一定的抗热氧老化作用。广泛应用于LDPE、PP等树脂，用量一般为0.3～0.5份。

## 五、填料

1. 填料的作用

塑料填料是为了降低成本或改善性能等在塑料中所加入的惰性物质。按照其在塑料中的主要功能可分为填充剂和增强材料。

填充剂是一类以增加塑料体积、降低制品成本为主要目的的填料，常称为增量剂。廉价的填充剂不但降低了塑料制品的生产成本，提高了树脂的利用率，同时也扩大了树脂的应用范围。而且一些填充剂的应用还可赋予或提高制品某些特定的性能，如尺寸稳定性、刚性、遮光性和电气绝缘性等。填充剂经表面处理后不但容易与树脂混合提高加工性能，而且具有某种程度的增强作用。

增强材料是指加入到塑料中能使塑料制品的力学性能显著提高的填料，一般为纤维状物质或其织物，常称为增强剂。一般，在树脂中配以适量的增强材料能使塑料的力学强度，如冲击强度、弹性模量、刚性等成倍提高；同时可使制品的尺寸稳定性提高，收缩率降低，热变形减少。因此，增强塑料已在机械、化工、汽车、航天航空等领域得到应用。

2. 填充剂类型

塑料填充剂的品种有很多，其分类的方法也有多种。按其化学结构，一般可分为无机类和有机类，以无机填充剂较为常用。按照来源可分为矿物、植物和合成类；按照外观可分为颗粒状和纤维状等。颗粒状又包括粉状、球状、柱状、针状、薄片状、纤维状、实心微珠、中空微球等。

3. 常用无机填充剂

无机填充剂一般是没有增强作用的矿物性填料。这些填充剂的加入，往往会在一定程度上使复合材料的力学强度降低，其主要作用是降低成本。这类填充剂品种繁多，用途广泛，也有少数此类填充剂在适当用量范围内具有一定的增强作用。常用的品种主要有碳酸钙（$CaCO_3$）、硫酸钡（$BaSO_4$）、炭黑、白炭黑（$SiO_2 \cdot nH_2O$）、陶土（$Al_2O_3 \cdot SiO_2 \cdot nH_2O$）、滑石粉（$3MgO \cdot 4SiO_2 \cdot H_2O$）、硅藻土和云母粉等。

① $CaCO_3$是目前塑料工业中应用最为广泛的无机粉状填充剂，一般可分为三类：重质碳酸钙、轻质$CaCO_3$和活性$CaCO_3$（也称为胶质）。重质$CaCO_3$由石灰石经选矿、粉碎、分级与表面处理而成。粒子形状不规则，相对密度为2.71，折光率为1.65，吸油量为5%～25%。轻质$CaCO_3$是用化学方法制成，多呈纺锤形棒状或针状，粒径范围1.0～1.6μm，相对密度2.65，折光率为1.65，吸油量为20%～65%。活性$CaCO_3$是一种白色细腻状软质粉末，与轻质$CaCO_3$的不同之处是颗粒表面吸附一层脂肪酸皂，使其具有胶体活化性能，相对密度小于轻质$CaCO_3$（为1.99～2.01），其生产工艺路线与轻质$CaCO_3$基本相同，只是增加了一道表面处理工序。这种$CaCO_3$用作塑料填料时可使制品具有一定的强度与光滑的外观。

② $BaSO_4$为白色无臭无味重质粉末，相对密度为4.25～4.5，粒径范围0.2～0.5μm，不溶于水和酸。$BaSO_4$有天然矿石经过粉碎制得的重晶石粉和经化学反应制得的沉淀硫酸钡两类。作为塑料填料使用的硫酸钡大多为后者。另外，$BaSO_4$在塑料中还起着色作用，提高制品的耐药品性，增加密度，并能减少制品的X光透过率。

③ 炭黑是在控制条件下不完全燃烧烃类化合物而生成的物质，其品种较多，一般按制法来分，有槽法炭黑、炉法炭黑和热裂法炭黑等。

炭黑的细度影响着制品的性能。在塑料中，炭黑的颗粒越细，则黑度越高，紫外线屏蔽作用越强，耐老化性能越好，制品的表面电阻率越低，然而在某种程度上分散较为困难。

作为填料用炭黑，可以使用较大粒径的炉法炭黑，一般为25～75μm；作为着色剂作用，一般可选用色素炭黑。炭黑在聚合物（尤其是橡胶）中兼有增强作用，因此在一定意义上也可以说炭黑是一种增强材料。

④ 白炭黑，即二氧化硅、微粒硅胶或胶体二氧化硅等，是塑料工业中广泛使用的增强性填料，其增强效果仅次于炭黑，并且成型加工性良好，尤其适用于白色或浅色制品。

用白炭黑制成涂料，涂于人造革表面，可产生消光作用；此外，白炭黑在UP、PVC增塑糊、EP等聚合物溶液中有增黏作用。

⑤ 陶土又名高岭土、白土、黏土、瓷土，主要化学组成是水合硅酸铝，是由岩石中的火成岩、水成岩等母岩经自然风化分解而成。用于塑料的陶土多数是在450～600℃经煅烧除去水分的品种，又称煅烧陶土。

⑥ 滑石粉主要成分为水合硅酸镁，由天然滑石粉碎精选而得。化学性质不活泼，粉体极软，有滑腻感。作为塑料用填料可提高制品的刚性，改善尺寸稳定性，防止高温蠕变。与其他填充剂相比具有润滑性，可减少对成型设备和模具的磨损。

⑦ 硅藻土是由单细胞藻类积沉于海底或湖底所形成的一种化石，主要成分为二氧化硅，多孔，质轻，极易研磨成粉，外观为白色或浅黄色粉末，可作为塑料用轻质填料，具有绝热、隔声和电绝缘性。

⑧ 云母粉是由天然云母粉碎而得，其组成非常复杂，是铝、钾、钠、镁、铁等金属的硅酸盐化合物。塑料中常用的云母粉有白云母和金云母两种，尤以白云母应用最多。作为塑料填充剂，可赋予制品优良的电绝缘性、抗冲击性、耐热性和尺寸稳定性，并可提高其耐湿性和抗腐蚀性。

## 六、阻燃剂

通常把能阻止可燃性材料的燃烧，降低其燃烧速度或提高着火点的物质称为阻燃剂。阻燃剂通常大多是含有氮、磷、锑、铋、氯、溴、硼、铝、硅或钼元素的化合物。其中最常用和最重要的是磷、溴、氯、锑和铝化合物。

1. 阻燃剂的类型

塑料阻燃剂按使用方法可将阻燃剂分为添加型和反应型阻燃剂两大类。目前塑料工业中常用的是添加型阻燃剂。按化合物的种类添加型阻燃剂又可分为无机阻燃剂和有机阻燃剂两大类。无机阻燃剂主要包括氧化锑、水合氧化铝（氢氧化铝）、氢氧化镁、硼化合物等；有机阻燃剂主要包括氯化石蜡、全氯戊环癸烷、PE–C、溴代烃、溴化醚类、磷酸酯、含卤磷酸酯等。

2. 常用塑料阻燃剂的特性

（1）氢氧化铝〔$Al(OH)_3$〕

氢氧化铝习惯上称为水合氧化铝。为白色细微结晶粉末，含结晶水34.4%，200℃以上脱水，可大量吸收热量。另外，氢氧化铝加入到塑料中，在燃烧时放出的水蒸气白烟将聚合物燃烧产生的黑烟稀释，起掩蔽作用，因此又具有减少烟雾和有毒气体的作用。

（2）氢氧化镁〔$Mg(OH)_2$〕

比氢氧化铝阻燃性能稍差，在塑料中添加量大，会影响到力学强度。经偶联剂表面处理后，可改善其与树脂的结合力，使之兼具阻燃和填充双重功能。常用于EP、PF、UP、ABS、PVC、PE等。

（3）三氧化二锑（$Sb_2O_3$）

它是无机阻燃剂中使用最为广泛的品种。由于它单独使用时效果不佳，常与有机卤化物并用，起到协同作用，称为协效剂。它具有优良的阻燃效果，可广泛用于PVC和聚烯烃类及聚酯类等塑料中。但它对鼻、眼、咽喉具有刺激作用，吸入体内会刺激呼吸器官，与皮肤接触可以引起皮炎，使用时应注意防护。

（4）硼化合物

主要品种有硼酸锌和硼酸钡。特别是硼酸锌，可作为氧化锑的替代品，与卤化物有协同作用，阻燃性不及氧化锑，但价格仅为氧化锑的三分之一。主要用于PVC、聚烯烃、UP、EP、PC、ABC等，最高可取代氧化锑用量的3/4。

（5）磷系阻燃剂

主要有赤磷（单质，又称为红磷）、磷酸盐、磷酰胺、磷氮基化合物等。红磷是一种受到高度重视的阻燃剂，可用于许多塑料、橡胶、纤维及织物中，有时需与其他助剂配合，才能发挥其阻燃作用。磷酸很容易与氨反应，从溶液中很快析出两种结晶的磷酸氢盐：$NH_2H_2PO_4$、$(NH_2)_2HPO_4$。它们均可作为阻燃剂用于塑料、涂料、织物等方面。

（6）氯化石蜡

常用含氯量达70%左右的氯化石蜡。它为白色粉末，与天然树脂、塑料的相容性良好，常与氧化锑并用。氯化石蜡的化学稳定性好，价廉，可做PE、PS、聚酯、合成橡胶的阻燃剂。但其分解温度较低，在塑料成型时有时会发生热分解，因而有使制品着色和腐蚀金属模具的缺点。

（7）有机磷化物

有机磷化物是添加型阻燃剂的重要品种，其阻燃效果优于溴化物。磷酸酯是常用增塑剂，具有增塑和阻燃的双重功效。含卤磷酸酯分子中含有卤和磷，由于二者具有协同作用，所以阻燃效果较好，是一类优良的添加型阻燃剂。其中三（2，3–二溴丙基）磷酸酯、磷酸三（2，3–二氯丙）酯，适用于聚烯烃、聚酯、PVC、PU等。

## 七、发泡剂

1. 发泡剂类型

发泡剂就是一类能使处于一定黏度范围内的液态或塑性状态的塑料、橡胶形成微孔结构的物质。它们可以是固体，液体或气体。根据其在发泡过程中产生气泡的方式不同，发泡剂可分为物理发泡剂与化学发泡剂两大类。

物理发泡剂是利用其在一定温度范围内物理状态的变化而产生气体，它在使用过程中不发生化学变化。用作物理发泡剂的主要是一类低沸点液体，常用的是脂肪烃、卤代脂肪烃及低沸点的醇、醚、酮和芳香烃等。一般来说，作为物理发泡剂使用的低沸点液体，其沸点应低于110℃，常用物理发泡剂如表1–23所示。

表1–23　常用的物理发泡剂

| 名称 | 相对分子质量 | 沸点/℃ | 名称 | 相对分子质量 | 沸点/℃ |
|---|---|---|---|---|---|
| 戊烷 | 72.15 | 30~38 | 二氯甲烷 | 84.94 | 40.0 |
| 新戊烷 | 72.15 | 9.5 | 三氯甲烷 | 119.39 | 61.2 |
| 己烷 | 86.17 | 65~70 | 1，2–二氯乙烷 | 98.87 | 83.5 |
| 庚烷 | 100.20 | 96~100 | 三氯氟甲烷 | 137.38 | 23.8 |
| 正庚烷 | 100.20 | 98.4 | 1，1，2–三氯三氟乙烷 | 187.39 | 47.6 |
| 苯 | 78.11 | 80.1 | 二氯四氟乙烷 | 170.90 | 3.6 |
| 甲苯 | 92.13 | 110.6 | | | |

化学发泡剂是指在发泡过程中通过化学变化产生气体而达到发泡目的的物质。化学发泡剂产生气体的方式有两种途径：一是聚合物扩链或交联的副产物，例如，在制备PU泡沫塑料时，当带有羧基的醇酸树脂与异氰酸酯起反应时，或者具有异氰酸酯端基的PU与水反应时，都会放出$CO_2$气体；二是通过化学发泡剂的热分解产生发泡气体，如碳酸氢铵在一定温度下能分解产生$CO_2$、$NH_3$等气体。

2. 常用发泡剂

（1）脂肪烃类

通常为含$C_5 \sim C_7$的各种异构体的脂肪烃，也称为石油醚。是一类物理发泡剂，其价廉、低毒，但易燃易爆，一般主要用于制造均聚和共聚的PS泡沫塑料。

（2）卤代脂肪烃类

卤代脂肪烃主要指氯代烃和氟代烃两类，是制造难燃泡沫塑料良好的物理发泡剂。氯代烃具有一定的毒性，热稳定性稍差，但因其价廉，不易燃易爆，故目前仍大量采用，如使用一氯甲烷和二氯甲烷来制造PS泡沫塑料。二氯甲烷还可用于生产PVC泡沫塑料。氟代烃几乎具有理想物理发泡剂的各项性能，因此，它可用来制造许多泡沫塑料。但出于环保的考虑，此类发泡剂的使用正受到限制并逐步停用。

（3）碳酸盐

常用作发泡剂的碳酸盐主要是碳酸铵、碳酸氢铵和碳酸氢钠。碳酸铵为白色结晶状粉末，具有强烈的氨味。工业生产上作为发泡剂使用的实际上是碳酸氢铵和氨基甲酸铵的混合物或复盐（$NH_4HCO_3 \cdot NH_2CO_2NH_4$），习惯上将此复盐称为碳酸铵。碳酸铵在30℃左右即开始分解，在55 ~ 60℃下分解十分剧烈，分解产物为氨、$CO_2$和水，发气量为700 ~ 980ml/g，在一般化学发泡剂中为最高。

碳酸氢铵为白色晶状粉末，干燥品几乎无氨味，在常压下当有潮气存在时，于60℃左右即开始分解，生成氨气、$CO_2$和水，发气量为850ml/g。由于其分解温度较碳酸铵高，故较稳定，便于贮存。但它在聚合物中分散困难且有氨味，主要用作海绵橡胶制品的发泡剂。

碳酸氢钠为无毒白色粉末，100℃左右开始缓慢分解，140℃下迅速分解，放出$CO_2$气体，发气量较低，为267ml/g。分解产物氨气。它主要用于天然橡胶制备开孔海绵制品，也可用于PF、EP、PE、PVC、PA的发泡剂。

（4）亚硝酸盐

用作发泡剂的亚硝酸盐主要是亚硝酸铵。作为发泡剂使用的是亚硝酸钠与等摩尔的氯化铵的混合物，经加热放出氮气，扩散速度小，不易从发泡体中逸出，有利于发泡。

（5）有机化学发泡剂

有机化学发泡剂粒径小，分解温度恒定，发气量大，制得的泡沫塑料泡孔细密，是目前工业上最广泛使用的发泡剂。这类发泡剂主要有偶氮化合物，N-亚硝基化合物，酰肼类化合物等。这些化合物在热的作用下能发生分解反应而放出氮气，从而起到发泡的作用。

有机化学发泡剂分解温度范围窄，易于控制；分解产生的气体（$N_2$）不燃烧，不爆炸，不易液化，扩散速度小，不易从发泡体中逸出，因而发泡率高；有机化学发泡剂品种较多，选择余地大，通常粒径小，在聚合物中分散性好，发泡体的泡孔细小；但发泡后残渣较多，分解时一般均为放热反应；有机化学发泡剂多为易燃物，在贮存和使用时要时刻注意防火。常用的有机化学发泡剂主要有DPT（发泡剂H）、发泡剂AC、NTA（DNTA）、AIBN、OBSH等。

（6）辅助发泡剂

在发泡过程中，凡能与发泡剂并用并能调节发泡剂分解温度和分解速度的物质，或能改进发泡工艺，稳定泡沫结构，提高泡体质量的物质，均可称为辅助发泡剂。常用的辅助发泡剂主要有尿素、有机酸、有机酸金属盐等，通常与发泡剂H和发泡剂AC配合使用。

## 八、塑料着色剂

1. 塑料着色剂要求

色调、明度、饱和度是色彩的三要素，但如果仅根据色彩的三要素来选择塑料着色剂是远远不够的。通常作为塑料着色剂还必须考虑到它的着色力、遮盖力、耐热性、耐迁移性、耐候性、耐溶剂性等方面的性能，以及着色剂与聚合物或添加剂的相互作用。一般要求着色剂应具有以下几方面的特点：

① 着色力大。着色剂的着色力是指得到某一定颜色制品所需的颜料量，用标准样品着色力的百分数来表示，它与颜料性质及其分散程度有关。在选用着色剂时，一般要求尽量选用着色力大的着色剂，以降低着色剂的用量。

② 遮盖力强。是指颜料涂于物体表面时，遮盖该物体表面底色的能力。遮盖力可以用数值表示，它等于底色完全被遮盖时单位表面积所需的颜料克数。一般无机颜料的遮盖力强，而有机染料透明，无遮盖力。但与钛白粉并用时即可具有遮盖作用。

③ 耐热性好。颜料的耐热性是指在加工温度下颜料的颜色或性能的变化。一般要求颜料的耐热时间为4～10min。一般无机颜料的耐热性好，在塑料加工温度下不易发生分解，而有机颜料的耐热性较差。

④ 耐迁移性好。颜料的迁移性是指着色塑料制品经常与其他固、液、气等物质接触，颜料从塑料内部迁移到制品的自由表面上，或迁移到与其接触的物质上的现象。着色剂在塑料中迁移性大，则说明着色剂与树脂的相容性差。一般染料与有机颜料的迁移性大，而颜料的迁移性较小。

⑤ 耐光性和耐候性好。是指在光和大自然条件下的颜色稳定性。耐光性与着色剂的分子结构有关，不同着色剂其分子结构不同，耐光性也不同。

⑥ 耐酸、碱、溶剂、化学药品性能好。工业用塑料制品常用于贮存化学药品及用作输送酸、碱等化学物质，因此要考虑颜料的耐酸、碱等性质。

⑦ 卫生性好，毒性小。日常生活中使用的塑料制品越来越多，例如包装糖果、各种饮料、油脂类容器，塑料玩具等，因此就越要重视着色制品的毒性问题。在无机颜料中，铅系、镉系和铬系一般认为毒性大，而铁系、钙系和铝系毒性小。

2. 着色剂对塑料材料性能的影响

着色剂在塑料制品中用量一般较少，但仍会对制品性能产生一定的影响。

① 对于力学性能的影响。当颜料颗粒较大时，分散不均匀会引起冲击强度的降低。但用量小于1%，且在制品中颗粒较细，分散均匀则对制品力学性能影响较小。

② 对结晶性能的影响。塑料制品中加入颜料，尤其是有机颜料，在制品成型过程中，会影响结晶聚合物的成核剂状态，如球晶的数量和大小等。这不但对力学性能有一定影响，而且还会引起成型收缩率加大，尤其是大型容器更为明显。

③ 颜料中的某些金属离子会促进树脂热氧分解。含铜、铁、钴等金属的着色剂对塑料热氧老化有较强的促进作用，如PP分子结构中含有大量的叔碳原子，对铜离子极为敏感，一旦颜料中存在铜离子则会加速其分解。

④ 有些颜料能产生对光的屏蔽作用，可大大提高塑料制品的光稳定性和耐候性，如炭黑，既是主要的黑色颜料，又是光稳定剂，对紫外线具有良好的屏蔽作用。

⑤ 对电性能的影响。无机颜料的电性能一般较差，作为PVC和PE电缆材料用的着色剂应该考虑其电性能，尤其是PVC因其本身电绝缘性较PE差，故颜料的影响就更大，必须选择电性能好的着色剂。

3. 塑料着色剂的类型

塑料着色剂的类型有很多，一般可分为颜料和染料两大类型，颜料又可分为无机颜料、有机颜料和特殊颜料大三类型。颜料是不溶于水和溶剂的一类着色剂，耐光、热、溶剂及耐候性好，是塑料中应用最广泛的一种着色剂。染料是有机物质，能溶于水、油和有机溶剂。染色能力强、透明，但迁移性大，耐光、热、溶剂及耐气候性较差，在塑料中一般应用较少。

4. 常用着色剂

无机颜料通常是金属氧化物、硫化物，硫酸盐、铬酸盐、钼酸盐等盐类，以及炭黑。与有机颜料相比，它们的热稳定性和光稳定性优良，但其着色力则较差，密度较大，一般为3.5～5.0g/$cm^3$。

有机颜料具有着色力强、分散性好、色泽鲜艳等优点，同时在耐热性、耐光性等方面也得到了突破性进展，因此在塑料工业界受到广泛的重视。同时，由于无机颜料往往因含重金属对人体带来一定的毒害，有机颜料在应用方面逐步代替无机颜料是必然的发展趋势。

（1）白色颜料

常用白色颜料主要有钛白粉、氧化锌等，它们都属于无机颜料。钛白粉化学名称为二氧化钛（$TiO_2$），有金红石型（简称R型）和锐钛型（简称为A型）两种晶型。R型钛白粉着色力高，遮盖力强，耐候性好，而A型钛白粉的白度较好。塑料着色中多使用R型二氧化钛。钛白粉的牌号众多，性能各异，用于着色的主要性能是着色力、色泽和遮盖力。

氧化锌又称为锌白，常用于橡胶着色，也可用于ABS、PS等塑料的着色。

锌钡白又称为立德粉，是硫化锌与硫酸钡的混合物。锌钡白遮盖力比较强，但由于性能优越的二氧化钛在塑料着色中的广泛使用，使得锌钡白的应用受到了很大的限制。

（2）炭黑

炭黑除了具有着色功能外，还具有提高耐候性、导电性等作用，是一种重要的高分子材料加工助剂，在橡胶工业中使用尤多。炭黑主要由碳组成。工业上用完全燃烧和烃的裂解方法生产炭黑，其品种极其繁多，性能相差较大。着色常用的品种有炉法炭黑、热裂炭黑和槽法炭黑。

（3）硫化物

硫化镉和硫化汞是硫化物颜料系列中最重要的两种。它们的色调范围从嫩黄色到栗色。常用品种有镉黄、镉红与镉橙等。

（4）铬酸盐类颜料

铬酸盐类颜料主要指铬黄、铬橙、橙等。该类颜料耐热性较差，一般仅用作软质PVC塑料着色。常用的有铬黄和铅铬黄等。

（5）群青

群青是硅酸铝的含硫复合物，其特点是色调纯净（纯蓝色调偏红光），具有优良的耐热、耐光和耐候性，并且能承受大多数化学药剂的侵蚀，分散性佳。但着色力和遮光性均较差，并由于分子中含有多种硫化物，遇酸易起反应，较少用于PVC制品，一般常用酞菁蓝代替它。

（6）偶氮颜料

有单偶氮颜料、双偶氮颜料与偶氮缩合型三类以及聚烯烃等塑料的着色。单偶氮颜料耐热性、耐迁移性能差。典型的单偶氮颜料有耐晒黄，又称为汉沙黄，耐热温度为160℃，可用于软PVC和LDPE中。

双偶氮颜料主要有联苯胺黄系颜料，常用的永固黄HR即属此类。由于其分子中有双偶氮，故其耐热性可提高到200℃，并且着色力强，耐有机溶剂。

偶氮缩合型是指用缩合方法制得相对分子质量较大的双偶氮颜料，其相对分子质量为$10^3\sim10^4$，具有较好的耐热、耐溶剂、耐迁移性、耐晒牢度等。

（7）酞菁颜料

酞菁颜料具有优异而全面的性能，特别是耐晒、耐热性能好。同时不溶于任何溶剂，具有极其鲜艳的颜色，是当前高级颜料中成本最低的一类。酞菁可与铜、钴、镍等金属生成水溶性的稳定络合物。其与铜生成的酮酞菁具有非常鲜艳的蓝色，称为酞菁蓝。在铜酞菁的四个苯环上引入16个氯原子则生成铜酞菁的多氯化物，称酞菁绿。

（8）杂环颜料

杂环颜料主要有喹吖啶酮类颜料和二噁嗪紫颜料。喹吖啶酮类颜料具有三种同质异晶型结构，即α、β、γ。其中β、γ型的混合物适合作颜料，是优良的红色颜料之一。它不仅色泽艳丽，而且耐溶剂性、耐热性都优良。如颜料紫19，其中α型呈蓝光红色，对溶剂不稳定，β型呈红光紫色，称为酞菁紫；γ型呈红色，称酞菁红。

永固紫RL是二噁嗪紫颜料，具有咔唑二噁嗪紫结构。其耐晒牢度高，着色力强，但是耐溶剂性稍差。永固紫R与酞菁蓝共混可得到藏青色。

（9）色淀颜料

色淀颜料是由一些水溶性染料与重金属无机盐（钡或钙盐）作用而生成的不溶性沉淀物。色淀颜料主要有：立索尔大红、立索尔紫红2R、永固红F5R等。

（10）染料

塑料着色用的染料，按结构分有蒽醌、靛类和偶氮染料等。例如黄、橙、红色染料都具有双偶氮发色团；紫、蓝、绿色染料都含有蒽醌和酞菁类发色团。重要的塑料用染料有硫靛红、还原黄4GF、士林蓝RSN、盐基性玫瑰精、油溶黄等。

（11）金属颜料

金属颜料主要包括银粉、金粉等。银粉实际上是铝粉。由于铝表面能强烈地反射包括蓝色光在内的整个可见光谱，因此，铝颜料可产生亮蓝—白镜面反射光。铝粉粒子呈鳞片状，其遮盖力取决于比表面积的大小。铝粉在研磨过程中延展，其厚度下降，表面积增加，遮盖力亦随之增加。铝粉的熔点为660℃，但在高温下直接与空气接触时，表面被氧化成灰白色，因此着色铝粉表面有氧化硅保护膜，具有耐热、耐候、耐酸性能。

金粉实际上是铜粉和青铜粉（铜锌合金粉）混合物。铜粉中含锌量提高，色泽从红光到青光。采用金粉着色可得到酷似黄金般的金属光泽。用量为1%~2%。要使金粉着色产生良好的金属效果，其所着色的塑料透明性要好，因此，应尽量避免与钛白粉等配用，也不宜用于PP着色。

（12）珠光颜料

云母—钛珠光颜料是一种高折射率、高光泽度的片状无机颜料。它采用云母为基材，表面涂覆一层或多层高折射率的金属氧化物透明薄膜。通过光的干涉作用，使之具有天然珍珠般的柔和光泽或金属的闪烁效果。同时珠光颜料具有耐光、耐高温（800℃）、耐酸碱，不导电，易分散，不褪色、不迁移的特性，加之安全无毒，因此被广泛应用于塑料工业中。根据色光不同，珠光颜料一般分为银白系列、幻彩系列、金色系列、金属系列。

（13）荧光增白剂

白色塑料一般对可见光中短波一侧的蓝光有轻微吸收，故带有微黄光，影响白度，给人陈旧感。消除塑料微黄光的方法之一就是添加荧光增白剂，它能吸收波长300～400nm的紫外线，将吸收的能量转换，并辐射出400～500nm的紫色或蓝色荧光，从而可弥补所吸收的蓝光，提高了白度。

常用品种有荧光增白剂PEB和荧光增白剂DBS。前者在透明PVC中的用量一般为0.05%～0.1%，在不透明制品中为0.01%～0.1%。后者适用于PP、PS、ABS、PVC等。被增白物泛蓝光色调荧光，白度高，耐高温。

## 思考与练习

1. LDPE、LLDPE、HDPE在力学性能、热性能和成型加工性能方面有何异同？
2. PP的力学性能和热性能如何？
3. PVC树脂型号与树脂的性能有何关系？
4. GPS、HIPIS和EPS各有哪些用途？
5. PMMA加工过程中应注意哪些问题？
6. PA材料有何性能特征？PA加工过程中应注意哪些问题？
7. 增塑剂的作用是什么？主要有哪些类型？
8. 热稳定剂的作用是什么？主要有哪些类型？
9. 填充剂的作用是什么？主要有哪些类型？
10. 抗氧剂常用的有哪些品种？各有何特点？
11. 着色剂有哪些类型？各有何特点？

# 第二章 原料的预处理

## 应·知·应·会·要·求

### 中级工

1. 掌握热风干燥箱、干燥料斗及真空干燥箱、干燥料斗的结构及工作原理；了解气流干燥、沸腾床及红外干燥法。
2. 掌握筛析的目的及常用筛析设备的结构及工作原理。
3. 掌握浆料的配制方法及三辊研磨、胶体磨、砂磨机的用途及特点。

### 高级工

1. 在中级的要求基础上，掌握气流干燥、沸腾床及红外干燥器的结构及原理。

2. 掌握三辊研磨、胶体磨、砂磨机的结构及工作原理。

塑料在成型加工过程中，原材料的质量对其成型加工及产品质量影响很大，因此在成型前必须严把原料的质量关。由于原材料在生产、包装、运输等过程中易受污染、潮湿环境的影响，因此在成型前应对原料进行预处理，包括原料的干燥、固体物料的过筛、液体物料的过滤，有些原料（如稳定剂、着色剂等）还需进行研磨等处理。原料的干燥是为了去除原料中水分和挥发分。固体物料的过筛是为了去除物料中的粗颗粒及杂质等，使物料的颗粒均匀。对液体物料的过滤目的是去除物料中的杂质。研磨是使物料颗粒细化，从而使其在混合过程中分散均匀。

## 第一节　原料的干燥

塑料原料中若含有较多的水分或挥发分，会对塑料产品的内在质量与表观质量都产生影响， 甚至造成加工困难。如产品的各项性能指标明显下降，产品气泡、毛疵、银丝、斑纹以及透明度下降。因此对于易吸湿的、单体等挥发分含量大的，以及在运输或储存过程中淋湿的等物料，成型前必须进行干燥处理。

### 一、干燥方法

塑料的干燥方法和干燥形式有多种，通常可按操作压力、传热方式、操作方式及干燥介质等方面进行分类。

1. 按操作压力分类

按操作压力的不同，塑料的干燥可分为常压干燥和真空干燥两种。真空干燥又称负压干燥，是让塑料原料处于负压状态下进行加热干燥，通过抽真空产生负压，使挥发组分的沸点降低，从而使水分迅速变成水蒸气，从固体原料中分离出来快速脱离。真空干燥主要用于在加热时易氧化变色的物料，如PA等。

2. 按传热方式分类

按传热方式分可分为对流干燥、传导干燥、辐射干燥、介电加热干燥等。

对流干燥是由载热体（干燥介质）将热能以对流的方式传给与其直接接触的湿物料，产生的蒸气为干燥介质所带走。通常用热空气作为干燥介质。在对流干燥中，热空气的温度容易调节，但由于热空气在离开干燥器时，带走相当大的热能，使得对流干燥的热能利用较差。主要适用于大批量的各种粉料、粒料、糊状料等物料的干燥。

传导干燥是由载热体（加热蒸气）将热能通过传热壁以传导的方式加热湿物料，产生的蒸气被干燥介质带走或用真空泵排出。传导干燥的热能利用率较高，但物料易出现过热变质。

辐射干燥是将热能以电磁波的形式由辐射器发射到湿物料表面，被其吸收重新转变为热能，将湿分汽化而达到干燥的目的。辐射器可分为电能和热能两种。电能辐射器有红外线的灯泡等，热能辐射器是用金属辐射板或陶瓷辐射板产生红外线。辐射干燥的速度快、效率高、耗能少，产品干燥均匀而洁净，特别适合于物料表面水分和挥发分的干燥。

介电加热干燥是将需要干燥的物料置于高频电场内，由于高频电场的交变作用使物料加热而达到干燥的目的，是高频干燥和微波干燥的统称。采用微波干燥时，湿物料受热均匀，传热和传质方向一致，干燥效果好，但费用高。

3. 按操作方式分类

按操作方式的不同，干燥可分为连续式和间歇式两种。连续式干燥又可分为沸腾床、网带烘干干燥、气流式干燥等，具有生产能力强、热效率高、产品质量均匀、劳动条件好等优点，缺点是适应性较差。而间歇式包括鼓风烘箱干燥、干燥料斗、真空干燥箱等，具有投资少、操作控制方便、适应性强等优点，缺点是生产能力小，干燥时间长，产品质量不均匀，劳动条件差。

4. 按干燥介质分类

塑料原料干燥的方法较多，常见的有热风干燥，真空干燥、远红外线干燥、循环气流干燥等。

热风干燥是应用较广的一种干燥方法。这种干燥方法是由电热器加热气流，形成热风循环，热风通过物料时，使物料中的湿分汽化，并被气流带走，而使物料干燥。热风干燥常用的是干燥烘箱，干燥热塑性物料，烘箱温度根据物料性质控制在60～110℃范围，时间为1～3h；对于热固性物料，温度50～120℃或更高（根据物料而定）。热风干燥箱结构简单，多用于小批量塑料或助剂的干燥。

真空干燥是将需干燥的物料置于减压的环境中进行干燥处理，这种方法有利于附着在物料表面水分的挥发以达干燥目的。真空干燥时由于机器内空气被抽出，而减少干燥环境中的含氧量，可避免物料干燥时的高温氧化现象。真空干燥主要用于在加热时易氧化变色的物料，如PA等。

远红外线干燥一般首先是由加热器对基体进行加热，然后由基体将热能传递给辐射远红外线的涂层，再由涂层将热能转变成辐射能，使之辐射出远红外线。由于干燥的物料有对远红外线吸收率高的特点，能吸收远红外线干燥装置发射的特定波长的远红外线，使其分子产生激烈的共振，从而使物料内部迅速地升高温度，达到预热干燥的目的。

循环气流干燥是利用蒸汽、电、热风炉、烟气炉的余热做热源来进行干燥。循环气流干燥的特点是：时间短，脱水速度快，一般为0.5~3秒。主要适用于大批量的各种粉料、粒料、糊状料等物料的干燥。

## 二、干燥的基本原理

1. 对流干燥的过程

目前在塑料原料的干燥操作中以对流干燥的应用最为广泛。多数情况下，对流干燥使用的干燥介质为空气，湿物料中被除去的湿分为水分。对流干燥过程可以是连续的，也可以是间歇的，图2-1所示是典型的对流干燥流程示意图。空气经预热器加热至适当温度后，进入干燥器。在干燥器内，气流与湿物料直接接触。沿其行程气体温度降低，湿含量增加，废气自干燥器另一端排出。若为间歇过程，湿物料成批放入干燥器内，当干燥达到要求的含湿量时一次取出。若为连续过程，物料被连续地加入与排出，物料与气流可呈并流、逆流或其他形式的接触。

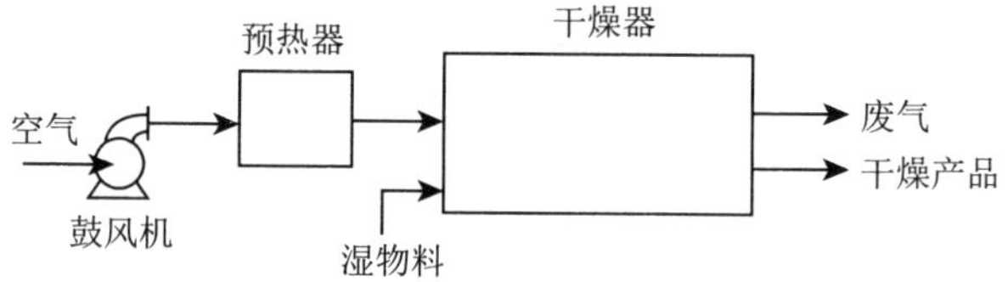


**图2-1　对流干燥流程示意图**

在对流干燥中，热空气与湿物料间存在传热和传质两种过程，如图2-2所示，空气经过预热升温后，从湿物料的表面流过。热气流将热能传至物料表面，再由表面传至物料内部，这是一个传热过程；同时，水分从物料内部汽化扩散至物料表面，水汽透过物料表面的气膜扩散至热气流的主体，这是一个传质过程。因此，对流干燥过程属于传热和传质相结合的过程。干燥速率既和传热速率有关，又和传质速率有关，干燥过程中，干燥介质既是载热体又是载湿体。干燥进行的必要条件是物料表面气膜两侧必须有压力差，即被干燥物料表面所产生的水汽压力必须大于干燥介质（空气）中水汽分压。两者的压力差的大小表示汽化水分的推动力。压力差越大，干燥过程的进行越迅速。所以，必须用干燥介质及时地将汽化的水分带走，以保持一定的传质推动力。

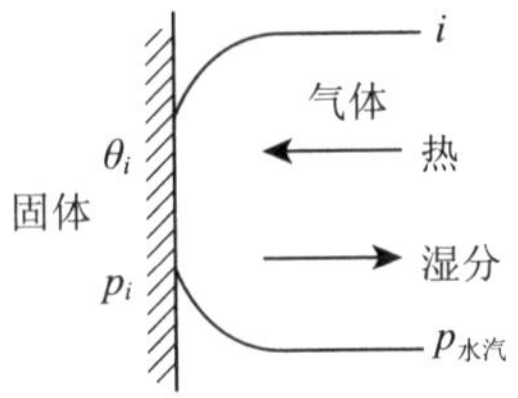


**图2-2　对流干燥过程示意图**

2. 对流干燥干燥速率的影响因素

在对流干燥过程中，影响塑料干燥速率的因素主要有三个方面：湿物料、干燥介质和干燥设备等。

（1）湿物料

① 物料的性质和形状

包括湿物料的物理结构、化学组成、形状和大小、物料层的厚薄，以及水分的结合方式等。物料的形状、大小和物料层的厚薄影响物料的临界含水量。在降速干燥阶段，物料的性质和形状对干燥速率起决定性影响。

② 物料的温度

物料的温度越高，则干燥速率越大。但物料的温度与干燥介质的温度和湿度有关。

③ 物料的含水量

物料的最初、最终以及临界含水量决定干燥各阶段所需时间的长短。

（2）干燥介质

① 干燥介质的温度和湿度

干燥介质（空气）的温度越高、湿度越低，则等速阶段的干燥速率越大，但是以不损害物料为原则。有些干燥设备采用分段中间加热方式可以避免过高的介质温度。

② 干燥介质的流速和流向

在等速干燥阶段，提高气速可以提高干燥速率。介质的流动方向垂直于物料表面的干燥速率比平行时要大。在降速干燥阶段，气速和流向对干燥速率影响很小。

（3）干燥设备

对流干燥器的构造有多种形式，如厢式、料斗式、网带式等，不同的结构对物料的干燥速率也不同，应结合物料和生产的情况加以选择。

3. 塑料干燥的操作条件的确定

塑料干燥的操作条件与干燥器的形式、物料的特性及干燥过程的工艺要求等很多因素有关。而且干燥介质的温度和湿度等各种操作条件之间又是相互制约的，所以干燥过程的最佳操作条件应综合考虑，一般的选择原则有以下几方面。

（1）干燥介质的选择

干燥介质的选择，决定于干燥过程的工艺及可利用的热源。基本的热源有饱和水蒸汽、液态或气态的燃料和电能。在对流干燥中，干燥介质可采用空气、惰性气体、烟道气和过热蒸汽。

当干燥操作温度不太高，且氧气的存在不影响被干燥物料的性能时，可采用热空气作为干燥介质。对某些易氧化的物料，或从物料中蒸发出易爆的气体时，则宜采用惰性气体作为干燥介质。烟道气适用于高温干燥，但要求被干燥的物料不怕污染，且不与烟气中的$SO_2$和$CO_2$等气体发生作用。由于烟道气温度高，故可强化干燥过程，缩短干燥时间。此外还应考虑干燥介质的经济性及来源。

（2）流动方式的选择

气体和物料在干燥器中的流动方式，一般可分为逆流、并流和错流。

逆流干燥是物料移动方向和介质的流动方向相反的操作，整个干燥过程中的干燥推动力较均匀，它主要适用于物料含水量高，且不允许采用快速干燥的场合；或在干燥后期，可耐高温的物料；或要求干燥产品的含水量很低的情况。

并流干燥是物料的移动方向与介质的流动方向相同的操作。与逆流操作相比，若气体初始温度相同，并流时物料的出口温度可较逆流时为低，被物料带走的热量就少，就干燥强度和经济性而论，并流优于逆流，但并流干燥的推动力沿流向逐渐下降，后期变得很小，使干燥速率降低，因而难于获得含水量低的产品。并流干燥的操作主要适用于物料含水量较高，且允许进行快速干燥而不产生龟裂或焦化的物料；或干燥后期不耐高温，即干燥产品易变色、氧化或分解等的物料。

错流干燥是干燥介质与物料间运动方向相互垂直的操作。各个位置上的物料都与高温、低湿的介质相接触，因此干燥推动力比较大，又可采用较高的气体速度，所以干燥速率很高，它主要适用于无论在高或低的含水量情况下都可以进行快速干燥，且可耐高温的物料；或因阻力大或干燥器构造的要求不适宜采用并流或逆流操作的场合。

（3）干燥介质进入干燥器时的温度

为了强化干燥过程并提高经济性、干燥介质的进口温度宜保持在物料允许的最高温度范围内，但也应考虑避免物料发生变色、分解等理化变化。对于同一种物料，允许介质的进口温度随干燥器型式不同而异。

（4）干燥介质离开干燥器时的相对湿度和温度

增高干燥介质离开干燥器的相对湿度，可以减少空气消耗量及传热量，即可降低操作费用；但因介质离开干燥器的相对湿度增大，即介质中水气的分压增高，会使干燥过程的平均推动力下降，干燥速率下降。

干燥介质离开干燥器的温度增高，则热损失大，干燥热效率就低；若离开干燥器的温度降低，而湿度又会较高，此时湿空气可能会在干燥器后面的设备和管路中析出水滴，因此会破坏干燥的正常操作。因此操作时应综合介质的相对湿度和温度加以考虑。

（5）物料离开干燥器时的温度

物料出口温度与很多因素有关，但主要取决于物料的临界含水量值及降速干燥阶段的传质系数。临界含水量值越低，物料出口温度越低；若传质系数越高，物料出口温度也越低。

4. 干燥工艺的控制

物料干燥时必须控制的工艺条件主要有物料干燥的温度、干燥时间和料层厚度等。对于塑料的干燥，干燥温度一般应控制在塑料的软化温度、热变形温度或玻璃化温度以下。为了缩短干燥时间，可适当提高温度，以干燥时塑料颗粒不结成团为原则，一般不超过100℃。而对于填料及其他物料，其干燥温度一般在100℃左右。注意干燥时温度不能太低，否则不易排出水分。

物料的干燥时间与干燥的温度有关，一般温度高，干燥时间可稍短些，相反，干燥温度低时，干燥时间则长些。一般干燥时间也不宜过长，否则浪费能源，效率低，不经济，还会导致物料出现过热分解；时间太短，则干燥不完全。

干燥时料层厚度不宜大，一般为20～50mm。

干燥时还应注意以下两点。

① 干燥后的原料要立即使用，如果暂时不用，要密封存放，以免再吸湿；长时间不用的已干燥的树脂，使用前应重新干燥。

② 对于不易吸湿的塑料原料，如PE、PP、PS、POM等，如果贮存良好、包装严密，一般可不干燥。

物料干燥后，一般要求水分含量应在0.05%～0.3%，对高温易水解的物料如聚碳酸酯要求更高，水分含量应在0.03%以下。常用树脂的吸湿率及干燥条件如表2–1所示。

表2-1　常用树脂的干燥条件及吸湿率

| 树脂名称 | 吸水率<br>ASTM方法/% | 干燥温度/℃ | 干燥时间/h |
|---|---|---|---|
| 聚苯乙烯（通用） | 0.1 ~ 0.3 | 75 ~ 85 | 2以上 |
| AS树脂 | 0.2 ~ 0. 3 | 75 ~ 85 | 2 ~ 4 |
| ABS树脂 | 0.1 ~ 0.3 | 80 ~ 100 | 2 ~ 4 |
| 丙烯酸酯树脂 | 0.2 ~ 0.4 | 80 ~ 100 | 2 ~ 6 |
| 聚乙烯 | 0.01以下 | 70 ~ 80 | 1以上 |
| 聚丙烯 | 0.01以下 | 70 ~ 80 | 1以上 |
| 聚酰胺（Noryl） | 1.5 ~ 3.5 | 80 | 2 ~ 10 |
| 聚碳酸酯 | 0.14 ~ 0.25 | 80 ~ 90 | 2 ~ 4 |
| 硬质聚氯乙烯树脂 | 0.1 ~ 0. 4 | 60 ~ 80 | 1以上 |
| PBT树脂 | 0.30 | 130 ~ 140 | 4 ~ 5 |
| ER-PET | 0.10 | 130 ~ 140 | 4 ~ 5 |

## 三、干燥设备

1. 厢式干燥器

（1）厢式干燥器结构

厢式干燥器又称盘架式干燥器，一般小型的称为烘箱，大型的称为烘房，是典型的常压间歇操作干燥设备。这种干燥器主要由箱体、加热器、风机、电动机、盘架、挡板和移动轮组成。其基本结构如图2-3所示。

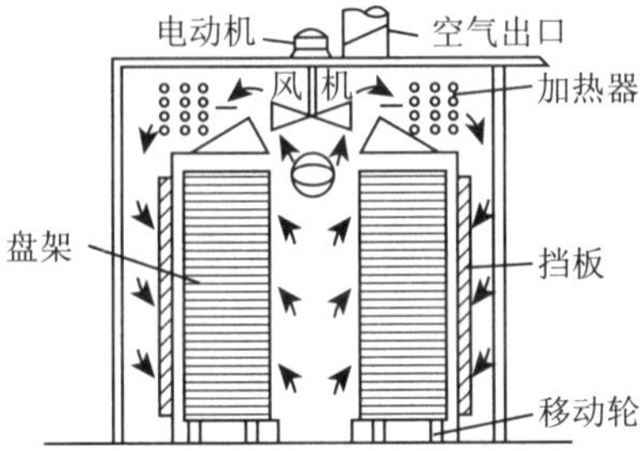


图2-3　厢式干燥器结构

厢式干燥器也可将盘架做成小车的形式，而使厢式干燥变成连续的或半连续的操作，即为洞道式干燥器，如图2-4所示。器身做成狭长的洞道，内设铁轨，一系列的小车载着盛于浅盘中或悬挂在架上的物料通过洞道，使之与热空气接触而进行干燥。小车可以连续地或间歇地进出洞道。

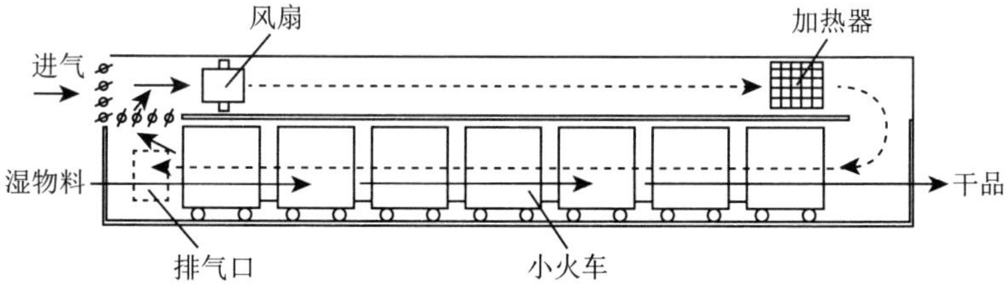


**图2–4　洞道式干燥器**

（2）厢式干燥器工作原理

厢式干燥器对物料的干燥是通过加热空气降低空气的饱和度，热空气通过物料表面，经过传热传质过程带走物料中的水分，实现干燥过程。厢式干燥器工作时是将湿物料置于厢内支架上的浅盘内，浅盘装在小车上推入厢内。空气由入口进入干燥器与废气混合后进入风扇，由风扇出来的混合气一部分由废气出口放空，大部分经加热器加热后沿挡板尽量均匀地掠过各层湿物料表面，增湿降温后的废气再循环进入风扇。浅盘内的湿物料经干燥一定时间达到产品质量要求后由干燥器中取出。

厢式干燥器一般用数显仪表与温度传感器的连接来控制工作室的温度，采用热风循环送风来干燥物料，热风循环系统分为水平送风和垂直送风，均经过专业设计，风源是由电机运转带动送风风轮，使吹出的风吹在电热管上，形成了热风，将热风由风道送入厢式干燥器的工作室，且将使用后的热风再次吸入风道成为风源再度循环加热，大大提高了温度均匀性。如箱门使用中被开关，可借此送风循环系统迅速恢复操作状态温度值。

（3）厢式干燥器特点

厢式干燥器的优点是结构简单，投资费用少，可同时干燥几种物料，具有较强的适应能力，适用于小批量的粉粒状、片状、膏状物料以及脆性物料的干燥。缺点是装卸物料的劳动强度较大，且热空气仅与静止的物料相接触，因而干燥速率较小，干燥时间较长，且干燥不均匀。

2. 鼓风干燥料斗

（1）鼓风干燥料斗的结构

鼓风干燥料斗的结构主要由鼓风机、温控箱、电热器、排料口、开合门、物料分散器、视窗、料斗、料斗盖、排气口等部分组成，如图2–5所示。

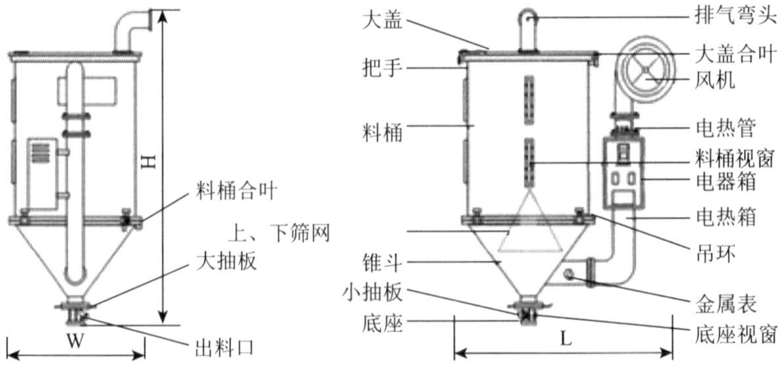


**图2–5　鼓风干燥料斗及其结构示意图**

（2）鼓风干燥料斗的工作原理

鼓风干燥料斗的工作原理与干燥箱基本相同，只是箱体结构设计成料斗状，空气由风机送至电热箱，通过高温电热管加热，以合适温度的均匀热风吹入料斗内。在物料由上而下的下降过程中，通过温度差进行热交换，热风通过物料颗粒间隙穿过物料层从排气管排出，不断带走湿气，使物料连续不断地得到加热干燥，并以预热状态进入挤塑机或注塑机的料筒内。

（3）鼓风干燥料斗的特点

① 采用均匀分散热风之高性能热风扩散装置，保持塑机干燥温度均匀，提高干燥效率；

② 特有热风管弯型设计，可避免粉层堆积于电热管底部引起燃烧；

③ 料桶内及内部零件一律不锈钢质，料桶与底部分离，清料方

便，换料迅速，确保原料不受污染；

④ 各种机型皆可提供预热定时装置、微电脑控制及双层保温料桶供选择；

⑤ 采用比例式偏差指示温控器，可精确控制温度。

3. 气流干燥器

气流干燥器是利用高速热气流，使粒状或块状物料悬浮于气流中，一边随气流并流输送，一边进行干燥。气流干燥器主要组成是由加料装置、干燥管、加热器、鼓风机、旋风分离器、除尘器、引风机、卸料器、加料斗和控制装置等，如图2-6 所示。干燥管是气流干燥器的主体，它是由一根10 ~ 20m的直立圆管所组成。旋风分离器是利用离心力将气流中固体颗粒分离的装置；除尘器是除去气流中的粉尘等污染物的装置。

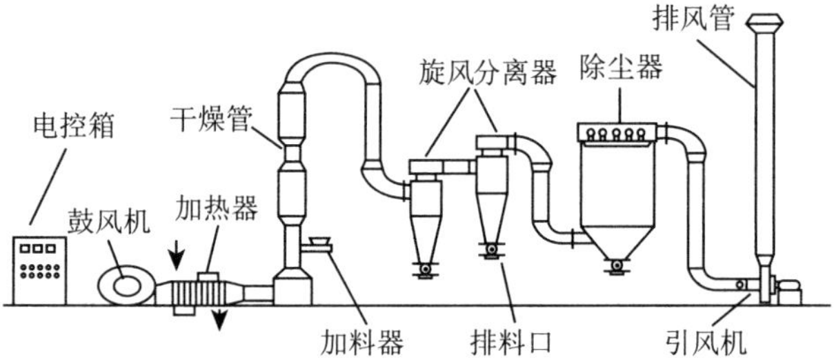


**图2-6　气流干燥器的结构**

（1）工作原理

气流干燥器工作时，物料由螺旋加料器输送至干燥管下部。空气由风机输送，经热风炉加热至一定温度后，以20 ~ 40m/s的高速进入干燥管。在干燥管内，湿物料被热气流吹起，并随热气流一起流动。在流动过程中，湿物料与热气流之间进行充分的传质与传热，使物料得以干燥，经旋风分离器分离后，干燥产品由底部收集包装，废气经袋滤器回收细粉后排入大气。

（2）气流干燥器的特点

① 气流干燥器结构简单，占地面积小，热效率较高，可达60%左右。

② 由于干物料高度分散于气流中，因而气固两相间的接触面积较大，从而使传热和传质速率较大，所以干燥速率高，干燥时间短，一般仅需0.5～2s。

③ 由于物料的粒径较小，故临界含水量较低，从而使干燥过程主要处于恒速干燥阶段。因此，即使热空气的温度高达300～600℃，物料的表面温度也仅为湿空气的湿球温度（62～67℃），因而不会使物料过热。在降速干燥阶段，物料的温度虽有所提高，但空气的温度因供给水分汽化所需的大量潜热通常已降至77～127℃。因此，气流干燥器特别适用于热敏性物料的干燥。

④ 气流干燥器因使用高速气流，故阻力较大，能耗较高，且物料之间的磨损较为严重，对粉尘的回收要求较高。

⑤ 气流干燥器适用于以非结合水为主的颗粒状物料的干燥，但不适用于对晶体形状有要求的物料的干燥。

4. 沸腾床干燥器

（1）沸腾床干燥器结构

沸腾床干燥器又称为流化床干燥器，是流态化技术在干燥作业上的应用。沸腾床干燥器的结构类型有单层圆筒式、多层圆筒式和卧式多室式等多种类型。不同的类型其结构有所不同，如图2–7所示为三种不同形式沸腾床干燥器的结构。

（2）沸腾床干燥器的工作原理

沸腾床干燥的原理是将“固体流态化”和“干燥”两单元操作组合起来形成高效塑料干燥模式。塑料粒子在沸腾室内借循环热空气在多孔板上下形成压力差而悬浮在热空气中进行水分汽化传质干燥。由于塑料粒子全表面都接触热空气流，而且汽化的水汽不断被热空气流带走，大大有效地增大塑料粒子内部水分向表面汽化的推动力， 因而具有高效快速干燥之功能。沸腾床干燥，洁净空气由高压鼓风机吹进电热箱，很快被循环加热到干燥温度。循环的热空气流在沸腾器的多孔板上下形成压力差，上部为负压。塑料粒料由沸腾器上部料斗中落入后即悬浮在热空气流中，形成固体流态化，在沸腾室内上下翻滚跳动，使所有塑料粒子的表面均与高速热空气流接触并对流运动，于是塑料粒子表面的水分瞬间汽化。在该设备中，塑料粒子内部水分可快速扩散到塑料粒子表面，并不断被高速热空气流带走，因而形成了强大的传热、传质推动力。沸腾床干燥器中颗粒在热气流中上下翻动，彼此碰撞混合，气、固间进行传热和传质，以达到干燥目的。通常干燥时散粒物料由加料口加入，热空气通过多孔气体发布板由底部进入床层同物料接触，只要热空气保持一定的气速，颗粒即能在床层内悬浮，并上下翻动，在与热空气接触过程中使物料得到干燥。干燥后的颗粒由床的出料口卸出，废气由顶部排出。

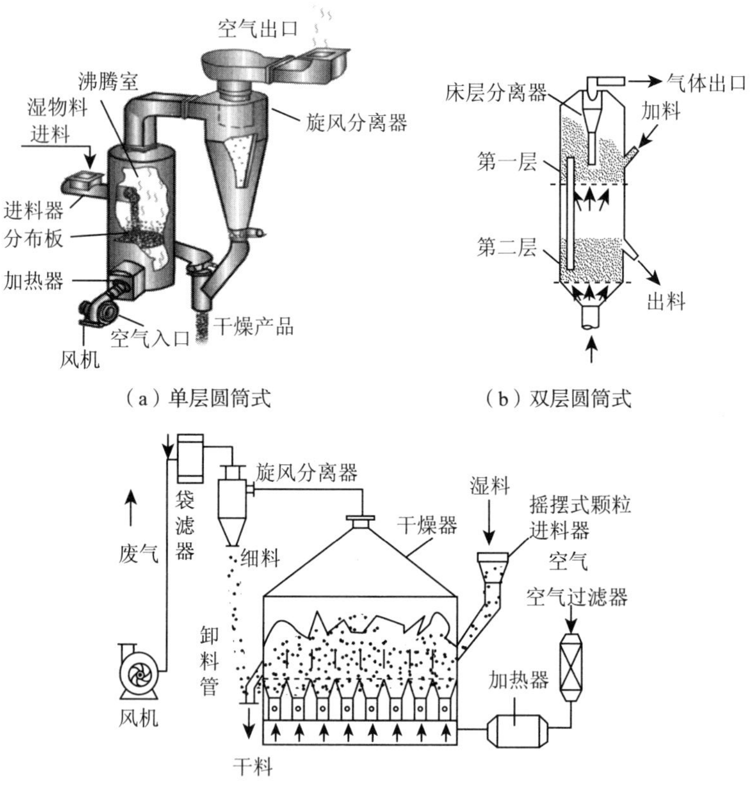

（a）单层圆筒式　（b）双层圆筒式

（c）卧式多室式

**图2-7　不同形式沸腾床干燥器的结构**

在单层圆筒沸腾床中，由于床层内的颗粒的不规则运动，颗粒的停留时间分布不均，容易引起返混和短路现象，使产品质量不均匀。多层圆筒式和卧式多室式干燥器干燥效果要好，产品质量均匀。

（3）沸腾床干燥器的特点

沸腾床干燥器的传热、传质效率高，处理能力大；物料停留时间短，有利于处理热敏性物料；设备结构简单，操作稳定。

5. 真空干燥器

（1）工作原理

真空干燥又称负压干燥，是让塑料原料处于负压状态下进行加热干燥。真空干燥机在真空状态下，以蒸汽为热源，通过传导加热方式供给物料中水分足够的热量，使其沸腾和蒸发，并加快汽化速度。再通过真空泵将干燥机中的空气抽出，机体内形成负压，使挥发组分的沸点降低，从而使水分迅速变成水蒸气，从而使物料的表面水分挥发达到干燥的目的。对塑料进行真空干燥的设备主要有静置真空干燥箱、回转真空耙式干燥机及真空干燥料斗，如图2–8所示。常用的主要是回转真空耙式干燥机和真空干燥料斗等。

（a）真空干燥箱　　（b）真空干燥料斗　　（c）回转真空耙式干燥机

**图2–8　真空干燥器几种类型**

（2）真空干燥器特点

真空干燥时静置真空干燥箱和回转真空干燥器设备投资大，能耗高（加热耗能、真空耗能、回转耗电），干燥效率提高不多，所以塑料加工企业应用不多，而目前应用较多的是真空干燥料斗。与热风干燥系统比较，达到同样的干燥效果，真空干燥的速度平均要快6倍，真空干燥机可以在满足挤出机或注塑机用量的前提下，干燥的批量小，实现连续干燥可以保证原料的干燥效果，并且可以减小原料对水分再吸收的可能性，另外，真空干燥时由于机体内空气被抽出，而减少干燥环境中的含氧量，可避免物料干燥时的高温氧化现象，主要用于在加热时易氧化变色的物料，如PA等。

6. 远红外干燥器

（1）远红外干燥器的结构

远红外干燥装置主要由远红外线辐射元件、传送装置和附件（保温层、反射罩等）组成如图2-9所示。远红外线辐射元件主要由基体、远红外线辐射涂层、热源组成。基体一般可由金属、陶瓷或石英等材料制成。远红外线辐射涂层主要是$Fe_2O_3$、$MnO_2$、$SiO_2$等化合物；热源可以是电加热、煤气加热、蒸汽加热等。

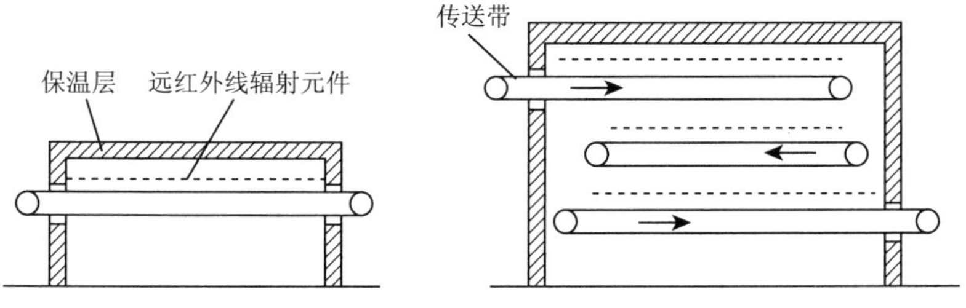


（a）单层传送　　（b）多层传送

**图2-9　远红外预热干燥装置示意图**

（2）工作原理

远红外干燥器是利用远红外辐射器发出的远红外线被湿物料所吸收，引起分子激烈共振并迅速转变为热能，从而使物料中的水分汽化而达到干燥的目的。由于物料对红外辐射的吸收波段大部分位于远红外区域，如水、有机物等在远红外区域内具有很宽的吸收带。

（3）特点

远红外干燥器是一种辐射干燥器，工作时不需要干燥介质，从而可避免废气带走大量的热量，故热效率较高。

远红外干燥由于是辐射传热，可以使物料在一定深度的内部和外表面同时加热，不仅缩短了预热干燥时间、节约能源，而且也避免了受热不均而产生物料的质变，提高了干燥的质量，其干燥温度可达130℃左右。另一方面由于热源不直接接触物料，因此易实现连续干燥。

远红外干燥器具有结构简单、造价较低、维修方便、干燥速度快、控温方便迅速、产品均匀清净等优点，但红外干燥器一般仅限于薄层物料的干燥，主要适用于大批量物料的干燥。

# 第二节 原料的筛析

## 一、筛析的目的

筛析是塑料原料成型前的一种预处理工序，筛析是按不同粒度要求对固体物料进行分级，为了除去物料中混入的金属等杂质，除去粒径较大的物料，使其颗粒均匀。

筛析目的是除去物料中混入的金属等杂质，除去粒径较大的物料，实现物料的细度和均匀度，以确保塑料成型加工设备的安全，保证物料有良好的成型加工性能，提高制品的质量。物料的细度是指物料颗粒直径的大小（mm），通常用筛网的目数（网孔数/英寸）来控制，一般目数越大，颗粒越细；物料的均匀度是指颗粒间直径大小的差数，通常用物料的粒径分布情况来控制，物料粒径分布越窄，颗粒越均匀。

## 二、筛析方法

常用的筛析方法主要有转动筛析、振动筛析和平动筛析三种类型。筛析主要用于粉状着色剂、树脂或填料、稳定剂等添加剂的筛分，如粉状颜料、粉状PVC树脂、 碳酸钙填料等。筛析常用的设备主要有转动筛、振动筛和平动筛三种类型。

## 三、转动筛析

（1）筛析设备结构

转动筛主要由筛网和筛骨架组成，常见的主要有圆筒型的转动筛，圆筒型转动筛通常又称为滚筒筛，其结构如图2–10所示。它主要由电机、减速机、滚筒筛体、机架、护罩、进出料口等组成，如图2–11所示。滚筒筛体倾斜安装于机架上，电动机经减速机与滚筒装置连接在一起，驱动滚筒绕其轴线转动。

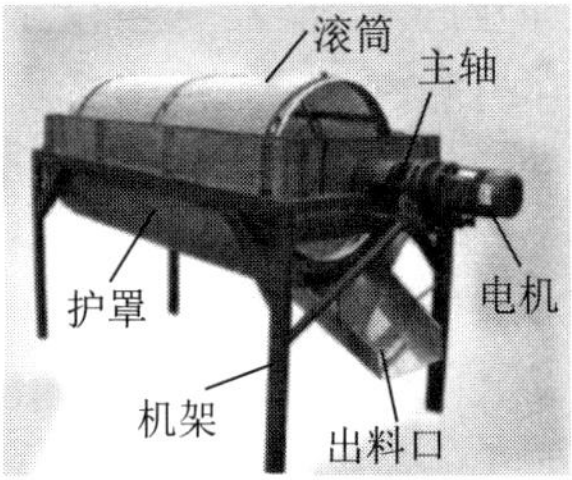


图2–10　圆筒筛外形图

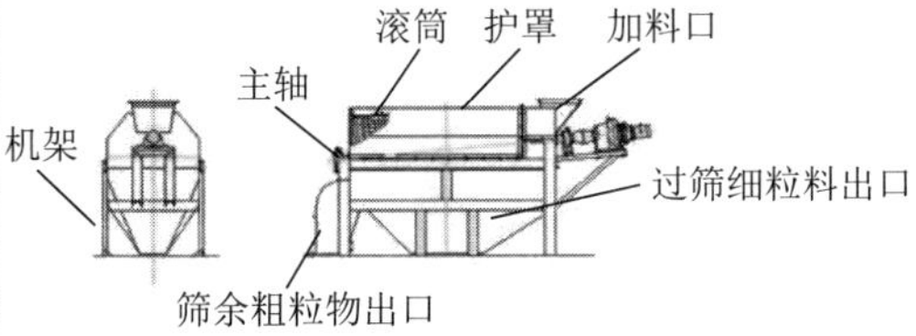


图2–11　转动筛结构组成示意图

（2）工作原理

转动筛工作时，电动机经减速机通过联轴器驱动滚筒旋转，物料从加料口加入滚筒内后，由于滚筒装置的转动与倾斜，滚筒筛内的物料也随着翻转与滚动，使粒径小于筛网孔径的物料经滚筒的筛孔落下，从细粒料出口排出，筛余粗颗粒料（不合格的物料）经滚筒末端排出，如图2–12所示。由于物料在滚筒内的翻转、滚动，卡在筛孔中的物料可被弹出，防止筛孔堵塞。

图2–12　转动筛工作原理示意图

（3）转动筛析特点

转动筛的结构简单，且为敞开式，有利于筛网的维修或更换，但筛选效率低。筛网的使用面积只占筛网总面积的1/6 ~ 1/8，由于筛体为敞开式，筛选时易产生粉尘飞扬，卫生性差。转动筛析通常主要适合于筛选密度较大的粉状填料，如碳酸钙、滑石粉、陶土等。

## 四、振动筛析

1. 振动筛析特点

振动筛析是一种通过平放或略倾斜的筛体，通过振动进行的筛析。振动筛析特点是：

① 筛选效率高，并且筛孔不易堵塞。

② 省电，电磁振动筛的磁铁只在吸合时消耗电能，而断开时不消耗电能。

③ 筛体结构简单且为敞开式，有利于筛网的维修或更换。

④ 由于筛体是敞开式，筛析时易产生粉尘飞扬，卫生性差。同时往复变速运动产生的振动使运动部件撞击而产生较大的噪声。

振动筛析通常适用于筛析粒状树脂和密度较大的填料。若将筛体制成密闭式也能用于粉状物料的筛选。

2. 振动筛

振动筛析的设备是振动筛。振动筛根据动力来源可分为机械振动筛和电磁振动筛两种类型。筛体的形状有圆筒形和长方形，如图2-13所示。

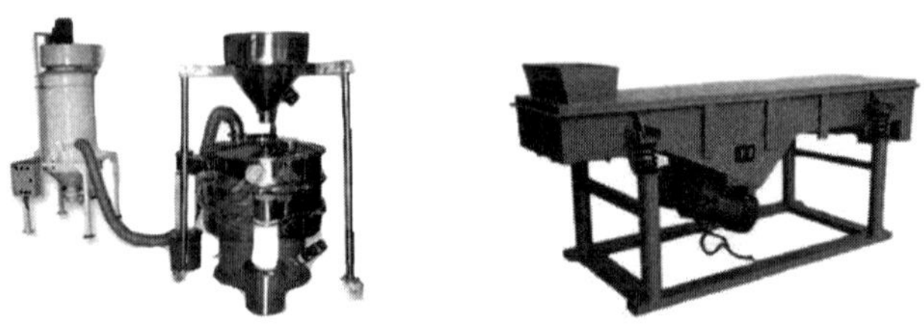

（a）圆筒形振动筛　　（b）长方形振动筛

**图2-13　振动筛**

（1）机械振动筛

机械振动筛的结构，它是由筛体、弹簧杆、连接杆、偏心轮（或凸轮）等组成，如图2-14所示。机械振动筛通常有直线型和圆型两种类型。直线型振动筛利用振动电机激振作为振动源，使物料在筛网上被抛起，同时向前做直线运动，物料从给料机均匀地进入筛分机的进料口，通过多层筛网产生数种规格的筛上物、筛下物，分别从各自的出口排出。圆型振动筛的筛体在振动器的作用下，产生圆形轨迹的振动。由于筛面的振动使筛面上的物料层松散并被抛起离开筛面，使细粒级物料能通过料层下落并通过筛孔排出。

机械振动筛的工作原理是利用偏心轮（或凸轮）装置作为激振器，电动机经三角皮带，带动激振器主轴回转，由于激振器上不平衡重物的离心惯性力作用，使筛体沿单一方向发生往复变速运动而产生振动，从而达到筛选的目的。一般改变激振器偏心重，可获得不同振幅。

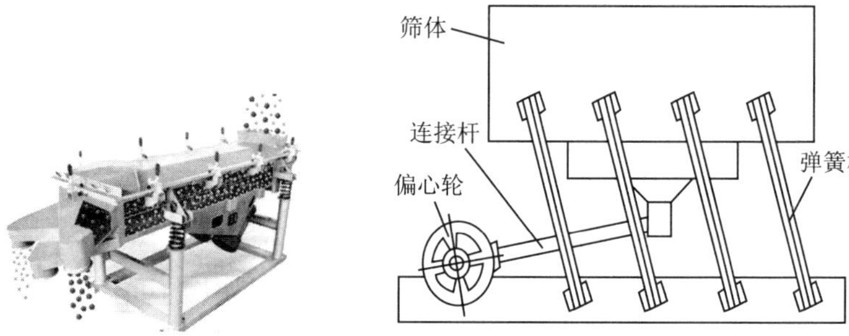


图2-14　机械振动筛结构

机械振动筛由于筛箱振动强烈，减少了物料堵塞筛孔的现象，使筛子具有较高的筛分效率和生产率；其构造简单、拆换筛面方便；筛分每吨物料所消耗的电能少。

（2）电磁振动筛

电磁振动筛主要由筛体、电磁铁线圈、电磁铁、弹簧板与机座等组成，结构如图2-15所示。它是利用电磁振荡原理，由电磁铁线圈与电磁铁等组成电磁激振系统，工作时因电磁铁的快速吸合与断开使筛体沿单一方向发生往复变速运动而产生振动，达到筛选的目的。

电磁振动筛特点：工作时筛箱不动，筛面高频振动，可达到8～10倍重力加速度，是一般振动筛振动强度的2～3倍。因而不堵筛孔，筛面自清洗能力强，筛分效率高，处理能力大。非常适用于细粒粉体物料的筛分、脱水。筛面一般采用3层不锈钢丝编织网，根据筛分工艺要求确定网孔尺寸，复合网具有很高的开孔率，具有一定的刚度，便于张紧平整安装，并提高筛网的使用寿命；筛机安装角度可随时方便地调节；高频振动筛的振动参数采用计算机集控，对每个振动系统的振动参数可软件编制，有间断瞬时强振以随时清理筛网，保持筛孔不堵；筛体可配加防尘罩以及密封的筛上、筛下出料溜槽、漏斗实现封闭式作业，减少环境污染。

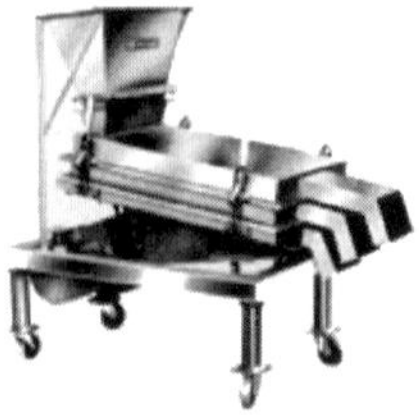

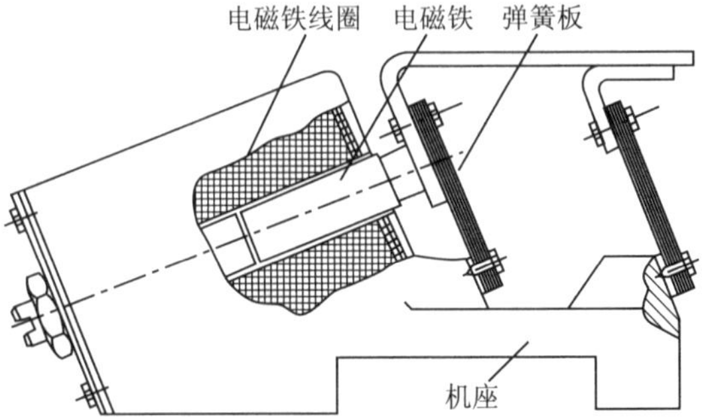


图2-15　电磁振动筛

## 五、平动筛析

（1）平动筛析特点

平动筛析是利用设备的偏心轮装置带动体发生平面圆周变速运动而实现过筛的筛析。平动筛析的特点是：

① 工作时整个筛网基本都能得到利用，筛选效率比圆筒筛高而比振动筛低，但筛孔易堵塞。

② 筛体通常为密闭式的，故筛选时不易产生粉尘飞扬，卫生性好。

③ 筛体发生平面圆周变速运动而产生的振动小，噪声小。

④ 筛体的密闭使筛网的维修或更换不方便。

（2）平动筛

平动筛析设备是平动筛，主要由筛体、偏心轮、偏心轴等组成，如图2-16所示。平动筛根据筛体的数目可分为单筛体式和双筛体式两种类型，其结构如图2-17所示。

双筛体式有两个筛体，其四角用钢丝绳悬吊在上面的支撑部件上，而中间的偏心轴主要作传动之用，为了平动筛的运动平稳，偏心轮在设计时通常采用平衡块（铅块）来实现其质量平衡。偏心轴转动时，筛体做平面圆周变速运动而达到筛选的目的。筛网通常为铜丝网、合金丝网或其他金属丝网等。工作时将需筛析的物料放置于回转的筛网上，通过驱动装置带动圆筒型筛网转动而实现物料的筛析。

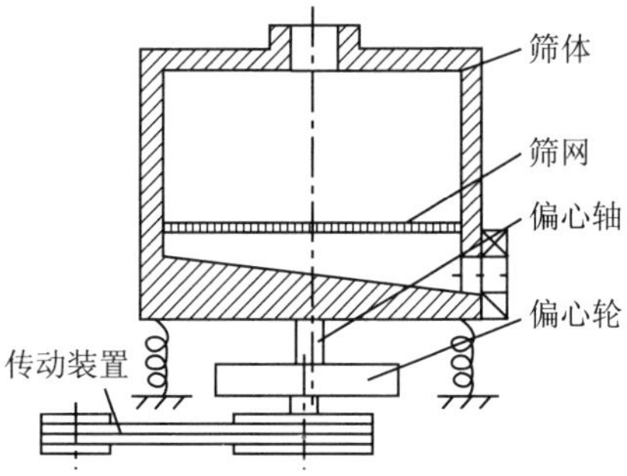


图2-16　平动筛结构

（a）单筛体式

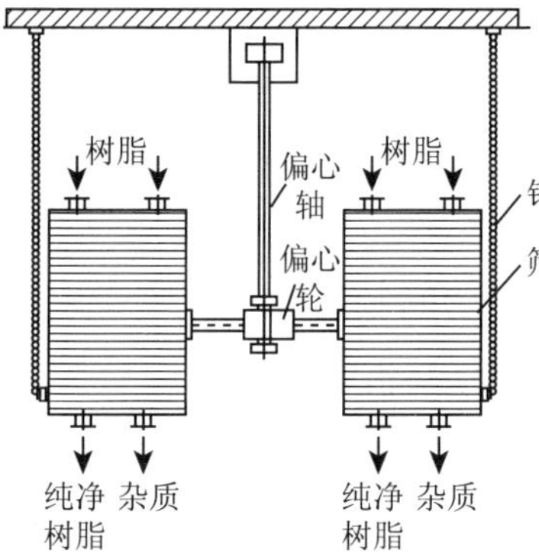


（b）双筛体式

图2-17　平动筛类型

## 第三节　原料的研磨

在塑料成型过程中，通常需加入少量的颜料、稳定剂等助剂，而这些助剂的密度较大，在运输或储存过程中容易结块，使其颗粒大小不均匀，若直接加入到树脂中进行混合，会造成这些助剂分散不均，以导致产品着色不均、性能不良等现象。因此为了使这些助剂能在塑料中分散均匀，成型前需进行细化处理。细化的方法是研磨处理。若塑料配方中含有液体助剂时，一般是先配制成浆料然后再进行研磨处理。

## 一、研磨的作用

研磨是用外力对物料进行碾压、研细的加工过程。配制色母料时或成型多组分着色塑料制品（如PVC有色薄膜等），物料混合之前常常需把分散性差、用量少的助剂（如着色剂、粉状稳定剂等）先进行研磨细化后，再与树脂及其他助剂混合，以提高其分散性和混合效率，保证制品的性能要求。经过研磨的物料，不仅能把颗粒细化，而且能降低颗粒的凝聚作用，使其更均匀地分散到塑料中。

## 二、浆料的配制

浆料的配制是将固体助剂按一定的比例与液体助剂相混合，调制而成的浆糊状物料。

1. 稳定剂浆料的配制

配制稳定剂浆料时，一般可以预先将配方中的一部分液体助剂，如增塑剂、液体稳定剂等，加入到搅拌容器内进行搅拌，同时慢慢加入稳定剂和其余增塑剂等。此时要注意不断调节增塑剂和稳定剂的比例以利于搅拌。如果稳定剂吸收增塑剂较多可以多加一些增塑剂，但不能加得太快、太多，因为这会使密度大的固体物质沉积到容器下面，密度小的则浮在液体上面，难以搅拌均匀。待全部物料加入并搅拌均匀后，再经研磨机进行研磨。

2. 颜料浆料的配制

颜料浆料的配制方法与稳定剂浆料的配制基本相同，可以先把一定量的增塑剂等液体助剂加入到容器内，然后再加入一定量颜料，加颜料时先加密度小的，再加密度大的，待各种颜料加入后，再加入其余的增塑剂等液体助剂。然后用长柄的铁铲轻轻地搅拌一下，把浮在增塑剂上面的颜料搅拌下去，以免搅拌时颜料飞扬造成颜料损失而使制品着色不准。色浆中的增塑剂等液体助剂的比例不能过大，以保证研磨的细度。配制浆料时，一般颜料与增塑剂的用量比例为1：（3～4）。

## 三、浆料的研磨

浆料的研磨是通过研磨机来进行的，研磨机常见的类型主要有三辊研磨机、球磨机、砂磨机、胶体磨等几种类型。三辊研磨机是生产中常用的研磨设备，主要用于浆状物料的研磨。采用三辊研磨时物料的细化分散效果好，能加工黏稠及极稠的色浆料，可边续化生产，可加入较高体积分数的颜料，换料、换色时清洗方便。但设备操作、维修保养技术要求较高，生产效率低，一般主要用于小批量的生产。

球磨机主要用于颜料与填料的细化处理，适于液体着色剂或配制成色浆料的研磨。球磨机研磨时无须预混合，可直接把颜料、溶剂及部分基料投入设备中进行研磨。其操作简单，维修量少。由于是密闭式操作，因此可适合挥发或含毒物的浆料的加工，但操作周期长，噪声大，换色较困难，不能细化较黏稠的物料。

砂磨机主要用于液体着色剂及涂料的研磨，其生产效率高，可连续高速化操作，设备操作、维修保养简便，且价格便宜、投资少，应用广泛，但对于密度大、难分散的颜料，如炭黑、铁蓝等，灵活性较差，更换原料和颜色较困难。

胶体磨是一种无介质的研磨设备，通过转子的高速旋转对色浆料产生剪切、混合作用，使颜料粒子得以细化分散。胶体磨使用方便，可连续化操作，生产效率高，但浆料黏度过高时，会使转子减速或停转，转子与定子间距最小为50μm，大型胶体磨通常在100～200μm间距下运行，因而不宜于分散细度要求较高的色浆。

## 四、三辊研磨机

1. 三辊研磨机的结构组成

三辊研磨机主要由辊筒、挡料装置、调距装置、出料装置、传动装置和机架组成，如图2–18所示。

三辊研磨机的辊筒是对物料产生剪切挤压的场所，一般为三个等径辊筒平行排列组成，辊筒直径的大小决定研磨机规格的大小。通常情况下三辊研磨机的辊筒材质为冷硬合金铸铁离心铸造而成，表面硬度达HS70° 以上；辊筒的圆径经过高精密研磨，精确细腻，能使物料的研磨细度达到15μm左右，因此能够生产出均匀细腻的高品质产品。

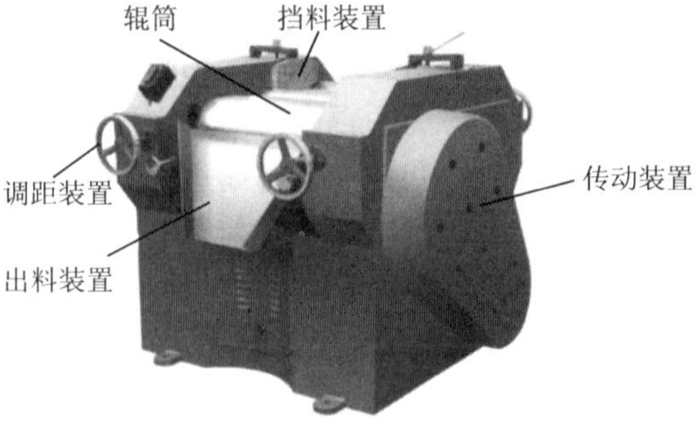


**图2-18 三辊研磨机**

挡料装置位于慢、中速辊之间，挡板的位置可通过螺丝进行调节，其作用是防止加料时物料进入辊筒两端的轴承中。

调距装置的作用是调节辊间距离及压紧力，改变对物料的剪切和挤压作用以达到研磨的要求。

出料装置（刮刀片）一般多用钢板制成，其作用是将辊筒表面上的浆料刮下。为了有利于快速辊表面上的浆料刮下，应贴在快速辊的表面上，其刀口位置应设在高于辊筒轴线3mm处。

传动装置主要由电动机、减速箱、联轴器、速比齿轮组成，其作用是为各辊筒提供所需的转矩和转速。电动机通过三角皮带传动，经减速箱后，直接由联轴器传入中速辊，再通过速比齿轮来带动快、慢速两辊做同向旋转。

2. 三辊研磨机的工作原理

三辊研磨机有三个辊筒安装在铁制的机架上，中心在一直线上。辊筒可水平安装，也可稍有倾斜，钢质辊筒中空，可以通水对其进行冷却。对物料的研磨是通过水平的三根辊筒的表面相互挤压及不同速度的摩擦而达到研磨效果。三辊研磨机工作时，三个辊筒在传动装置的驱动下，分别以大小不同的速度彼此相向旋转，如图2-19所示，通常三个辊筒的速比为1：3：9。原料由中辊和后辊及两块挡料板之间加入，由于相邻两辊间有一个速度差和辊隙间压力的存在，使加入到相向旋转慢速与中速辊之间的物料大部分被带入辊隙中，经中、后两辊的相反异步旋转而引起原料的急剧摩擦翻动，并被辊筒挤压、剪切，而包在转速较快的中速辊上。由于强大的剪切外力破坏了原料颗粒内分子之间的结构应力。物料被带入中速与高速辊辊隙后，再经中前两辊高速的二次研磨，使物料再次被挤压和剪切，而迅速的粉碎和分散，进而达到各种原料的高度均匀混合，且又包在快速辊上，最后被装在前辊前面的刮刀刮下。为了达到均匀研细，物料通常需要研磨2～3遍，研磨的细度可由细度板测定，通常浆料的研磨细度都应达到50μm。

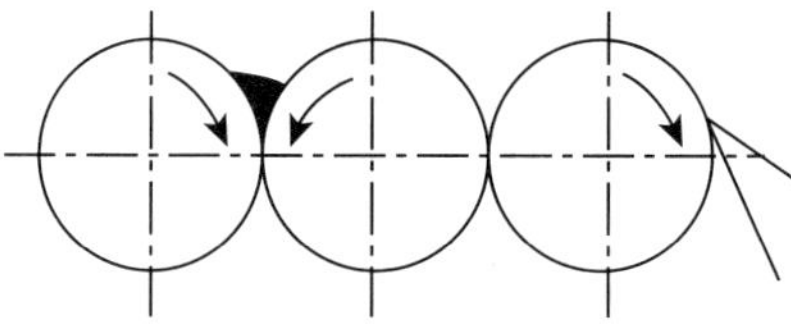


图2-19　三辊研磨机的旋转状况

3. 三辊研磨机的选用

三辊研磨时的研磨质量和效率通常与辊筒的直径、工作长度、辊筒的转速及速比的大小等有关，因此在选用三辊研磨机时，通常以辊筒的直径、工作长度、辊筒的转速及速比的大小等参数来加以选择。三辊研磨机规格大小一般以辊筒直径来表征。如表2-2所示为常用三辊研磨机的主要参数。

表2-2　常用三辊研磨机的主要参数

| 项目 | S-100 | S-260 | S-405 |
|---|---|---|---|
| 辊筒直径/mm | 100 | 260 | 405 |
| 辊筒工作长度/mm | 200 | 695 | 810 |
| 辊筒速比（慢：中：快速） | 1：3：9 | 1：2.85：8.12 | 1：3：9 |
| 辊筒转速（r/mm） | | | |
| 慢速辊 | 42 | 18 | 12 |
| 中速辊 | 125 | 51 | 37 |
| 快速辊 | 375 | 145 | 114 |

续表

| 项目 | S–100 | S–260 | S–405 |
|---|---|---|---|
| 电机功率/kW | 7.5 | 7.5 | 15 |
| 电机转速/ r/min | 905 | 750 | 370 |
| 电压/V | 380 | 380 | 380 |

4. 三辊研磨的工艺控制

三辊研磨时主要是要把研磨辊筒的间隙调节得当。通常要求前一辊隙应比后一辊隙稍微宽一些，使物料颗粒逐渐研细。但辊隙也不能太宽，否则研磨的浆料都要落到底盘里。通过观察两边研磨出来的浆料，逐步把两边辊隙调整得更均匀，这样才能达到研磨的效果。研磨时还应控制好辊筒的转速，辊筒的速比一般为1∶3∶9比较合适。

要使色料分散均匀，应进行多次研磨，一般每研磨一次应把浆料翻动一下。操作得当，研磨3次，各种颜料基本上可以达到4～5级（30～40μm），分散也十分均匀。但对于颗粒又粗又硬的颜料如高色素炭黑，需多加研磨。研磨的浆料的细度可用细度板进行检查，直到达到要求才能停止研磨。

## 五、球磨机

1. 球磨机结构组成

球磨机主要用于颜料与填料的细化处理，适于浆料的研磨。球磨机有多种结构类型，按物料形式来分有干式球磨机和湿式球磨机，按外形来分有立式球磨机、卧式球磨机等。

球磨机主要由筒体、电机、减速机、传动皮带、机架等组成，如图2–20所示是一种卧式球磨机结构示意图。球磨机筒体内都装有许多大小不同的钢球或瓷球、钢化玻璃球等，球体的容积一般占圆筒容积的30%～35%。筒体内镶有耐磨衬板，具有良好的耐磨性。

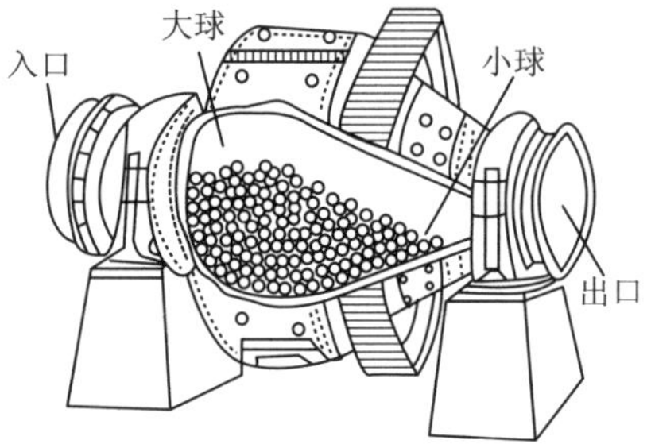


图2-20　球磨机结构示意图

2. 球磨机的工作原理

球磨机有一个回转的筒体，筒体内装有许多研磨球，如图2-21所示，研磨球的规格和材质种类很多，可根据研磨的物料选用研磨球。当球磨机工作时，研磨球由于离心力的作用贴在球磨机筒体内壁上与筒体一同回转，并被带到一定高度自由落下，下落时研磨球将筒体内的物料粉碎，并靠研磨球与球磨机的内壁的研磨作用将物料粉碎。转动时，球体对加入的物料产生碰撞冲击及滑动摩擦，使物料粒子破碎，达到研细的目的。经研磨后的浆料通过球磨机的过滤网过滤，再排出。球磨机中过滤器的过滤网一般有三层，目数一般为80～100目，应保证浆料的研磨细度为50μm以下。

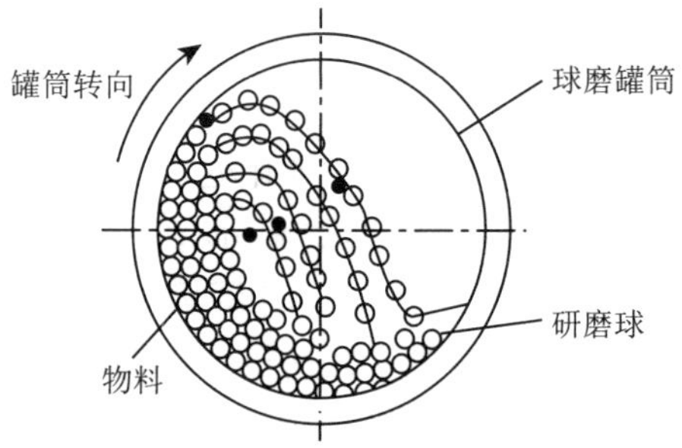


图2-21　球磨机工作原理示意图

3. 球磨机的选用

球磨机的选用一般可根据其出料粒度及产量大小来选择其规格型号大小。球磨机的规格型号通常以磨筒的直径及长度大小来表征。如表2-3所示为几种球磨机主要技术参数。

表2-3　几种球磨机的主要技术参数

| 规格型号 | 筒体转速/(r/min) | 装球量/t | 给料粒度/mm | 出料粒度/mm | 产量/（t/h） | 电动机功率/kW | 机重/t |
|---|---|---|---|---|---|---|---|
| $\Phi900\times1800$ | 38 | 1.5 | ≤20 | 0.075 ~ 0.89 | 0.65 ~ 2 | 18.5 | 3.6 |
| $\Phi900\times3000$ | 38 | 2.7 | ≤20 | 0.075 ~ 0.89 | 1.1 ~ 3.5 | 22 | 4.5 |
| $\Phi1200\times2400$ | 32 | 3.8 | ≤25 | 0.075 ~ 0.6 | 1.5 ~ 4.8 | 45 | 11.5 |
| $\Phi1200\times4500$ | 32 | 7 | ≤25 | 0.074 ~ 0.4 | 1.6 ~ 5.8 | 55 | 13.8 |
| $\Phi1500\times3000$ | 27 | 8 | ≤25 | 0.074 ~ 0.4 | 4 ~ 5 | 90 | 17 |
| $\Phi1500\times4500$ | 27 | 14 | ≤25 | 0.074 ~ 0.4 | 3 ~ 7 | 110 | 21 |
| $\Phi1500\times5700$ | 27 | 15 | ≤25 | 0.074 ~ 0.4 | 3.5 ~ 8 | 132 | 24.7 |

## 六、砂磨机

（1）砂磨机的结构组成

砂磨机又称珠磨机，是一种水平湿式连续性生产之超微粒分散机，主要用于液体物料的湿法研磨，砂磨机常见的有立式砂磨机，卧式砂磨机，篮式砂磨机，锥棒式砂磨机，纳米级卧式砂磨机等多种类型。砂磨机主要由机体、磨筒、砂磨盘（拨杆）、研磨介质、电机和送料泵组成，如图2-22所示。筒体部分备有冷却或加热装置，以防筒内因物料、研磨介质和圆盘等相互摩擦所产生的大量的热影响产品质量，或因送入的浆料冷凝以致流动性降低而影响研磨效能。研磨介质一般有氧化锆珠，玻璃珠、硅酸锆珠等。一般除立式砂磨机选用普通2 ~ 3/3 ~ 4mm的玻璃珠外，其他砂磨机均采用0.8 ~ 2.4mm的氧化锆珠。进料的快慢由送料泵控制。

（2）砂磨机的工作原理

砂磨机是利用料泵将经过搅拌机预分散润湿处理后的固—液相混合物料输入筒体内，物料和筒体内的研磨介质一起被高速旋转的分散器搅动，从而使物料中的固体微粒和研磨介质相互间产生更加强烈的碰撞、摩擦、剪切作用，达到加快磨细微粒和分散聚集体的目的。

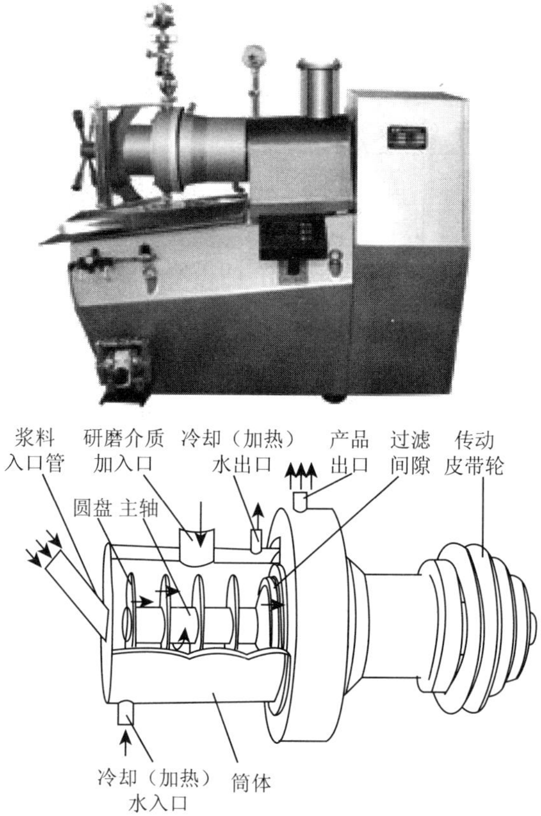


**图2-22　砂磨机的结构**

砂磨机筒体内的旋转主轴上装有多层圆盘。当主轴转动时，研磨介质在旋转圆盘的带动下研磨压入筒内的浆料，使其中的固体物料细化，合格的浆料穿过小于研磨介质粒度的过滤间隙或筛孔流出。筒体部分设有加热或冷却装置，以防筒内因物料、研磨介质和圆盘等相互摩擦所产生的大量的热影响产品质量，或因送入的浆料冷凝以致流动性降低而影响研磨效能。研磨分散后的物料经过动态分离器分离研磨介质，从出料管流出。砂磨机在细化物料的同时，还有分散和混合作用，适于磨制染料、颜料、药物和其他悬浮液或胶悬剂等。

## 七、胶体磨

1. 胶体磨的结构组成

胶体磨是处理精细物料的理想设备，胶体磨其主要构造由磨头部件、底座、传动装置、电机等几部分组成。其中磨头部件是机器核心部分，由动磨盘与静磨盘、机械密封件等构成。在电机凸缘端加装挡水盘，以防渗漏。如图2–23所示。

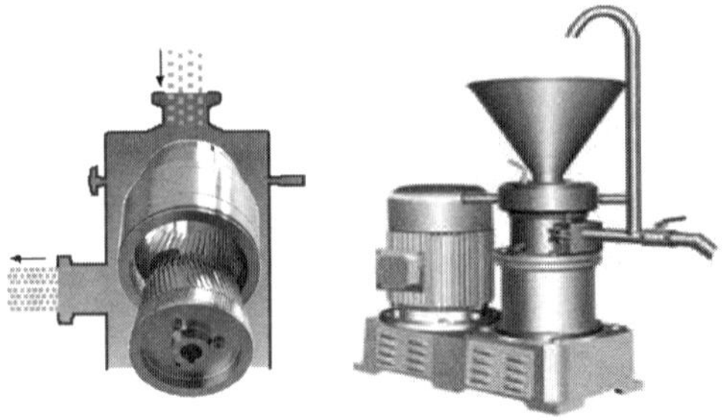

图2–23　胶体磨的结构

2. 胶体磨工作原理

胶体磨是由电动机通过皮带传动带动转齿（或称为转子）与相配的定齿（或称为定子）做相对的高速旋转，其中一个高速旋转，另一个静止，被加工物料通过本身的重量或外部压力（可由泵产生）加压产生向下的螺旋冲击力，通过定、转齿之间的间隙（间隙可调）时受到强大的剪切力、摩擦力、高频振动、高速旋涡等物理作用，使物料被有效地乳化、分散、均质和粉碎，达到物料超细粉碎及乳化的效果，主要用于颜料、染料、涂料、润滑油、润滑脂、塑料等的精细研磨。

## 思考与练习

1. 物料干燥的目的是什么？哪些物料加工前必须干燥？为什么？
2. 热风干燥和真空干燥各有何特点与适用性？
3. 对流干燥的原理是什么？

4. 红外干燥和微波干燥各有何特点与适用性?

5. 筛析的目的是什么? 筛析的方法有哪些? 各有何特点?

6. 电磁振动筛的结构及工作原理如何?

7. 颜料及稳定剂的浆料如何配制?

8. 研磨的作用是什么? 研磨的设备主要有哪些? 各有何特点与适用性?

# 第三章　原料的初混合

## 应·知·应·会·要·求

### 中级工

1. 掌握塑料配混的工艺流程，能看懂塑料配方。

2. 掌握混合过程的控制要素及混合效果的判断，知道提高混合效果的措施。

3. 掌握高速混合机、捏合机和叶片式混合机的结构及工作原理，知道其选用。

### 高级工

1. 掌握中级的要求基础上，知道配方设计原则。

2. 知道物料的混合机理。

3. 掌握螺带式、转鼓式混合机的结构原理及选用。

塑料配混是按一定的配比将合成树脂与所需的塑料添加剂混合，配制成适宜于加工的配混料（或称模塑料）的工艺。塑料配混是塑料材料改性及成型的重要环节，塑料配混设备类型的选用与操作对物料的混合与混炼有很大的影响，因而最终影响到塑料制品的质量。

根据配混料形式的不同，塑料配混工艺过程一般包括：

① 原料的预处理：按照工艺要求将原料分别进行过筛或过滤、干燥、研磨等处理。

② 计量：各种原料按配方的要求准确称量。

③ 输送：包括液体物料和固体物料的输送，采用管道或人工混合按工艺要求将物料依次输送至初混合设备中。

④ 初混合：在不同形式与结构的混合设备中，使各种组分均匀分散、混合。

⑤ 混炼：采用密炼机、开炼机或塑化挤出机，使混合组分熔融、均化。排除原材料带入的气体、挥发成分等。

⑥ 造粒：如需制成粒料，则用各式切粒机切成一定尺寸和形状的颗粒。

在塑料配混中，各物料的性能、配方以及配混过程和设备的选择对配混料的质量有很大影响。为设计具有精确加工特性的专用配混料，以适应多样化的塑料加工和应用的要求，塑料配混已从单纯的混合操作发展成为复杂而精细的过程。近年，塑料配混技术的发展致力于提高生产效率，改进配混料质量，减少劳动消耗，方便操作以及保障生产安全和环境卫生等方面。塑料配混过程日趋连续化、密闭化、大型化、高速化和自动化。

## 第一节　塑料的配方

### 一、塑料配方设计原则

塑料配方设计是选择树脂和助剂并优化确定其用量的过程。塑料用树脂和助剂品种有很多，如何选择合适的树脂和助剂，并确定其用量，在配方设计时需从多方面加以考虑，其主要遵循的原则是有如下几点。

1. 满足制品的使用性能要求

首先应充分了解制品的用途及性能要求，如机械、汽车、航天航空、医疗等应用领域不同，对制品的性能要求不同。制品性能要求主要包括力学性能、卫生性、电性能、阻燃性等方面。其次是要合理确定材料和制品的性能指标，配方的好坏是由所得材料和制品的具体指标来体现的，在确定各项性能指标时要充分利用现有的国家和国际标准，使之尽可能实现标准化。性能指标也可根据供需双方的要求协商制定。

2. 保证制品良好的成型加工性

不同的成型加工方法对原料加工性能要求不同，如挤出成型一般要求原料的熔体强度较高，压延成型要求原料的外润滑效果要好。因此在配方设计时，应考虑产品成型加工工艺、设备及模具的特点，使物料在塑化、剪切中不产生或少产生挥发和分解现象，同时使物料的流变特性与设备和模具相匹配。

3. 充分考虑助剂与树脂的相容性

助剂与树脂之间应具有良好的相容性，以保证助剂长期稳定地存留在制品中，发挥其应有的效能。助剂与树脂相容性的好坏，主要取决于它们结构的相似性，例如，极性的增塑剂与极性PVC树脂相容性良好；在抗氧剂分子中引入较长的烷基可以改善与聚烯烃树脂的相容性。另外，对于某些助剂而言，有意识地削弱其与树脂的相容性反而是有利的，如润滑剂、防雾剂、抗静电剂等。一般各种助剂与树脂之间都有一定的相容性范围，超出这个范围助剂便容易析出。

4. 助剂的效能

同一作用的助剂品种有很多，但不同的助剂其效能不同。效能高的在配方中一般用量少，效能低的用量则较大。由于助剂在正常发挥作用时，会产生某些副作用，在配方设计中，要视这种副作用对制品性能的影响程度加以注意。如：大量使用填料时会造成体系黏度的上升，成型加工困难，力学性能下降；阻燃剂用量较多时也会使材料力学性能明显下降；因此配方设计时应尽量选用效能高的助剂品种。

有些助剂具有双重或多重作用，如炭黑不仅是着色剂，同时还兼有光屏蔽和抗氧化作用；增塑剂不但使制品柔化，而且能降低加工温度，提高熔体流动性，某些还具有阻燃作用；有些金属皂稳定剂本身就是润滑剂等。对于这些助剂，在配方中应综合考虑，调配用量或简化配方。

另外有些助剂单独使用时，效能比较低，但与其他助剂一起配合使用时，效能会大大提高，而有些助剂则相反，与某些助剂配合使用时则效能会降低。如锌皂和钙皂热稳定剂在PVC中使用时，锌皂的前期热稳定效果比较好，后期比较差；而钙皂则是前期热稳定效果差，后期则比较好，如果两者一起配合使用时，则热稳定效果会大大得到提高。又如HALS类光稳定剂与硫醚类辅抗氧剂并用时，硫醚类滋生的酸性成分会抑制HALS的光稳定作用，使其光稳定效能大大降低。

5. 合理的性能价格比

一般在不影响或对主要性能影响不大的情况下，应尽量降低配方成本，以保证制品的经济合理性，尽量使用来源广、采购方便、成本低的助剂。

## 二、塑料配方的表征

塑料配方的表征是指表征配方中各组分加入量的方法。塑料配方表示精确、清晰会给实验和生产中的配料、混合带来极大的方便，并可大大减少因计量差错造成的损失。一般在塑料配方设计中其配方的表征方法主要有质量份数表示法、质量百分数表示法、比例法及生产配方等。一般常用的主要是质量份数表示法和质量百分数表示法两种。

质量份数表示法是以树脂的质量为100份，其他组分的质量份数均表示相对树脂质量份数的用量。这是最常用的塑料配方表示方法，常称为基本配方，主要用于配方设计和试验阶段。质量百分数表示法是以物料总量为100%，树脂和各组分用量均以占总量的百分数来表示。这种配方表示法可直接由基本配方导出，用于计算配方原料成本很方便。比例法是以配方中一种组分的用量为基准，其他组分的用量与之相比，以两者的比例来表示，在配方中很少用，一般主要用于有协同作用的助剂之间，特别强调两者的用量比例。生产配方便于实际生产实施，一般根据混合塑化设备的生产能力和基本配方的总量来确定。质量份数、质量百分数及生产配方的表示法如表3–1所示。

表3-1　塑料配方的计量表示

| 原材料 | 质量份数表示法 | 质量百分数表示法/% | 生产配方/kg |
|---|---|---|---|
| PVC SG-5 | 100 | 85.03 | 50 |
| 三盐 | 2.5 | 2.13 | 1.25 |
| 二盐 | 1.5 | 1.28 | 0.75 |
| 硬脂酸钙 | 0.8 | 0.68 | 0.4 |
| 硬脂酸单干油酯 | 0.4 | 0.34 | 0.2 |
| 硬脂酸 | 0.4 | 0.34 | 0.2 |
| PE-C | 6 | 5.10 | 3 |
| $CaCO_3$（轻质） | 6 | 5.10 | 3 |
| 合计 | 117.6 | 100 | 58.80 |

# 第二节　物料混合的基本原理

## 一、混合的含义

塑料的混合通常包含两方面的含义：广义上的塑料混合包括树脂与各类助剂、增强材料及各改性高聚物的混合，目的是改进塑料的使用性能、加工性能，赋予塑料特殊的性能及降低成本。一般意义上的混合是指一种操作，是将塑料用树脂与其他成分配制成均匀的物料，再成型加工成具有使用价值的塑料材料与制品。

对于一般意义的混合实质上是在整个被混合系统的全部体积内，各组分在其基本单元没有本质变化的情况下的细化和分布的过程。它是改变塑料各组分在空间的有序或堆集状态的原始分布，从而增加在任意点上任意组分的粒子或体积单元的概率，以便达到合适的空间分布。

## 二、塑料混合的类型

根据塑料混合过程中是否有分散粒子尺寸变小，可分为非分散混合（简单混合或分布性混合）与分散混合。还可根据混合物料的状态，将其分为固/固混合、固/液混合、液/液混合。

1. 非分散混合

非分散混合是混合过程中各组分粒子只有相互空间位置的变化，而无粒径大小的变化。简单混合示意如图3–1所示

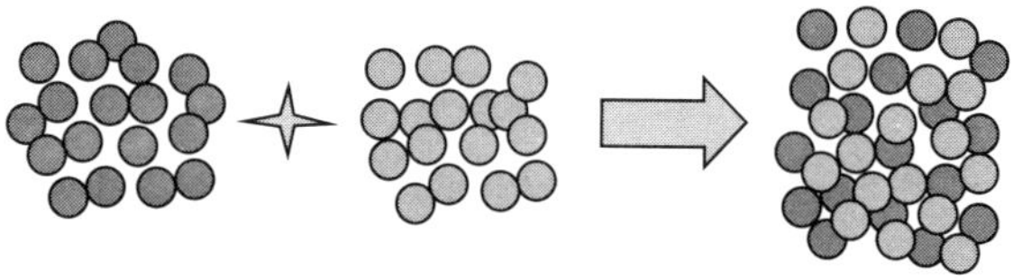

图3–1　非分散混合示意图

2. 分散混合

分散混合是指在混合过程中一种或多种组分的物理状态或物理性能发生了变化并向其他组分渗透，在增进各组分空间无规程度的同时，有混合粒子的尺寸变小或溶解现象发生，即具有粉碎原有混合粒子的效果。分散混合示意如图3–2所示。

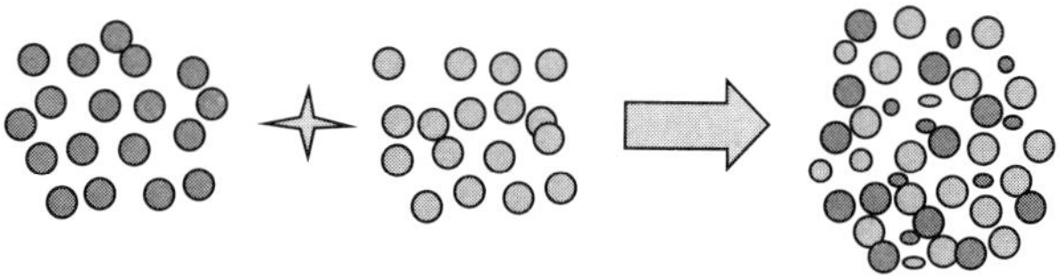

图3–2　分散混合示意图

## 三、塑料混合的机理

混合过程中各组分单元分布非均匀性的减少和某些组分单元的细化，只能通过各组分单元的物理运动来实现，通常多组分物料的混合是借助体积扩散、分子扩散和涡旋扩散三种基本运动形式实现。

1. 体积扩散

体积扩散又称对流扩散，是指在机械搅拌等外力的推动下，物料体系内各部分间发生相对位移，从而促使各组分的质点、液滴或固体微粒由体系的一个空间位置向另一个空间位置运动，以达到各组分单元均匀分布的过程。

在塑料成型的许多操作中，这种物理运动的混合机理常占有主导地位。由体积扩散所引起的对流混合通常可通过两种方式发生，一种称为体积对流混合，另一种称为层流对流混合或简称为层流混合。体积对流混合是指对流作用使物料各组分单元进行空间的重新排布，而不发生物料的连续变形，这种可多次重复进行的物料单元重新排布，可以是无规的，也可以是有序的。在干掺混机中，粉、粒状固体间的体积对流混合是无规的，而在静态混合器中塑性物料的体积对流混合是有序的。

层流混合涉及流体因层状流动而引起的各种形式变形，这是一种主要发生在塑性物料间的均一化过程，在这种方式的混合过程中，多组分体系物料的均一化主要是靠外部所施加的剪切、拉伸和压缩等作用而引起的变形来实现。

2. 分子扩散

分子扩散是一种由浓度梯度为动力，能够自发进行的物理运动，借助分子扩散而实现的混合常称作分子扩散混合。分子扩散混合时，各组分单元由其浓度较大的区域不断迁移到其浓度较小的区域，最终达到各组分在体系内各处的均匀分布。

分子扩散的动力来自浓度差所造成的化学势能梯度，其作用的发挥取决于分子运动的能力和速度，主要发生于气体和低黏度液体中，而在固体与固体之间，分子扩散的速率一般都非常小。塑料成型过程中常需将几种熔体物混匀，由于聚合物熔体的黏度都很高，熔体与熔体之间的分子扩散速率也很小，塑料熔体间的混合不能靠分子扩散来实现。

3. 涡旋扩散

涡旋扩散也称湍流扩散，通常流体间的混合主要是依靠体系内产生湍流来实现。在塑料的成型过程中，由于塑料熔体的流速低而黏度又很高，流动很难达到湍流状态，故很少能依靠涡旋扩散来实现物料的均一化。

## 四、塑料混合过程的要素

塑料的混合过程是一个动态平衡过程，即在一定的剪切场作用下，分散相不断被破碎，与此同时，在分子热运动的作用下，破碎的分散相又趋向重新集聚，最终使分散相达到该条件下的平衡粒径的过程。一般以为，无论使用何种设备做混合操作，混合过程都应具备的混合要素是剪切、分流和位置交换；对于有混炼过程的混合还有压缩、剪切和分配置换等作用。在剪切变形作用下，物料块被拉长和偏转，截面变细，使得其表面积增加，与其他物料接触机会变大，渗入别的物料块的机会增加，可达到均匀混合的目的，混合过程主要是通过剪切、分流、位置交换三要素，使共混物在一定的体积空间内均匀分布，最终得到一种宏观上的分散混合体，如图3–3所示。

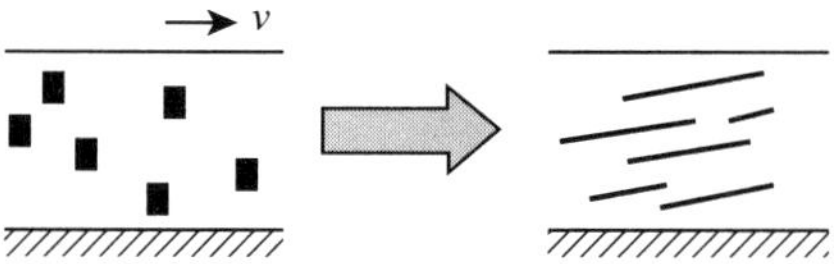


图3–3　物料受到剪切作用时的变形

分流是指塑料流体流动的流道中设置凸起状或隔板状的剪切片，对流动进行分流。分流的结果是使塑料流体流动变得复杂，料流束内有循环流动或料流束发生位置交换，多股料流分流后重新汇合形成混合，如图3–4所示。

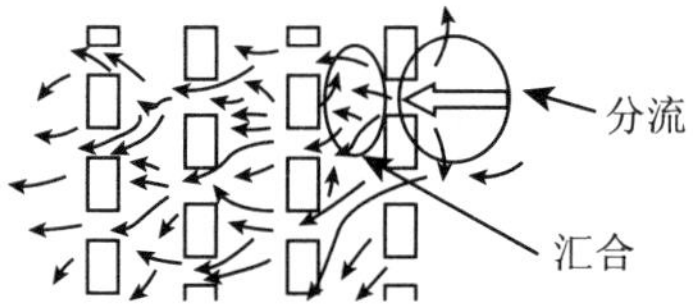


图3–4　分流混合示意图

## 五、混合效果的评定

物料混合是塑料成型加工过程中的重要环节，物料的混合效果直接影响着制品的成型与制品的质量。通常对于物料在混合过程中的混合效果一般用混合程度来评定。

所谓混合程度是指物料混合时的分散程度和混合的均匀程度。

因此混合程度一般是用分散程度与均匀程度来表示。

1. 分散程度

分散程度一般用相邻的同一组分平均距离来表示，如图3–5所示。$r$为条纹厚度（相邻的同一组分平均距离），假设混合物在剪切力作用下引起各组分混合，得到规则条状或带状混合物，其中$r$可由混合物单位体积$V$内各组分的接触面积$S$来计算：

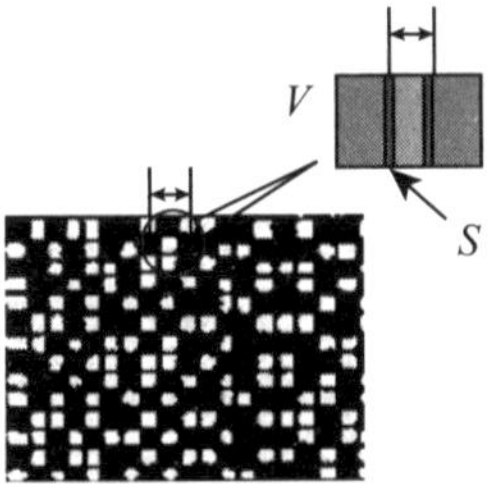


$$r=\frac{V}{S/2}$$

图3–5　二组分混合的接触面积

从上式可见分散程度同$r$与$V$成正比，而与$S$成反比，也就是说接触面积越大，则距离越短，分散程度越好，而混合物单位体积越小，距离越短，分散程度也越好。因此在混合过程中，不断减小粒子体积，增加接触面积，则分散程度越高。通常相邻的同一组分间的平均距离可以用取样的办法测定，即同时取若干样品测定。

2. 均匀程度

均匀程度是指不同物料经过混合所达到的分散掺和的均匀程度的度量。即指混合物占物料的比率与理论或总体比率的差异。如液体中任一点的浓度等于加入物料比率算得平均浓度时，就说此混合状态是均匀的。非均匀状态的混合程度可用任一点浓度与加入物料比率算得平均浓度差值来表达，差值越大，表示偏离均匀状态越远。物料混合均匀程度示意如图3–6所示。

在实际生产中应视物料的各类使用要求来判断混合程度是否符合要求，工业上除凭经验判断混合过程外，有时也用物理机械性能或化学性能的变化来进行判断。

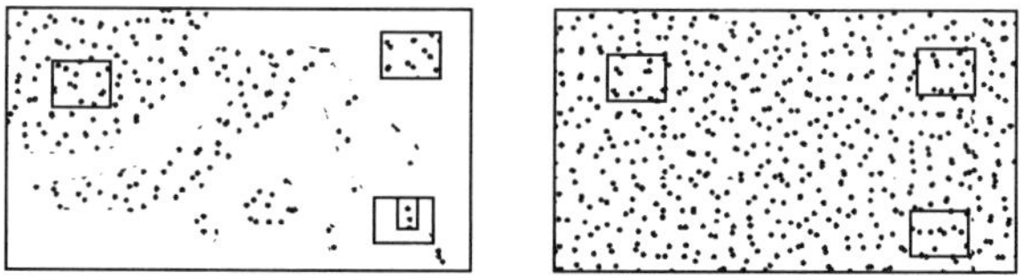

（a）表示混合均匀性差　　（b）表示混合均匀性好

图3-6　物料混合均匀程度

## 六、提高混合效果的措施

① 在混合过程中要尽量增大各组分之间的接触面积，减少物料的平均厚度。

② 使各组分的交界面应相当均匀地分布在被混合的物料中。

③ 使在混合物的任何部分，各组分的比率和整体的比率尽量相同。

# 第三节　物料的初混合设备

塑料成型过程中，物料的混合一般可分为初混合和熔融混炼两个过程，所需设备为初混合设备及熔融混炼设备。初混合设备主要有捏合机、高速混合机等；熔融混炼设备主要有开炼机、密炼机、挤出机等。

## 一、初混合设备的类型与特点

1. 初混合设备类型

塑料初混合设备类型较多，常用的主要有低速混合机、高速混合机、Branetali 混合机、连续混合器等。低速混合机主要包括捏合机、转鼓式混合机、叶片式混合机和螺带式混合机。

2. 各类初混合设备特点

捏合机主要用于高黏度物质的混合分散。如粉状颜料、色母料等。物料在可塑状态下，在捏合机的工作间隙中承受强烈的剪切挤压，使颜料凝聚体破碎、细化、混合分散。捏合机能形成较强烈的纵混和横混，从而表现出强烈的分散能力和研磨能力。

Branetali 混合机主要用于各种黏度乳液的混合和分散，混合机中一般都有温控装置，生产过程中温度容易控制。还有一对同轴不同转速，且轴心位于混合室中心的框型板，工作时凭借框型板与混合室内壁对物料产生的摩擦、剪切、挤压等作用，使物料间相互碰撞、交叉混合，以使其均匀分布。混合机的工作容量范围较宽，可以是总容量的25%～80%，混合室拆装方便，换料换色容易。但框型板对物料在重力方向的作用较弱，故对超高黏度的乳液混合分散效果不佳。

高速混合机是广泛使用的混合设备，主要用于干掺和粉体树脂的混合与分散，如粉状PVC树脂与其他助剂的混合、颜料与分散剂及树脂的混合等。由于桨叶运动速度很高，物料间及物料与所接触的各部件相互碰撞、摩擦频率很高，使得团块物料破碎。加上折流板的进一步搅拌，使物料形成无规的旋涡状流动状态而导致快速的重复折叠和剪切撕捏作用，因此其混合效果好，混合均匀，且生产效率高。

连续混合器是一种转子式混合器，它主要用于聚烯烃色母料、聚苯乙烯类色母料的配料的混合分散。混合器中有转子，该转子相当于螺杆送料器。当物料加入到转子的加料段时，能把物料推到转子的混合段。物料在转子和筒壁之间因强烈剪切力作用而混合分散，并在转子间的研磨作用下被捏合。一般连续混合器是多种组分的物料连续地或分批计量混合，并保持连续出料。

低速混合机是一种利用机械力和重力等将两种或两种以上物料均匀混合的设备。在混合的过程中，还可以增加物料接触表面积，促进物料的物理或化学反应的变化。低速混合机有多种结构形式，可分为气体和低黏度液体混合机、中高黏度液体和膏状物混合机、粉状与粒状固体物料混合机械四大类。塑料中常用的主要是粉状与粒状固体物料混合机，如捏合机、转鼓式混合机、叶片式混合机和螺带式混合机等。

## 二、高速混合机

1. 高速混合机结构

普通高速混合机主要由混合锅、回转盖、折流板、搅拌桨叶、排料装置、驱动电动机、机座等部分组成，如图3–7所示。

（a）

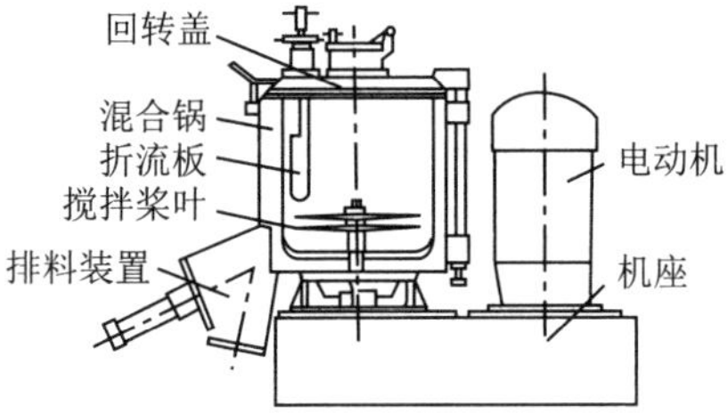


（b）

**图3–7　高速混合机**

混合锅是混合机的主要部件，是物料受到强烈搅拌的场所，其结构如图3–8所示。外形呈圆筒形，锅壁由内壁层、加热或冷却的夹套层、绝热及外套层等三层构成。内壁通常是由锅炉钢板焊接而成，有很高的耐磨性。为避免物料的黏附，混合锅内壁表面粗糙度 $R_a$≤1.25μm。夹套层一般用钢板焊接，用于通入加热或冷却介质以保证物料在锅内混合所需的温度。夹套外部是保温绝热层，与管板制成的最外层组成隔热层，防止热量散失。

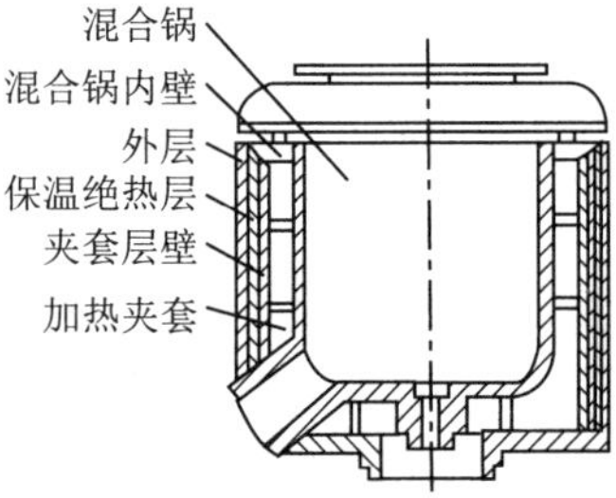


**图3–8　混合锅的结构**

混合锅上部是回转盖，回转盖通常为铝质材料制成。其作用是安装折流板，封闭锅体以防止杂质的混入、粉状物料的飞扬和避免有害气体逸出等。为便于投料，回转盖上设有2～4个主、辅投料口，在多组分物料的混合时，各种物料可分别同时从几个投料口投入而不需要打开回转盖。

折流板的作用是使做圆周运动的物料受到阻挡，产生旋涡状流态化运动，促进物料混合均匀。折流板一般是用钢板做成，且表面光滑，断面呈流线型，内部为空腔结构，空腔内装有热电偶，以控制料温。折流板上端悬挂在锅盖上，下端伸入混合锅内靠近锅壁处，且可根据混合锅中投入物料的多少上下移动，通常安装高度应位于物料高度的2/3处。

搅拌装置是混合机的重要工作部件，其作用是在电动机的驱动作用下高速转动，对物料进行搅拌、剪切，使物料分散。搅拌装置一般由搅拌桨叶和主轴驱动部分组成，通常设在混合锅底部。

排料装置在混合锅底部前侧设有排料装置，其结构如图3–9所示。排料阀门与气缸内的活塞通过活塞杆相连，当压缩空气驱动活塞在缸内移动时，可带动排料阀门迅速实现排料口的开启和关闭。排料阀门外缘一般都装有橡胶密封圈，排料阀门关闭时，阀门与混合锅成为一体，形成密而不漏的锅体。当物料混合完毕，经驱动排料阀门与混合锅体脱开而实现排料。安装在排料口盖板上的弯头式软管接嘴连接压缩空气管，可在排料后，通入压缩空气，用以清除附着在排料阀门上的混合物料。

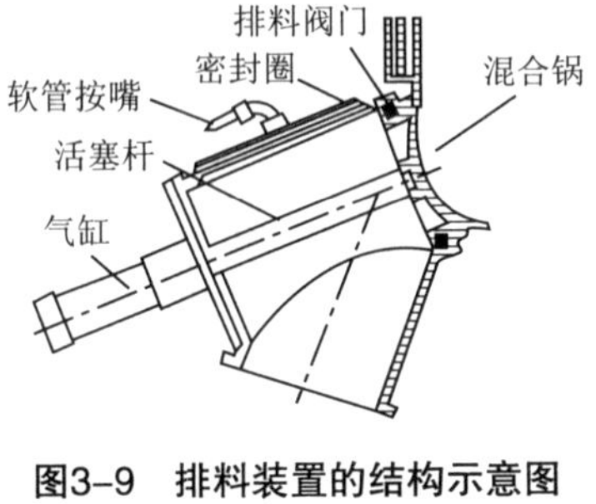


**图3–9　排料装置的结构示意图**

2. 工作原理

高速混合机工作时，其混合锅中的搅拌桨叶在驱动电动机的作用下高速旋转，搅拌桨叶的表面和侧面分别对物料产生摩擦和推力，迫使物料沿桨叶切线方向运动。同时，物料由于离心力的作用而被抛向锅壁，物料受锅壁阻挡，只能从混合锅底部沿锅壁上升，当升到一定的高度后，由于重力的作用又回到中心部位，接着又被搅拌桨叶抛起上升，如图3–10所示。这种上升运动和切向运动的结合，使物料实际上处于连续的螺旋状上、下运动状态。由于桨叶运动速度很高，物料间及物料与所接触的各部件相互碰撞、摩擦频率很高，使得团块物料破碎。加上折流板的进一步搅拌，使物料形成无规的旋涡状流动状态而导致快速的重复折叠和剪切撕捏作用，达到均匀混合的目的。

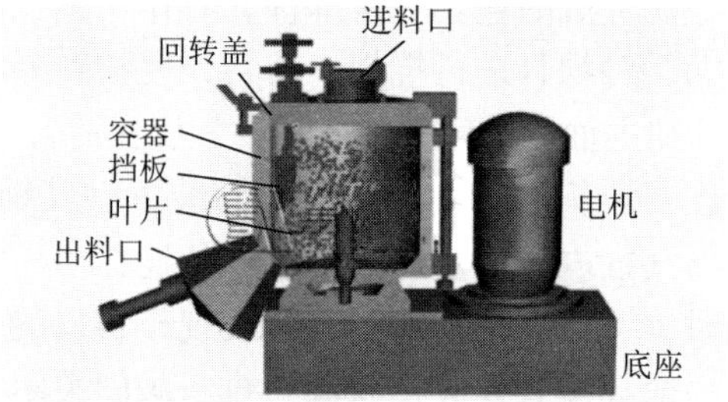


**图3–10　高速混合机工作原理示意图**

3. 高速混合机的类型

高速混合机有多种类型，通常可按加热的方式、搅拌桨叶的结构形式及混合锅容量规格大小等不同的方式对其进行分类。按加热方式分一般可分为蒸汽加热式、电加热式及油加热式三种；按搅拌桨叶的结构形式分为普通式和高位式两种类型；按混合锅容量规格大小分为微型、小型、中型和大型等类型。如10L、50 L属于微型，100L、150L属于小型，300L、500L属于中型，800L则属于大型。

4. 高速混合机的选用

塑料成型过程中，高速混合机加热形式的选用应根据生产的条件来进行确定；搅拌桨叶的结构形式和组合安装的形式应根据物料的特性来选用；高速混合机容量规格大小应根据后续设备生产能力大小来选择。

（1）蒸汽加热的高速混合机，加热时升、降温速度快，易进行温度控制，但当蒸汽压力不稳定时，锅壁温度也不稳定，易使物料在锅壁处结焦，对混合质量有一定影响。此外还需增设蒸汽发生的设备。

（2）电加热的高速混合机操作方便，卫生性好，无须增添其他设备，但升、降温速度慢，热容量较大，温度控制较困难，使锅壁温度不够均匀，物料易产生局部结焦。

（3）油加热的高速混合机在加热时，锅壁温度均匀，物料不易产生局部结焦，但升、降温速度慢，热容量大，温度控制较困难，并且易造成油污染。

（4）搅拌桨叶结构、安装形式对物料的搅拌混合效果有较大的影响，在选用时应根据物料对特性来选择搅拌桨叶的结构形式和组合安装的形式，尽量减少搅拌死角，提高搅拌的效果。普通式的搅拌桨叶装在混合锅底部，传动轴为短轴，因此混合锅内物料较多时效果不佳；高位式的搅拌桨叶装在混合锅的中部，传动轴相应长些，高速混合时，物料在桨叶上下都形成了连续交叉流动，因而混合速度快，效果好，且物料装填量较多。

生产中还应根据后续设备大小、生产速度及产量的大小等选择合适规格大小的高速混合机，一般生产中常用高速混合机的规格主要有200L、300L、500L、800L等。

## 三、冷混合机

1. 冷混合

在高速混合时，为了能使物料中组分充分吸收、渗透，通常需适当给物料加热，再加上物料在高速混合时的剪切、搅拌作用会产生大量的摩擦热，这样应使得混合后物料的温度较高。当混合好的高温物料不能及时进行下一步塑化或成型加工，而需积存下来时，这些高温物料内部不能及时散热、降温，对于热稳定性差的物料就很容易引起过热分解，甚至出现烧焦现象。通常为了能使高速混合后的物料及时降温，以防止过热分解烧焦的现象，一般热混合以后，紧接着进入冷混合。如PVC的成型过程中，物料在热混合后通常会立即进行冷混合。

冷混合机的作用是：可将热混合机混合好的热物料加入混合锅内，工作时混合锅夹套通水冷却，在搅拌桨作用下使物料在较短的时间里均匀冷却，有效地防止物料因过热而出现降解，同时排除热混物料中的残余气体，并使混合物料的组分进一步均匀化。

2. 冷混合机的结构

冷混合机的结构与普通的高速热混合机的结构基本相同，且通常与热混合设备串联使用，如图3-11所示。工作时，混合锅夹套通水冷却，将热混合机混合好的热混物料加入混合锅内，在搅拌桨叶作用下使物料混合。通常冷混合时，冷混合装置中一般通入冷却水进行冷却，冷却水的温度为0～20℃，物料冷却后的温度一般在40～60℃，搅拌桨叶工作转速一般为200r／min左右。冷混合机的形式分为立式和卧式两种，如图3-11为立式结构的冷混合机。

图3-11　立式结构的冷混合机

## 四、捏合机

1. 捏合机的结构组成

捏合机是一种低速混合机，根据其内部搅拌器的形状可分为Z型和S型，如图3-12所示。主要是由捏合部分、机座部分、液压系统、传动系统和电控系统五大部分组成。

捏合部分主要由混合室、搅拌器等组成。混合室是一钢槽，槽底为两个半圆形，内衬不锈钢，槽体装有加热/冷却的夹套。一对搅拌桨叶装在槽壁两边近底部。两个桨叶的旋转速度是有差别的，根据不同的工艺可以设定不同的转速。可以根据需求设计成加热和不加热形式，换热方式通常有：电加热，蒸汽加热，循环热油加热，循环水冷却等。

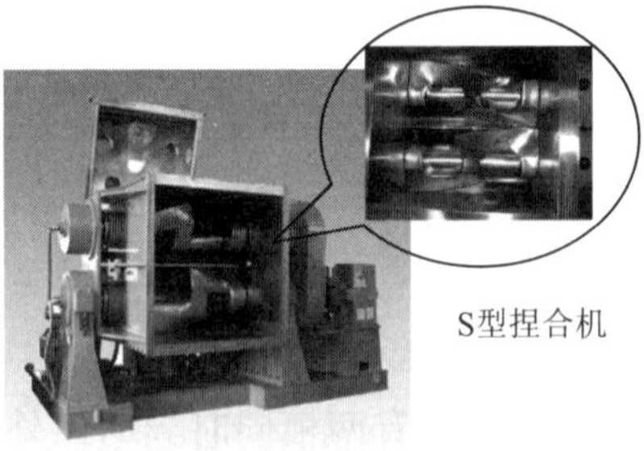


图3-12　捏合机的结构组成

液压系统由一台液压站来操纵大油缸，完成翻缸、启盖等功能。

传动系统是由电机同步转速，经弹性联轴器至减速机后，由输出装置传动快浆，使其达到规定的转速，也可由变频器进行调速。出料方式有液压翻缸倾倒、球阀出料，螺杆挤出等。

2. 捏合机的工作原理

捏合机工作时是由于混合室内的一对Z型（或S型）转子的相向转动，对物料产生叠合、对流和压缩的作用，使物料分散混合均匀。混合物的出料可用底部的阀门或将混合室倾斜倒出机外，捏合机也可装上脱气装置以除去挥发物或空气。捏合机转速一般比较低，其主轴转速为20～40r/min，副轴为10～20r/min。捏合机兼用于干、湿两种物料的混合。可用于聚氯乙烯的混料、热固性模塑料的配制，也可用于化学过程如纤维素的乙酰化或硝化。

## 五、叶片式混合机

1. 叶片式混合机类型

叶片式混合机从外形上分有卧式和立式两种类型，按桨叶轴数量分有单轴和双轴两种类型，如图3-13和图3-14所示。

图3-13　卧式双轴叶片式混合机

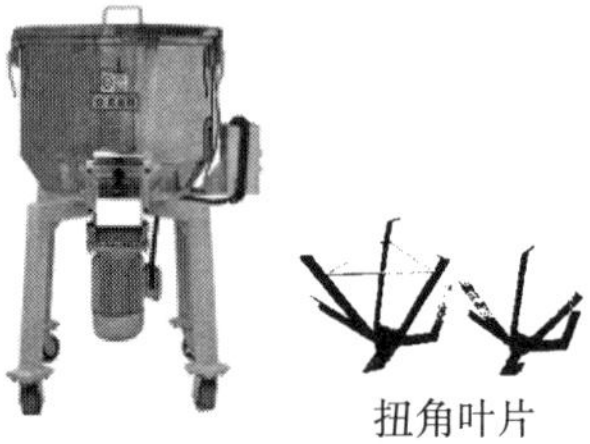


图3-14　立式单轴叶片式混合机

2. 工作原理

双轴叶片式混合机的机体底部成W型，物料从顶部加入，混合后由底部出料。混合机体内有两根同时异向向外旋转的平行桨叶轴，每根轴上搭载十字桨叶，在驱动装置的同步作用下，两根十字桨叶轴的运行轨迹成相交关系，且错位啮合。当电机通过减速机链条带动双轴使桨叶轴快速旋转，旋转的桨叶产生离心力，一方面桨叶带动物料沿机槽内壁作轴向旋转；另一方面，物料受桨叶翻动、抛撒，在转子的交叉重叠处形成失重区域，如图3-15所示。在此区域内，无论物料的形状、大小和密度如何，都能上浮处于瞬间失重状态，物料下落后再受桨叶的驱赶，在机体内往复循环，从而使物料在机槽内形成全方位连续对流、扩散和相互交错剪切，达到快速、柔和地混合均匀的效果。

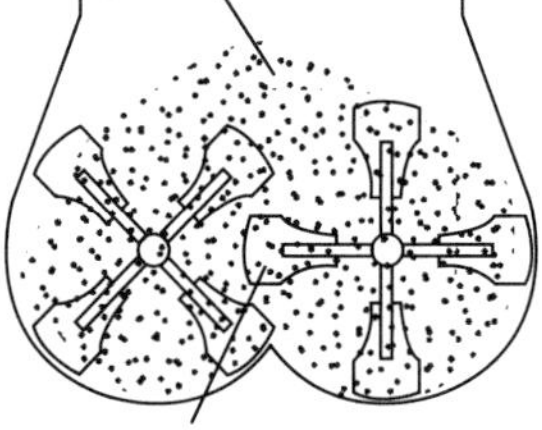


图3-15　卧式双轴叶片式混合机工作原理图

立式单轴叶片式混合机在混合室底部装有特殊扭角叶片，混合时，扭角叶片在传动装置的带动下旋转，使物料在混合室内形成了不规则流动而大大提高了混合效果。这种形式的混合机密封性好，混合均匀，由于混合室不动且重心低，因此运转平稳、噪声低，其转速可高达85r / min。

## 六、转鼓式混合机

1. 转鼓式混合机类型

转鼓式混合机是靠混合室的转动来完成混合作用的，根据转鼓外形来分有V型混合机、圆筒型、锥型和双锥型等类型。为了提高混合效果，混合室的内壁上一般加设了曲线型挡板，以使混合室转动时引导物料自混合室的一端走向另一端，增加了物料相互接触的机会。如图3-16所示，转鼓式混合机的混合室一般用不锈钢板制成，要求不高的场合也可用普通钢板制成。转鼓式混合机的转速一般较低，约为20r / min。

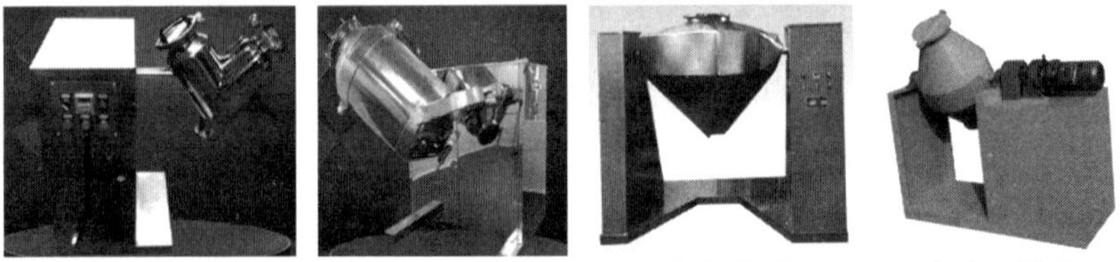

（a）V型　（b）圆筒型　（c）锥型　（d）双锥型

图3-16　转鼓式混合机类型

2. 转鼓式混合机工作原理

转鼓式混合机一般是由机体容器部分及传动部分构成。为了粉料、粒料能良好地流动及出料方便，容器的内表面做得十分光滑。轴和容器一般是用凸缘连接。为使物料充分混合，有的在机体容器内部装有强制搅拌桨，其转速一般在800 ~ 950r/min，其转动方向与筒体回转方向相反，这样可以增加混合速度，且适合于容易凝聚的粉粒体与添加液体的混合。如V型混合机是由两个圆筒成V字形焊接起来的容器组成，容器的形状相对于轴是非对称的。由于回转运动，粉粒体在倾斜圆筒中，连续地反复交替、分割、合并。物料随机地从一区传递到另一区，同时粉粒体粒子间产生滑移，进行空间多次叠加，粒子不断分布在新产生的表面上，这样反复进行剪切、扩散运动，从而达到混合。

## 七、螺带式混合机

1. 螺带式混合机结构

螺带式混合机结构有卧式和立式之分，卧式螺带混合机又可分为单轴和双轴两种，如图3–17所示。单轴式的混合机按混合室的形式分为U型和O型；单轴卧式螺带混合机的机体以U型为主，O型主要为小型机，机体外壳由普钢或不锈钢制造。机体上盖板一般设有两个进料口，大型混合机有三个进料口。机体两端采用了内外层墙板的空心夹层结构。混合机的主要工作部件是由螺带、支撑杆及主轴组成。其中螺带的结构形式设计决定着混合机的混合质量和效率。螺带有单头单层螺旋、双层单头螺旋、单头双层螺旋、单头双层螺旋和双头双层螺旋等多种结构形式。其中以双头双层双旋向的居多，内外螺旋叶片分别为左右螺旋，为了使内外叶片输送物料能力相等，以保持料面水平，所以内螺带宽于外螺带，一般为外螺带的3~5倍。

（a）卧式单轴螺带混合机

（b）卧式双轴螺带混合机

**图3–17　卧式螺带混合机**

2. 工作原理

对于卧式U型螺带式混合机，其机体的长筒体结构，保证了被混合物料（粉体、半流体）在筒体内的小阻力运动。正反旋转螺条安装于同一水平轴上，形成一个低动力高效的混合环境，双层或三层螺带状叶片的外层螺旋将物料从两侧向中央汇集，内层螺旋将物料从中央向两侧输送，可使物料在流动中形成更多的涡流。从而能加快混合速度，提高混合均匀度。螺带式混合机工作时，搅拌轴的螺旋带运动，使内外螺旋带在较大范围内翻动物料，内螺旋带将物料向两侧运动，外螺旋带将物料由两侧向内运动，使物料来回掺混，部分物料被螺旋带推动，沿轴向径向运动，从而形成对流循环。由于上述运动的搅拌，物料在较短时间内获得快速均匀混合。卧式螺带混合机是一款高效率、高均匀度、高装载系数、低能耗、低污染、低破碎的新型搅拌混合设备。

## 思考与练习

1. 塑料配混的工艺过程怎样?
2. 塑料配方的表征方法如何?
3. 塑料配方设计的原则是什么?
4. 塑料的混合机理如何?
5. 塑料的混合效果如何判定? 提高混合效果的措施有哪些?
6. 初混合设备主要有哪些类型? 应如何选用?
7. 高速混合机的结构与工作原理如何?
8. 螺带式混合机的工作原理如何? 有何特点?

# 第四章　塑料的混炼

**应·知·应·会·要·求**

**中级工**

1. 掌握密炼的特点，密炼的过程及主要工艺控制参数。了解密炼机的结构及工作原理。
2. 掌握开炼的作用，开炼过程中主要工艺控制参数。了解开炼机的结构及工作原理。
3. 掌握挤出塑炼的特点，挤出过程中主要工艺控制参数。知道单螺杆及双螺杆挤出的结构及工作原理。

**高级工**

1. 掌握中级的要求基础上，知道密炼机类型的选用。
2. 掌握开炼机的结构及工作原理。
3. 知道单螺杆及双螺杆挤出的结构及工作原理。
4. 了解连续混炼机的类型及特点。

## 第一节　塑料的密炼

塑料成型过程中，物料经预处理，按照工艺配方进行计量，通过初混合后，需进一步混炼，使其各组分的物料互相渗透、吸收，分散更加均匀，且初步塑化。通常塑料混炼的方法有密炼机的密炼、开炼机的开炼和挤出机的挤出塑炼等几种方法。

密炼是物料在密闭式的操作条件下，受到高强的混合、搅拌、剪切等作用，并在外部加热及摩擦热的作用下，进行混合、塑炼。密炼时由于处于密闭状态，因而混炼效果好、操作安全，生产效率高。

## 一、密炼机

物料的密炼通常是通过密炼机来进行。密炼机是密闭式操作的混炼塑化设备，又称为密闭式炼塑机。它是一种高剪切、高强力混合机，属塑料加工业规模化生产的常规设备之一。

1. 密炼机的类型

密炼机有多种类型，按密炼机混炼室的结构形式来分，可分为前后组合式和上下组合式。按转子的几何形状来分，可分为椭圆形转子、三棱形转子和圆转子的密炼机。椭圆转子密炼机相对其他类型有更高的生产效率和塑炼能力，应用较为广泛。按转子转速大小来分，可分为低速密炼机（转子转速在20r/min左右）、中速密炼机（转子转速在30～40r/min）、高速密炼机（转子转速大于60r/min）。按转速的调节来分，可分成单速、双速和多速密炼机。

2. 密炼机的结构

密炼机主要由密炼部分、加料和压料部分、卸料部分、传动部分及加热冷却系统、液压传动系统、气压传动系统、电气控制系统和润滑系统等组成。如图4-1（a）和（b）所示为S（X）M-30型椭圆转子密炼机的基本结构。

（1）密炼部分

密炼部分主要包括密炼室、转子和密封装置等。

① 密炼室

密炼室壁是由钢板焊接而成的夹套结构，在密炼室内，完成物料混炼过程，夹套内可通加热循环介质，目的是使密炼室快速均匀升温来强化塑料混炼。密炼室有前后组合式和对开组合式两种类型。前后组合式由前后正面壁和左右侧面壁组成，用螺钉和销钉与左右支架连接和固定，结构简单，制造容易，但装拆不便。对开组合式的密炼室由上下两夹套组成，对开组合式密炼室安装和检修都比较方便，目前国内一些新型密炼室多用对开组合式。

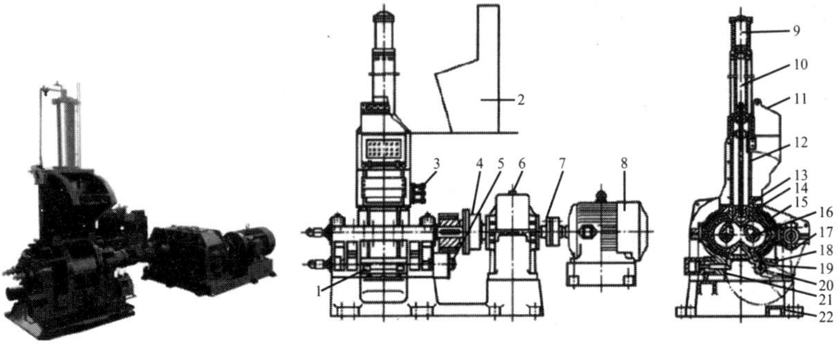


（a）　　　　（b）

**图4-1　S（X）M-30型密炼机结构图**

1-卸料装置；2-控制柜；3-加料门摆动油缸；4-万向联轴器；5-摆动油缸；6-减速机；7-弹性联轴器；8-电动机；9-氮气缸；10-油缸；11-顶门；12-加料门；13-上顶栓；14-上机体；15-上密炼室；16-转子；17-下密炼室；18-下机体；19-下顶栓；20-旋转轴；21-卸料门锁紧装置；22-机座

密炼室的加热装置主要有夹套式和钻孔式加热结构两种，夹套中间有许多隔板，蒸汽由一边进入后，在夹套中沿轴线方向循环流动至另一边流出。国内生产的密炼机多采用夹套加热结构。密炼机钻孔式加热结构是在密炼室壁上钻多个轴向小孔，呈等间距分布，使蒸汽能沿小孔形成循环气道流动，由于钻孔通道靠密炼室壁较近，导热距短，而且钻孔通道中蒸汽有节流增速效应，蒸汽与金属表面的接触面积大，故导热效率高。

② 转子

密炼室内有一对转子，转子是混炼室内炼塑物料的运动部件，通常两转子的转速不等，转向相反。转子固连在转轴上，转子内多为空腔结构，可通加热介质。

转子通常有椭圆形、三棱形及圆筒形三种类型，如图4-2所示，其中椭圆形转子较为常用。椭圆形转子又有两棱至四棱之分。四棱转子有两个长棱和两个短棱，转子每转一周多受一次剪切、捏炼作用，来回搅拌翻捣的作用也增加了，混炼作用加强，同时转子与物料的接触面积增大，因而可提高传热效果。所以混炼效果远比两棱椭圆形转子好。

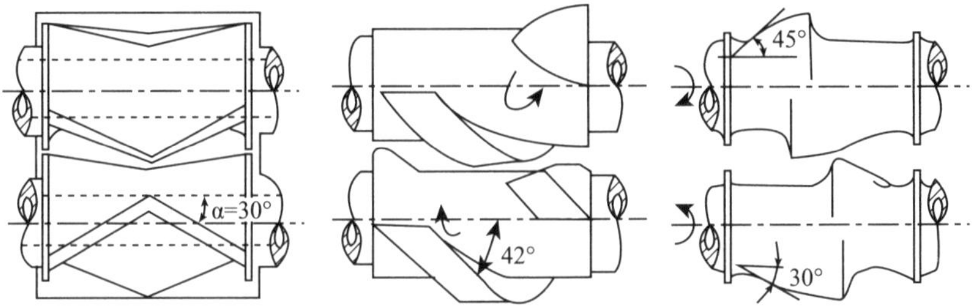


（a）椭圆形（两棱）转子　（b）三棱形转子　（c）圆筒形转子

**图4-2　转子的类型**

③ 密封装置

密炼室转子轴端设有密封装置，以防止转动时溢料。常用的有填料式或机械迷宫式密封装置等。

（2）加料和压料部分

加料和压料部分处于密炼机上方，如图4-3所示。加料部分主要由装料斗、侧壁、前后门及填料箱组成，前门一般称为翻板门，位于装料斗操作面并固定于轴上，起关闭加料口的作用。

压料部分由气缸和上顶栓组成。气缸可让上顶栓往复移动，对物料施压。上顶栓与活塞杆相连，由活塞带动能上下往复运动，可将物料压入密炼室，在混炼时对物料施加压力，强化塑炼效果。上顶栓一般用铸铁制造或用焊接件，工作表面一般堆焊硬质合金，如图4-4所示。密炼机的压料动作的驱动力以往一般采用气压，近年来也采用液压机构。大型的密炼机上顶栓还可做成中空结构通蒸汽加热。

**图4-3　加料及压料机构**

**图4-4上顶栓**

（3）卸料部分

卸料部分主要由下顶栓与锁紧装置组成。下顶栓与气缸缸体相连，由气缸驱动，使缸体底座上的导轨往复滑动而实现卸料门的启闭，锁紧装置实现卸料门锁紧或松开。下顶栓内部还可通入加热介质。

（4）传动部分

传动部分主要由电动机、弹性联轴器、减速齿轮机构、万向联轴器、速比齿轮等组成。电动机通过弹性联轴器带动减速机、万向联轴器等使密炼室中的两转子相向转动。

（5）其他部分

密炼机加热冷却系统通常由管道及各控制阀件等组成，一般采用蒸汽加热。液压传动系统在密封机中主要由叶片泵、油箱、阀件、冷却器和各种管道组成。

气动控制系统的部件主要由压缩机、气阀、管道等组成，主要完成加压与缸料机构的动力与控制。电控系统主要由控制箱和各种仪表组成。

润滑系统主要由油泵、分油器和管道等组成，主要作用是完成对传动系统齿轮和轴承、转子轴承及导轨等各运动部件的润滑。

## 二、密炼过程

密炼时，物料从密炼机加料口投入密炼室，然后压下上顶栓，物料在上顶栓一定压力的作用下压入密炼室。密炼室中两个转子的旋转方向相反，并有一定的速比。由于转子呈Z型或S型，如图4–5所示，在旋转过程中，使其与混炼室之间间隙不断变化，因而对物料起着较大的捏炼作用，同时物料在摩擦力的作用下会沿转子做轴向运动，使两个转子对物料产生折卷与往返切割作用，另外转子与卸料门间也会对物料产生搅拌的作用。同时密炼室壁还设有加热装置，对物料起着加热的作用，因而使物料在密炼室内能受到两个转子及上下顶栓的高剪切、高强力的混合、混炼，从而使物料达到混炼均匀的效果。混炼好的物料可通过开启卸料门将物料倒出，如图4–6所示密炼机密炼过程示意图。

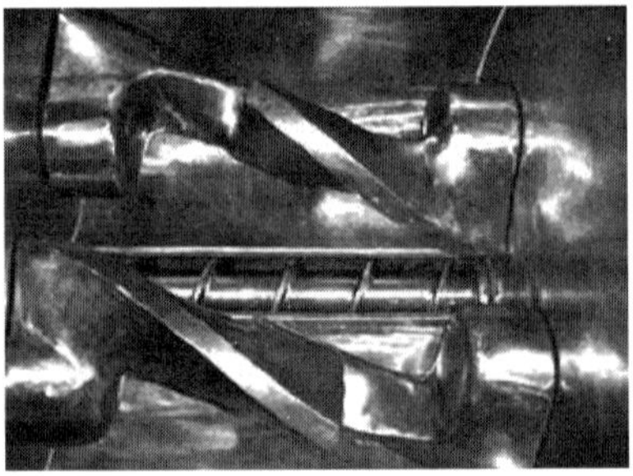

图4–5 Z型密炼机转子

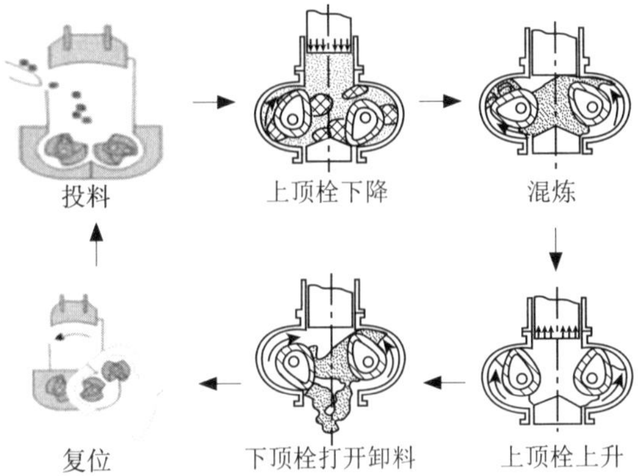


图4–6 密炼过程示意图

## 三、密炼工艺控制

初混合后的物料在密炼过程中，混炼的质量好坏主要取决于密炼温度、密炼时间、装料容量、上顶栓压力、转子转速和转子的结构类型等。

1. 密炼温度

塑料密炼时的温度一般应控制在聚合物塑料熔融温度以上。密炼温度高有利于塑料的塑性变形，有利于物料的压实，也有利于塑料中各组分互相吸收与渗透。但密炼温度过高时，物料易出现熔融流动，也不利于物料的压实和混炼；温度太低，则不利于物料的初步塑化等。

2. 密炼时间

在同样条件下采用密炼机混炼塑料所需的混炼时间比开炼机短得多。混炼质量要求一定时，所需混炼时间随密炼机转速和上顶栓压力提高而缩短。延长混炼时间一般可能提高物料的分散度，但也会降低生产效率，同时还容易出现焦烧现象，因此应尽可能缩短混炼时间。

3. 装料容量

装料容量也就是混炼容量，容量不足会降低对胶料的剪切作用和捏炼作用，甚至出现胶料打滑和转子空转现象，导致混炼效果不良。反之，容量过大，物料翻转困难，使上顶栓位置不当，使一部分胶料在加料口颈处发生滞留，从而物胶料混合不均匀，混炼时间长，并容易导致设备超负荷，能耗大。因此，混炼容量应适当，通常取密闭室总有效容积的60%～70%为宜。

4. 上顶栓压力

密炼机混炼时，物料都必须受到上顶栓的一定压力作用。一般认为上顶栓压力在0.6～0.8MPa为宜。当转子转速恒定时，进一步提高压力效果也不大。当混炼容量不足时，上顶栓压力也不能充分发挥作用。提高上顶栓压力可以减少密闭室内的非填充空间，使其填充程度提高约10%。随着容量和转速的提高，上顶栓的压力必须增大。上顶栓压力提高会加速混炼过程物料的摩擦热，并增加混炼时的功率消耗。

5. 转子转速

提高密炼机转子的速度是强化混炼过程最有效的措施之一。转速增加一倍，混炼周期缩短30%～50%。提高转速会加速摩擦生热，导致物料黏度降低，机械剪切效果降低，不利于分散。

## 第二节　塑料的开炼

开炼是物料开放式的操作条件下，使其受到高强的挤压、剪切、延展、混合等作用，并在外部加热及摩擦热的作用下，进行混炼和初步塑化。经开炼的物料具有较好的分散度和可塑性，可用于造粒或直接供给压延机制得压延产品。

塑料开炼所用的设备主要是开炼机，由于它结构简单，加工适用性强，所以至今在塑料加工中使用仍较多。在生产中，为了能提高混炼效果，开炼机一般需两台或两台以上一起配合使用，或者与密炼机、混炼挤出机串联相配合使用。

## 一、开炼机

1. 开炼机的结构组成

开炼机即开放式炼塑机的简称，又称为辊压机，通常主要由机座、机架、前后筒、调距装置、传动装置、加热装置、润滑装置和紧急停车装置等部件组成。其结构如图4-7所示。传动装置包括万向联轴器、减速机、制动器及电动机等。开炼机的前、后二辊筒分别在水平方向上平行放置，并通过轴承安装于机架上。两辊筒由传动系统传递动力，使其相向旋转，对投入辊隙的物料实现滚压、混炼。机架上安装有调距装置，以调节两个辊筒之间的距离，两辊间安装有挡料板以防止物料进入辊筒轴承内。辊筒内腔设有加热装置，由加热载体通过辊筒使混炼时辊筒能保持恒温。开炼机的紧急停车装置在非常情况发生时可迅速停机。由于开炼机是开放式的操作，故机器上通常设置排风罩，用以抽出废气和热气，以改善工作环境，减少有害气体对操作人员健康的影响。

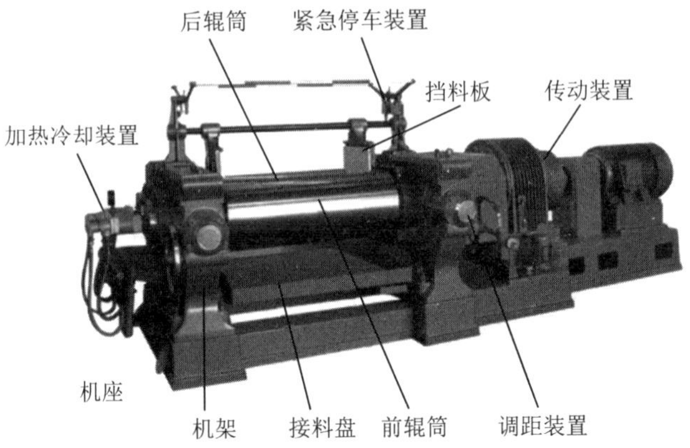


**图4-7　开炼机的基本结构图**

（1）辊筒

开炼机的辊筒与压延机辊筒的结构及工作原理相似，但由于开炼机主要用于混炼物料，因此在要求上还是有所不同。一般来说，开炼机辊筒工作表面的硬度要求肖氏硬度Hs为68～75，轴颈表面硬度Hs为37～48。

辊筒的结构通常也有中空式和钻孔式两种。

（2）辊筒轴承

① 轴承类型　辊筒的轴承常用的有滑动轴承和滚动轴承两种类型。整体式滑动轴承结构简单，成本低，应用广泛。滚动轴承使用寿命长，装拆简便，易维护且润滑油耗量小等，多用于大规格的开炼机上。

② 轴承润滑　由于辊筒长年处于重载工作，轴承要承受相当高的工作强度，故轴承需要保持良好的润滑状态。一般可用润滑油或润滑脂润滑，润滑油通常采用滴油器或油泵集中供油，润滑脂则采用黄油用油泵或油杯供润滑。

（3）调距装置

调距装置根据其结构可分为手动、电动和液压调距三种类型，可满足辊距在0.1～15mm范围内进行调节。

手动调距是借助手轮通过螺杆、齿轮、丝杆带动前辊轴承前后移动而调距的，如图4-8所示。手动调距结构简单、工作可靠。但调节时，特别是大规格开炼机，需较大的作用力，因此一般只适用于小型机。

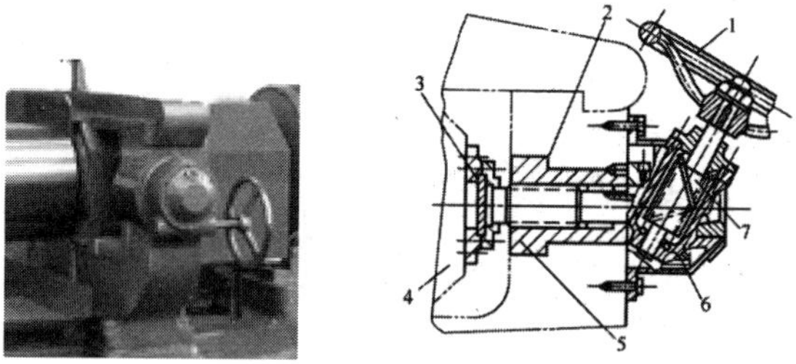


**图4-8　手动调距装置**

1-手轮；2-调节丝杆；3-安全垫片；4-前辊轴承；5-螺母；6-螺旋齿轮；7-螺杆

电动调距是启动调距电机通过摆线针轮减速机，由蜗轮、蜗杆减速后经螺母、丝杆带动前辊前后移动，如图4–9所示。电动调距操作方便可靠，但调距机构较复杂。大规格的混炼机一般都采用这种调距。

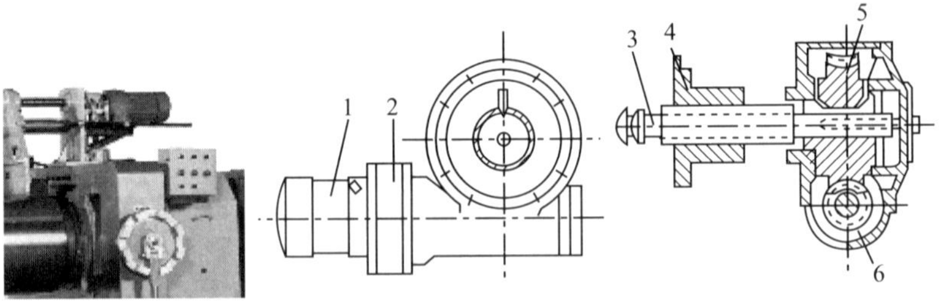


**图4–9　电动调距装置**

1–电动机；2–减速器；3–丝杆；4–螺母；5–蜗轮；6–蜗杆

液压调距是利用增压油缸工作面调距，如图4–10所示，调距时打开阀4，压力油可进入增压缸，缸内油压增高，从而推动整个轴承体而实现调距。液压调距结构简单，操作方便，易于实现安全保护，但易出现压力油的泄漏现象。

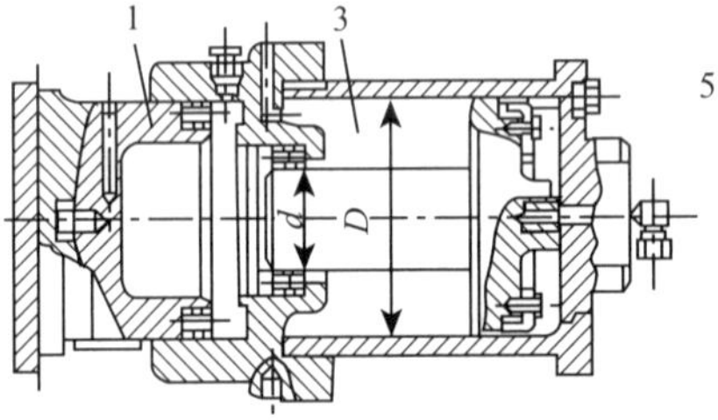


（a）调距油缸结构

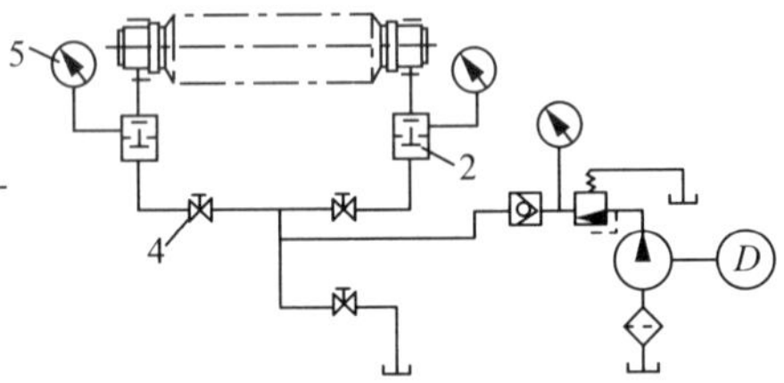


（b）工作原理

**图4–10　液压调距装置**

1–顶座；2–增压油缸；3、4–阀；5–辊筒

（4）紧急停车装置

由于开炼机是开放式的操作设备，故为了保护操作人员的人身安全和设备安全，一般都设有紧急停车装置。当设备或人身发生突发性紧急情况时，操作紧急刹车后，前辊筒继续运行行程不得超过辊筒周长的1/4。紧急停车装置通常设在电机和减速器的联轴器上，

而紧急刹车控制按钮则安装在机器操作位置附近，更多的是安装在辊筒上部或机台下面。

如图4-11所示为通电闸块制动器结构示意图，停机时，触动安全开关，切断电动机的电流，电磁铁通电，通过杠杆作用来制动。其特点是制动器工作可靠，省电，使用寿命长，应用较为普遍。

图4-11　通电闸块制动器结构示意图

（5）安全装置

开炼机的安全装置是指在机器发生突发性故障时为保护主要工作零部件不遭破坏而断开动力的装置。安全装置主要有机械式和液压式两种。最常用的是机械式安全垫片的保险装置。结构和安装部位如图4-12所示。垫片装在前辊轴承和调距丝杆之间，如果开炼机超载，由于垫片所用材料的强度远小于轴上其他零件，垫片首先被剪断。当垫片剪断后，辊距快速增大，横压力急剧下降，这就使辊筒、机架等受到保护。垫片制造容易和更换方便，材料一般多为铸铁如HTl50或HT200。

液压式安全装置是一种利用油压定值自动保护的安全装置，如图4-13所示在前辊轴承上装有液压油缸，活塞与调距丝杆连接，一旦开炼机超载则油压马上升高。当压力表上的指针转至与调定好的最大横压力固定指针位置相碰时，开炼机就会自动停机，于是辊距就会拉大，然后横压力再下降。液压式安全装置超载就停机，但不用更换零件，相对采用安全片而言，操作和应用都更方便。其缺点是易泄漏引起降压。

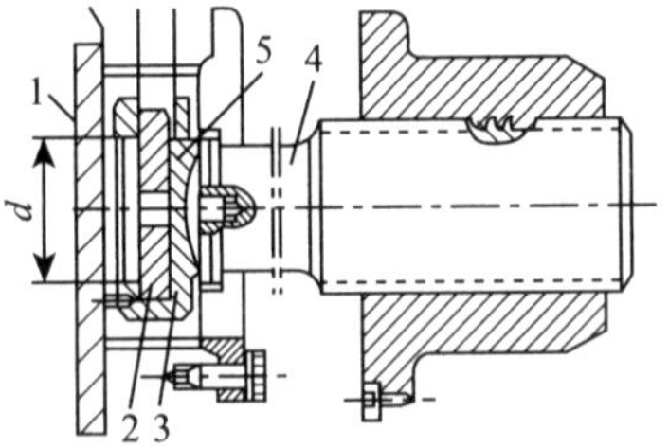


**图4-12　安全片结构**

1-前辊轴承；2-安全片；3-安全片座；4-调距丝杆；5-球面座

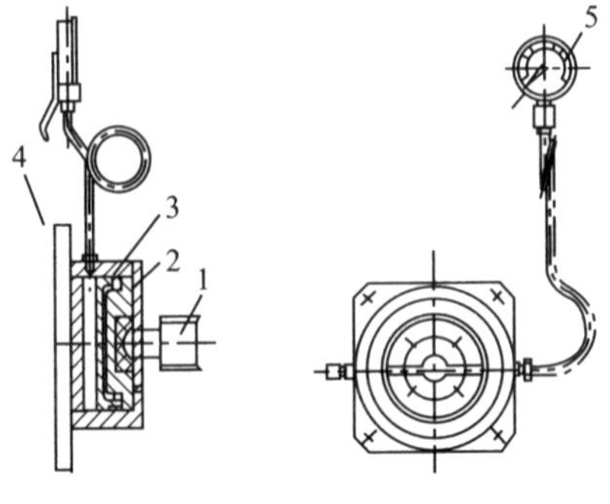


**图4-13　液压安全装置**

1-调距丝杆；2-活塞；3-缸体；4-前辊轴承；5-电接点压力表

（6）辊温调节装置

① 中空式辊筒温度调节装置

加热介质主要有蒸汽、过热水或油等类型。目前蒸汽加热使用较普遍，常用加热装置的结构形式如图4-14所示。蒸汽通过旋转接头经喷管进入辊筒内腔对其表面进行加热，当变成冷凝水后再由喷管外腔经旋转接头排出。为防止热量传入轴颈，在轴颈两端设有隔热套，保证其轴承的温升不超过70℃（最高不超过100℃）。

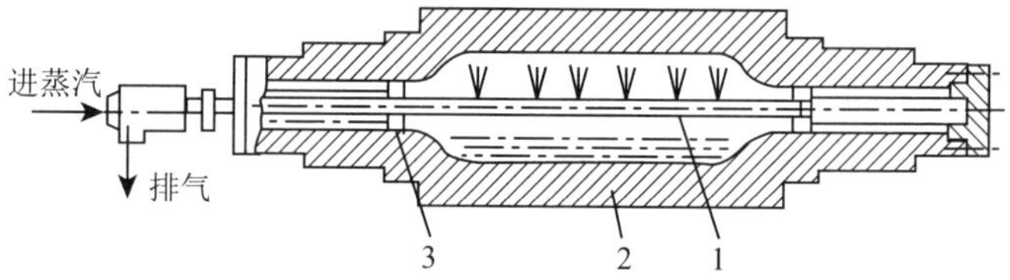


**图4–14　蒸汽加热辊温调节装置示意图**

1–喷管；2–辊筒；3–隔热套

② 钻孔辊筒辊温调节装置

常用过热水或热油通过循环泵输送加热，结构如图4–15所示。经旋转接头进入辊筒内腔，沿斜孔流入圆孔中，将辊面加热或冷却，由中心管外流经旋转接头，回到加热冷却装置中，循环使用。其结构较为复杂，热源要求高，过热水需用软化水，采用导热油等，但辊面温度均匀，温差小，热油系统压力低，安全可靠。

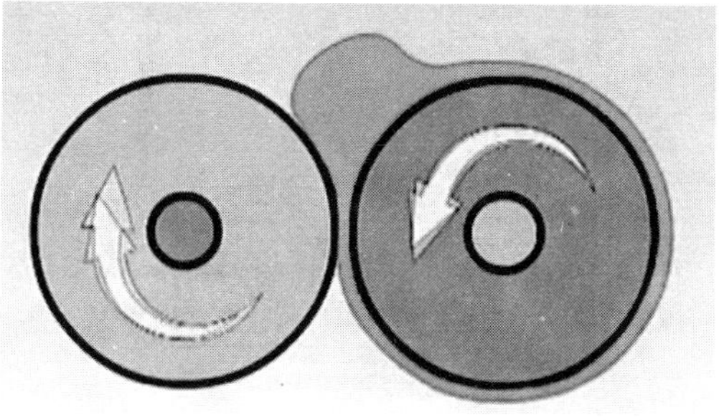

**图4–15　开炼原理示意图**

2. 开炼机工作原理

开炼机的两个空心辊筒平行安放装在机架上的轴承内，做相对不同线速度回转，物料在辊子之间混合、塑炼或粉碎，横梁由螺栓与机架固定，组成一个力的封闭系统，承受工作时的全部载荷；两侧的机架下部用螺栓与机座固定，组成一个机器整体。一个辊子安装在固定轴承内，另一个辊子安装在活动轴承内，而调距螺杆与活动轴承相接，实现辊子之间的间隙调节。为了满足混炼时的辊筒温度要求，由加热系统向辊筒内腔提供一定的能量，输入或排出水和蒸汽。

3. 开炼机的技术参数

开炼机的技术参数主要包括生产能力、辊筒直径与长度、辊筒线速度与速比、驱动功率等。它们通常是选用开炼机的依据。

（1）生产能力

生产能力是指开炼机单位时间内的产量，以kg/h表示。

（2）辊筒直径与长度

辊筒是开炼机的主要工作零件，辊筒直径指辊筒最大外圆的直径，用$D$表示，辊筒长度是指辊筒最大外圆表面沿轴线方向的长度，用$L$表示。

辊筒工作部分长度与辊筒直径直接决定一次装料量，因此通常用辊筒工作部分长度与辊筒直径来表征开炼机的规格。我国开炼机的规格已列入部颁标准，部分国产开炼机的规格及技术参数如表4–1所示。

表4–1　部分国产开炼机规格及技术参数

| 型号 | 辊筒直径/mm | 工作长度/mm | 前辊线速/（m/min） | 速比 | 一次加料量/kg | 电机功率/kW |
|---|---|---|---|---|---|---|
| SK–160 | 160 | 320 | 1.92 ~ 5.76 | 1：1.5 | 1 ~ 2 | 5.5 |
| SK–230 | 230 | 630 | 11.3 | 1：1.3 | 5 ~ 10 | 10.8 |
| SK–400 | 400 | 1000 | 18.65 | 1：1.27 | 30 ~ 35 | 40 |
| SK–450 | 450 | 1100 | 30.4 | 1：1.27 | 50 | 75 |
| SK–550 | 550 | 1500 | 27.5 | 1：1.28 | 50 ~ 60 | 95 |

（3）辊筒线速度及速比

辊筒线速度是指辊表面的切线速度，单位用m/min表示。辊筒工作的线速度主要根据被加工材质、工艺条件及开炼机的规格与机器的机械化水平选取。辊筒的线速度与辊筒直径成正比，如表4–2所示。

表4–2　辊筒直径与线速度

| 前辊直径/mm | 辊筒线速度/（m/min） | 前辊直径/mm | 辊筒线速度/（m/min） |
|---|---|---|---|
| 150 ~ 200 | 10 ~ 12 | 600 ~ 660 | 25 ~ 32 |
| 300 ~ 400 | 12 ~ 20 | 750 ~ 810 | 34 ~ 40 |
| 400 ~ 600 | 20 ~ 28 | | |

开炼机前辊的速度一般小于后辊速度，两辊筒速度之比简称速比。速比的存在可提高对物料的剪切塑化效果，同时使物料产生一个包覆前辊的趋势。前后辊的速比在1.2～1.3。

（4）驱动功率

开炼机是能耗较大的设备，合理确定其功率对机器选型、电机匹配及生产经济指标制定都很重要。开炼机的功率消耗通常与被加工材料的性能，辊筒规格的大小、加工温度、辊距大小、辊速、速比等有关。一般物料黏度大、辊筒规格大、温度低、辊距小、辊速大时，功率消耗大。

## 二、开炼原理

开炼时，开炼机前、后两辊筒相向旋转，且速度大小不同，具有一定的速比，物料由于与辊筒表面的摩擦和黏附作用而被拉入辊隙中，在辊筒强热的剪切和挤压作用下，产生拉伸延展，增加组分间的接触界面，产生分布混合的作用。辊筒的加热及剪切和摩擦热，使物料软化或熔融，通过辊隙时，料层变薄且包在温度较高的前辊筒上（前辊），如图4–15所示。经多次反复滚压使物料各组分达到预定的分散度和塑炼状态。

## 三、开炼工艺控制

开炼操作过程中主要控制的是辊筒温度、辊筒线速度和速比、一次加料量、物料的翻转次数等工艺参数。

物料在开炼机进行塑炼时，物料是在辊筒的外部加热及辊筒对物料剪切和摩擦所产生的热量下渐渐软化或熔融，因此应控制适合辊筒的温度，温度太高会出现过热分解，过低又会塑化不良。为了能使物料顺利地包在操作辊筒上（前辊），前辊的温度应控制稍高一些，一般前辊比后辊高5℃左右。如通常对于PVC着色物料塑炼的温度应控制在160～180℃。

开炼机工作时，两辊筒的线速度及速比越大时，物料与辊筒表面的摩擦、剪切作用越强，从而使物料受拉伸延展作用大，形变越大，可增加组分间的接触界面，增强了分布混合作用。

开炼机混炼过程中要不断地翻料，使物料沿辊筒轴线移动，破坏原有的封闭回流，以增强物料混炼的均匀性。

开炼机正常操作时的物料量应是包覆辊筒后，在两辊之间还有一定数量的积存料。相向旋转的辊筒将这些积料不断带入辊隙，同时又不断形成新的积料。积料过多时，物料不能顺利地进入辊隙，只能在原地滚动而影响混炼的质量。

## 第三节 物料的挤出

物料的挤出塑炼是在加热、加压下，经混合、剪切、塑化后，使物料以流动状态连续通过口模（多孔机头）成型连续的料条，再经冷却、切割得到粒料，或与其他成型设备串接直接给其供料。挤出塑炼一般可用于物料的混合、塑化、脱水、着色、造粒及压延、挤出喂料等加工工序。挤出时如果采用不同结构口模也可直接成型塑料制品，如管材、板材、棒材、异型材、薄膜、复合膜、电线电缆、丝、带等连续制品，也可生产瓶、桶、油箱等中空容器。挤出塑炼具有良好的加料性能、混炼塑化性能、排气性能、挤出稳定性等特点，但混炼速率相对较小，混炼的效率相对密炼机、开炼机要小。

### 一、挤出混炼塑化的基本过程

物料在挤出混炼塑化的过程中一般要经历三个阶段：固体输送、熔融、熔体输送。物料进行挤出设备后，首先，松散的固体物料在挤出设备中旋转着的螺杆的作用下逐渐被压实，同时不断向前移动，并在设备外部加热及前移过程中产生的摩擦热的作用下使物料的温度逐渐升高，这一阶段即为固体输送。随着物料的前移，在前面机头等阻力的作用下而形成很高的压力，使物料进一步压实；同时，随着物料的温度进一步升高，使物料逐渐熔融而最终转变为黏流态，此阶段即为熔融。熔融的物料进一步受到强烈的剪切混合作用，以塑化更加均匀，最终被定温、定压、定量、连续地输送至机头，即完成熔融输送。

## 二、挤出过程中主要控制的工艺因素

在挤出成型过程中固体输送能力、熔融能力、熔体输送能力必须相匹配，即顺次逐渐稍大或相当，否则会影响挤出过程的稳定性。但在挤出过程中各阶段的影响因素比较复杂，而影响较大的主要是挤出温度、挤出压力和挤出速度等因素。

1. 挤出温度

在挤出过程中，物料温度上升的热量来源主要有两个：一是物料与料筒、螺杆之间的剪切和物料与物料之间的摩擦所产生的热量；另一个是料筒外部加热器提供的热量。

一般来说，固体输送段温度低，有利于加大固体的输送能力，故一般此段温度都控制得较低，由于固体物料前移时产生摩擦热大，有时甚至还要对此段进行冷却。而熔融段和熔体输送段，为了能促使物料熔融、均化，都需要升到较高的温度，但温度太高又不利于挤出物的牵伸及冷却定型。故一般在生产过程中为了获得高质量、高产量的产品以及降低能耗，通常是在保证物料熔融塑化均匀的情况下，尽量实现低温挤出。

在挤出过程中各部应保持温度的稳定和均匀性，如果料流出现温度的波动和在径向上出现温差，会直接影响挤出的稳定性和产品的质量。

2. 挤出压力

在挤出过程中，由于内部产生的压力，促使物料熔融塑化，并得到均匀密实的熔体。因此，压力也是挤出成型的重要条件之一。在挤出过程中物料压力的产生主要来自两方面：一是物料前移时的阻力，如机头口模阻挡的阻力和物料运动的摩擦阻力；二是设备中螺杆、螺槽的容积由大变小的变化等。

挤出过程中压力的大小与物料的性质和产品性能要求有关，也与设备的结构有关。为了保证挤出过程的稳定，在挤出过程中一般要求挤出压力稳定，否则压力的波动会影响物料的塑化和压实，从而影响产品的质量。

3. 挤出速度

在挤出过程中，挤出速度的大小会影响物料在设备中受热塑化时间，以及摩擦剪切作用的大小，一般来讲挤出速度适当增大，对物料的剪切、摩擦作用增大，有利于物料的塑化，但过大会使物料在设备中受热塑化时间缩短，而造成塑化不均。通常在挤出压力不变的情况下，挤出速度的大小直接影响挤出产量。挤出产量的大小表征着挤出机生产能力的高低，挤出速度增大，挤出产量增加。因此在挤出过程中必须很好控制挤出速度，并保持挤出速度的稳定，以保证物料塑化的均匀性，以及产品质量和产量的稳定性。

## 三、塑料在挤出过程中的变化

挤出过程中塑料的结晶与取向

塑料在挤出过程中伴随有加热、冷却及加压等作用，这会使塑料的状态发生变化，固体物料受热后先软化，再随温度的上升逐渐熔融为熔体，经口模挤出后再逐渐冷却，从高温熔体逐渐固化，随着温度的进一步下降又变成坚硬的固体，从熔体逐渐地冷却过程中还伴随结晶、取向的物理变化过程，如图4–16所示。塑料聚合物在此过程中的结晶、取向等对制品的性能影响很大，通常需根据制品性能要求来控制取向与结晶的发生及发生的程度。

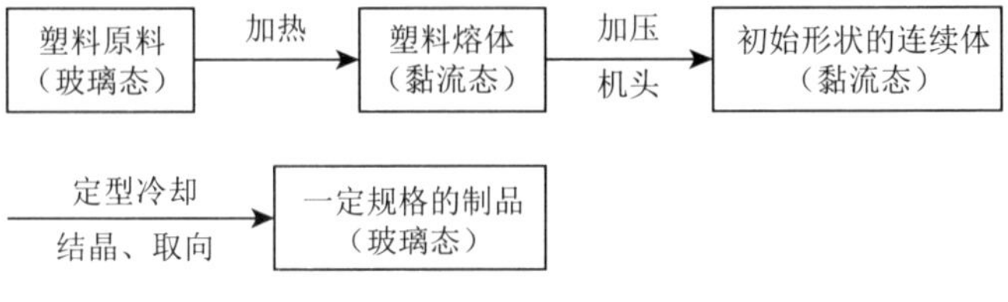


**图4–16　挤出过程中塑料的变化**

（1）挤出冷却过程中塑料的结晶

对于结晶型塑料，如聚乙烯、聚丙烯、聚酰胺、聚甲醛、聚对苯二甲酸乙二醇酯等，其结晶度的大小对制品的性能影响很大，一般，结晶度增大会使制品的密度增大，硬度、刚度增大，熔点上升，热变形温度提高，耐热性、耐化学溶剂性提高，抗液体、气体透过性提高，但韧性、冲击强度、断裂伸长率、耐应力开裂性及透明性会下降，成型收缩率增大。

在挤出过程中，结晶性塑料熔体在冷却过程中会重新结晶，成型后制品结晶度的大小通常与挤出过程中冷却速度的大小有关，当对挤出的塑料熔体采用急冷方式进行冷却时，会使其熔体温度骤然降低到玻璃化温度以下，大分子链尚未能排成有序阵列就丧失了活动能力，难以形成结晶，所以结晶度会大大降低，甚至可能呈现无定型的结构。若采用缓慢冷却，分子链则会有充分的时间进行有序排列，因而制品的结晶度大。

由于结晶度不同，制品的性能也有所不同，因此挤出过程中应根据制品的不同性能要求，选择合适的工艺，特别是合适的冷却速率，以控制不同的结晶度。如生产的产品要求韧性、透明性好时，结晶度应低一些，挤出过程宜采用较大的冷却速率，即急冷。如要求产品拉伸强度和刚性高，此时的结晶度应高些，故挤出成型时一般采用缓慢冷却。

（2）挤出过程中的取向

由于聚合物分子是长链结构，在挤出过程中大分子链或链段受到剪切应力或受拉伸力的作用时不可避免地会沿受力方向做平行排列，如图4-17所示，通常把这种现象称为取向。取向与结晶都是大分子链或链段的有序排列，但它们的有序程度不同，取向是一维或二维空间有序，而结晶则是三维空间有序。取向有单轴取向和双轴取向之分。

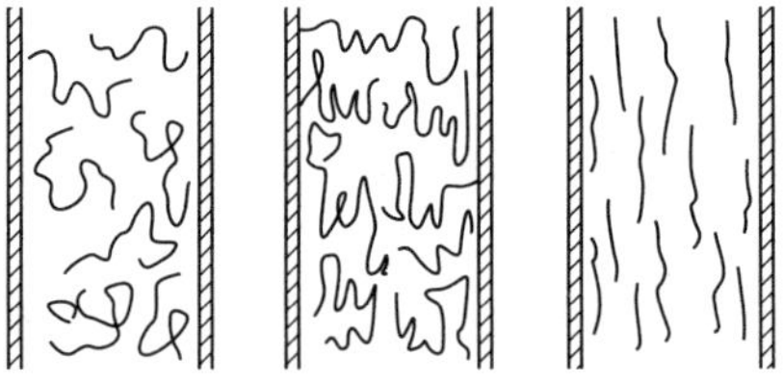

（a）未取向　（b）链段取向　（c）大分子取向

**图4-17　非晶聚合物的取向示意图**

对于结晶聚合物随着取向程度的增加，结晶聚合物的密度和结晶度提高，力学强度也相应增加，而断裂伸长率则出现下降。非晶聚合物取向后，大分子链沿应力方向取向后可大大提高取向方向的拉伸强度、冲击强度、断裂伸长率等物理力学性能。

（3）塑料的降解

塑料在成型、贮存或使用过程中，由外界因素如物理的（热、力、光、电等）、化学的（氧、水、酸、碱、胺等）及生物的（霉菌、昆虫等）作用下所发生的相对分子质量减小的过程，称为降解。由于挤出过程中存在高温、应力和氧等的作用，使塑料的降解比在贮存和使用过程中的降解要强烈得多。通常把储存和使用过程中所发生的缓慢降解称为老化。老化过程中的降解会使材料丧失弹性、变脆等。而在成型过程中的降解会使塑料材料的熔体黏度明显下降、变色、性能变劣，甚至丧失机械强度；严重的降解会使聚合物炭化变黑，产生大量的分解物质，使成型过程不能顺利进行，因此在塑料成型过程中，应将成型温度控制在适当的范围内，如表4-3所示，不仅可以保证成型的顺利进行，而且会使制品具有优良的质量。

表4-3　常见塑料的成型温度与分解温度

| 塑料种类 | 成型温度/℃ | 分解温度/℃ |
| --- | --- | --- |
| 聚苯乙烯 | 170～250 | 310 |
| 聚氯乙烯 | 150～190 | 170 |
| 聚甲基丙烯酸甲酯 | 180～240 | 280 |
| 聚对苯二甲酸乙二酯 | 260～280 | 380 |
| 高密度聚乙烯 | 220～280 | 320 |
| 聚丙烯 | 200～300 | 300 |
| 聚甲醛 | 195～220 | 220～240 |
| 聚酰胺6 | 280～290 | 360 |
| 聚酰胺66 | 260～280 | / |
| 氯化聚醚 | 180～270 | 290 |

（4）塑料的交联

线型大分子链之间通过化学键连接，而形成三维网状的体型结构的反应称为交联。热固性树脂在未交联前是属于线型分子链，在分子链中带有反应活性基团或化学键（如羟甲基、羧基、不饱和键等），在一定条件下大分子链活性反应基团或化学键与交联剂发生作用而形成交联网状体型分子结构。

交联反应的程度，通常用交联度来衡量。在塑料加工工业中，常称交联过程为“硬化”或“熟化”。对于所谓“硬化得好”或“熟化得好”是指固化交联使制品的物理力学性能达到了最佳的境界，但并不意味着交联度达到100%。而硬化不足或欠熟时，塑料中常存有比较多的可溶性低分子物，而且交联作用也不够，使得制品的机械强度、耐热性、电绝缘性、耐化学腐蚀性等下降；制品表面变暗，容易产生裂纹或翘曲等。硬化过度或过熟时，会引起制品变色、起泡、发脆、力学强度不高等。

热塑性塑料在一定的条件下，通过交联剂或辐射的作用也能进行交联反应。具有适当交联的热塑性塑料可以提高其力学性能、耐热性能、电性能、耐老化性能及耐环境应力开裂性等。如高密度聚乙烯的长期使用温度在100℃左右，经辐射交联后，使用温度可提高到135℃。在高能辐照、电离辐射或紫外线照射下，聚乙烯、聚丙烯、聚酯、聚酰胺、聚二甲基硅氧烷等都可以进行辐射交联。

## 四、挤出塑炼设备

物料的挤出塑炼的设备主要是挤出机，其类型有多种，按用途来分有混炼、造粒、喂料、复合机头等几种类型；按螺杆的数目分有单螺杆、双螺杆和多螺杆挤出机等几种类型。如图4-18～图4-21所示。

1. 普通单螺杆挤出机

（1）基本结构

普通单螺杆挤出机的结构主要由挤压系统、传动系统、加热冷却系统、加料系统及控制系统等部分组成，如图4-22（a）、（b）所示。

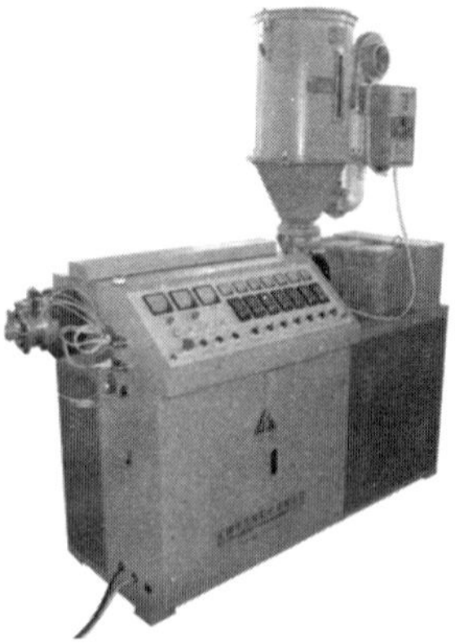

图4-18 单螺杆挤出机

图4-19 多螺杆挤出机

图4-20 双螺杆挤出机

图4-21 挤出造粒机

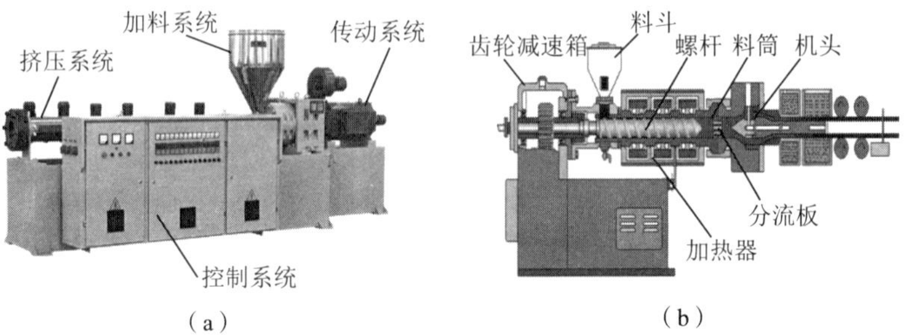


图4-22 挤出机结构

挤压系统主要由料筒、螺杆、分流板和过滤网等组成，如图4-22（b）。其作用是将粒状、粉状或其他形状的塑料在一定温度和压力的作用下塑化成均匀的熔体，然后被螺杆定温、定压、定量、连续地挤入机头。

传动系统主要由电机、齿轮减速箱和轴承等组成。其作用是驱动螺杆在一定转速范围内旋转，并按工艺要求保证螺杆获得所必需的扭矩和转速并能均匀地旋转，完成物料的塑化和挤出过程。

加热冷却系统主要由料筒外部所设置的加热器、冷却装置等组成。其作用是通过对料筒、螺杆等部件进行加热或冷却，保证成型过程在工艺要求的温度范围内完成。

加料系统主要由料斗和自动上料装置等组成。其作用是向挤压系统稳定且连续不断地提供所需的物料。

控制系统主要由控制箱和一些电气控制元件、开关等组成。其作用是对挤出过程的温度、挤出速度、电源等进行控制。

（2）单螺杆挤出机的主要技术参数与型号表示

① 主要技术参数

我国部颁标准JB/T 8061—1996对普通挤出机的基本参数做了规定，普通挤出机的性能特征通常用以下基本参数来表示：

螺杆直径：即螺杆外径，用$D$表示，单位mm。

螺杆长径比：指螺杆有效工作长度$L$与螺杆直径$D$之比，用$L/D$表示。

螺杆转速范围：用$n_{min} \sim n_{max}$表示，单位r/min。$n_{min}$表示最低转速，$n_{max}$表示最高转速。

驱动电机功率：用$P$表示，单位kW。

料筒加热功率：用$E$表示，单位kW。

料筒加热段数：指对料筒加热的温控段数。用$B$表示。

挤出机产量：用$Q$表示，单位kg/h。

挤出机中心高度：即螺杆轴线距地面的高度，用$H$表示，单位mm。

挤出机外形尺寸：用长×宽×高表示，单位mm。

挤出机重量：用$W$表示，单位t或kg。

普通挤出机在加工软质氯乙烯（SPVC）、硬聚氯乙烯（UPVC）时的基本参数如表4–4所示。

表4-4　加工聚氯乙烯（SPVC、UPVC）挤出机基本参数

| 螺杆直径D/mm | 长径比L/D | 螺杆转速 $n_{min}\sim n_{max}$/（r/min） | | 产量Q/（kg/h） | | 电机功率P kW | 名义比功率P′/［kW/（kg/h）］ | | 比流量q/［（kg/h）/（r/min）］ | | 料筒加热段数B（推荐） | 料筒加热功率E/≤kW | 中心高H/mm |
|---|---|---|---|---|---|---|---|---|---|---|---|---|---|
| | | UPVC | SPVC | UPVC | SPVC | | UPVC | SPVC | UPVC | SPVC | | | |
| 35 | 20 | | | | | | | | | | | 4 | |
| | 22 | 17 ~ 51 | 17 ~ 102 | 3.1 ~ 7.7 | 4.4 ~ 11 | 3 | | | 0.151 | 0.129 | | 5 | 1000<br>500<br>350 |
| | 25 | | | | | | | | | | | 6 | |
| 45 | 20 | | | | | | | | | | | | |
| | 22 | 15 ~ 45 | 15 ~ 90 | 5.64 ~ 14.1 | 8.16 ~ 20.4 | 5.5 | 0.39 | 0.27 | 0.375 | 0.272 | 3 | 8 | |
| | 25 | | | | | | | | | | | | |
| 60 | 20 | | | | | | | | | | | 10 | |
| | 22 | 13 ~ 39 | 13 ~ 78 | 13.3 ~ 33.3 | 19.2 ~ 48 | 13 | | | 1.023 | 0.738 | | 13 | 1000<br>500 |
| | 25 | | | | | | | | | | | | |

② 挤出机型号表示

挤出机型号通常按照国家标准GB/T 12783—2000的编制方法来表示，其表示方法标准规定为：

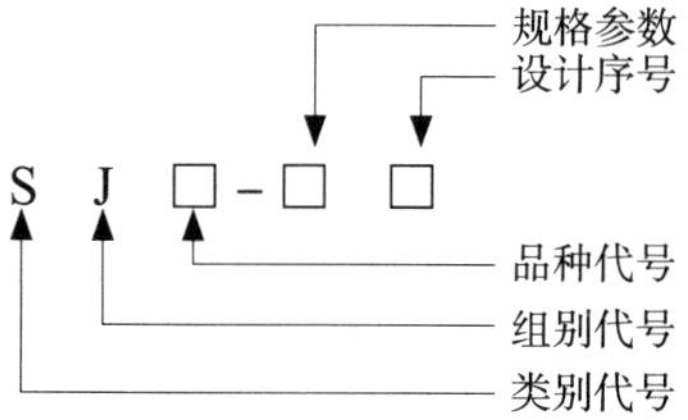


第一项“S”是设备的类别代号，表示“塑料机械”；第二项“J”是组别代号，表示“挤出成型设备”；第三项是品种代号，用英文字母表示；第四项是规格参数；第五项是设计序号，表示对原结构的某些参数进行改进的次数，按A、B、C、D等英文字母的顺序选用，A可以不标出。常用挤出机的品种代号、规格参数如表4–5所示。

**表4–5　常用挤出机品种代号、规格参数的表示（GB/T 12783—2000）**

| 品种名称 | 代号 | 规格参数 | 备注 |
|---|---|---|---|
| 挤出机 | 不标 | 螺杆直径（mm）×长径比 | 20∶1的长径比可不标注 |
| 排气式挤出机 | P（排） | | |
| 喂料挤出机 | W（喂） | | |
| 鞋用挤出机 | E（鞋） | 工位数×挤出装置数 | 挤出装置数为1不标注 |
| 双螺杆挤出机 | S（双） | 螺杆直径（mm）×长径比 | 20∶1的长径比可不标注 |
| 锥形双螺杆挤出机 | SZ（双锥） | 小头螺杆直径（mm） | |
| 双螺杆混炼挤出机 | SH（双混） | 螺杆直径（mm）×长径比 | |

例1：螺杆直径为90mm，长径比为20∶1的双螺杆挤出机型号的表示方法。

可表示为：SJS–90×20

例2：型号为SJW-150×15B的含义。

即表示螺杆直径为150mm，长径比为15∶1，经过第二次改进的喂料挤出机。

（3）主要零部件

① 螺杆

螺杆是挤压系统的关键部件，被称为挤出机的“心脏”。螺杆的性能决定挤出机的产量、物料塑化质量、分散性、熔体的温度及动力消耗等。工业生产中通常根据螺杆的塑化质量、产量、功率消耗能及螺杆的适用性、制造的难易、成本等来评价螺杆的好坏。

普通螺杆的结构主要由螺杆心轴、螺棱、螺槽等部分组成。螺杆工作长度部分通常可分为三段：加料段（$L_1$）、熔融段（$L_2$）、均化段（$L_3$），如图4-23和图4-24所示。在挤出过程中各段具有不同的功能，加料段主要完成对物料进行预热以及将松散的物料逐渐压实并送入熔融段；熔融段的功能是使物料全部熔融塑化，以及对物料进一步压实，使物料中的空气从加料段排出，又称压缩段；均化段的功能是将已熔融物料进一步均匀塑化，并使其定温、定压、定量、连续地挤入机头，又称计量段。

图4-23　普通螺杆

螺杆直径即螺杆外径，用$D$表示，单位mm，如图4-24所示。挤出螺杆直径已经基本标准化，我国挤出螺杆的系列标准为JB/TY 8061—1996。该标准规定了螺杆直径系列有：20，25，30，35，40，45，50，55，60，65，70，80，90，100，120等。一般情况下，螺杆直径的选择通常应根据所加工制品的尺寸大小、产量来确定。

螺杆的有效工作长度是指有螺棱部分的长度，用$L$表示，单位为mm。加料段、熔融段及均化段的长度分别用$L_1$、$L_2$、$L_3$表示，单位为mm。

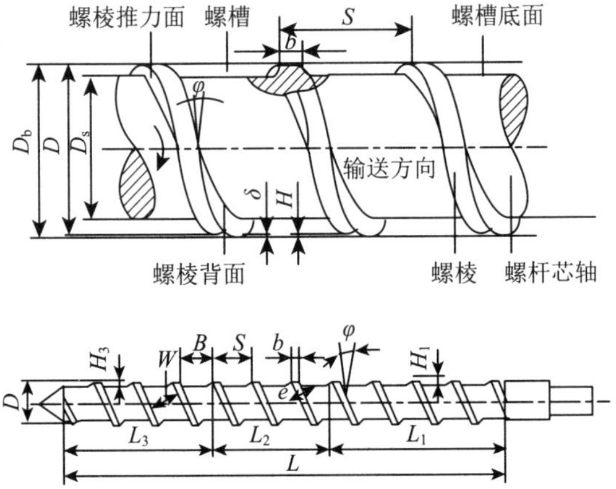


图4-24　普通螺杆的基本结构及参数

螺杆各段的长度的选取主要由所加工物料的性质来确定，对于加工结晶度大、熔融温度高、导热性差的物料，为了保证在加料段结束时，物料基本预热到熔融温度，一般加料段$L_1$要取长些，反之可取短些。对于结晶度小、熔融温度范围宽、黏度高（如PC、PSU等）、导热性差以及热敏性的物料，为满足物料较长的吸热过程，保证物料在熔融段能基本完成熔融，熔融段长度$L_2$要取长些，反之可取短些。均化段长度$L_3$可适当加大有利于稳定挤出过程中温度、压力、产量的波动。常见螺杆各段长度的分配如表4-6所示。

表4-6　螺杆三段长度的分配　　单位：mm

| 物料类型 | 加料段$L_1$ | 熔融段$L_2$ | 均化段$L_3$ |
|---|---|---|---|
| 非结晶型 | （10～30）%$L$ | （45～65）%$L$ | （20～30）%$L$ |
| 结晶型 | （30～65）%$L$ | （2～5）$D$ | （25～45）%$L$ |

螺杆长径比指螺杆有效工作长度$L$与螺杆直径$D$之比，用$L/D$表示。螺杆长径比$L/D$同螺杆直径一样也已经标准化、系列化，我国生产的挤出机常用系列有20、22、25、28和30五个系列，国外系列有所不同，如有24、32等系列。对于$L/D$的选取主要是根据被加工物料的性能和对产品质量的要求来考虑，螺杆的$L/D$增加，可增加物料在螺杆中的停留时间，也有利于各段温度的精确控制，使物料

塑化得更充分更均匀，故可以保证产品质量。但易使螺杆产生弯曲而造成螺杆与料筒的间隙不均匀，有时会使螺杆刮磨料筒而影响挤出机的寿命。因此一般要求尽量在较小的$L/D$条件下获得高质量和高产量。在生产过程中对于热敏性物料的加工，如PVC等，宜选用较小的$L/D$，因过大的$L/D$易于造成停留时间过长而产生分解。

螺杆的螺槽深度一般加料段的螺槽深度（$H_1$）较深，均化段的螺槽深度（$H_3$）较浅，熔融段的螺槽深度（$H_2$）是变化的。用于混炼型的挤出机螺槽深度一般要偏深一些。

为了提高和改进普通螺杆对塑料的混炼能力和塑化质量，提高塑化速率，从而达到提高产量和质量的目的，已出现了分离型螺杆、屏障型螺杆、销钉螺杆、波状螺杆等多种形式的新型螺杆。

分离型螺杆是用螺杆塑料熔融区把原有螺槽分成两个螺槽，一个固体槽，一个熔体槽，从而可将螺槽中已熔融的塑料熔体从固体颗粒中尽快分离出来，如图4-25为典型的分离型螺杆结构示意图。这种形式的螺杆塑化效率高，塑化质量好，由于附加螺棱形成的固、液相分离而没有固体床破碎，温度、压力和产量的波动都比较小，排气性能好，单耗低，适应性强，能实现低温挤出等特点。

（a）

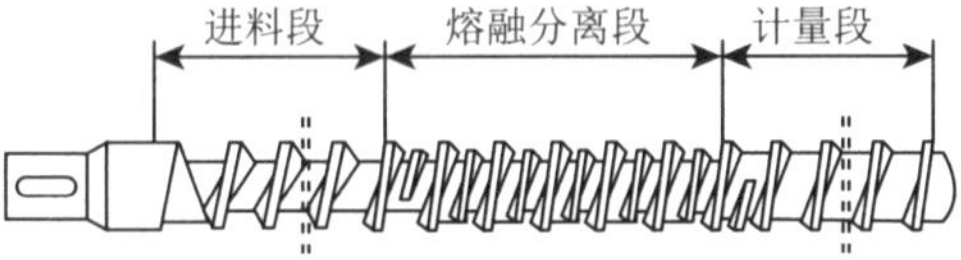


（b）

图4-25　分离型螺杆结构示意图

屏障型螺杆是在普通螺杆的某一位置设置屏障段，如图4-26所示。其作用是使未熔的固相物料不能通过，增加剪切作用、混合作用，促使固相物料彻底熔融和均化。

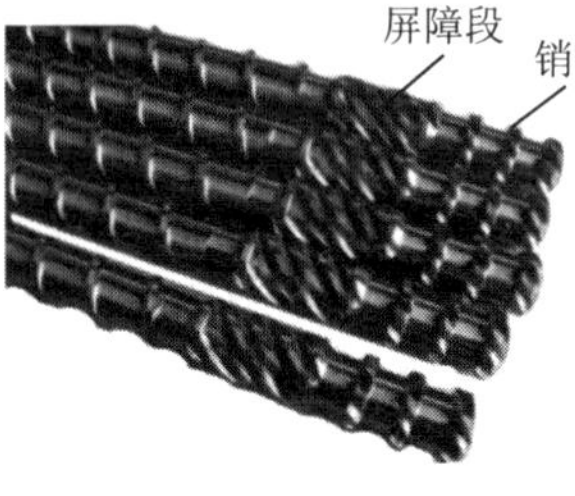


图4-26　屏障型螺杆

销钉螺杆是在普通螺杆的熔融段或均化段的螺槽中，或其末端没有螺棱的螺杆芯轴表面上设置一定数量的销钉，且按照一定的相隔间距或方式排列，将料流分割，以改变物料的流动状况，增强混炼、促进熔融和均化。

波状螺杆是在普通螺杆的均化段或熔融段后半段用波状段代替。波状段的螺槽深度由浅变深，再由深变浅，重复4～9个周期，如图4–27所示。使物料通过波峰时受到强烈的挤压和剪切，到波谷时，物料又膨胀，从而加速固体床破碎，促进了物料的熔融和均化，实现低温挤出。

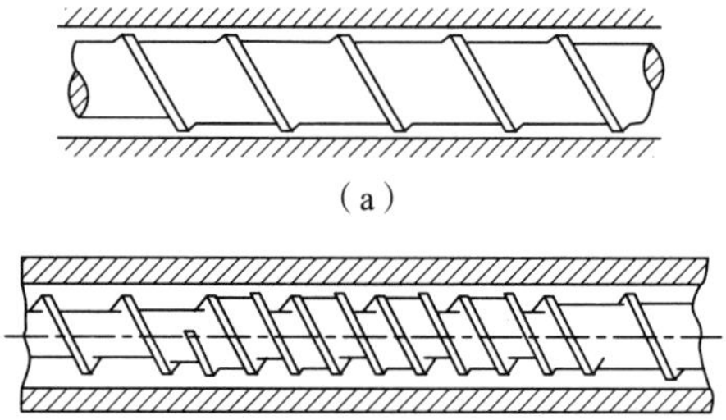

（a）

（b）

**图4–27　波状螺杆**

② 料筒

料筒和螺杆一样是挤出机挤压系统的重要组成部件。在挤出过程中，螺杆在料筒内旋转，对物料进行剪切、混合、压实、塑化和输送，同时料筒还要传递物料塑化所需的热量，因此料筒工作时需要承受高温、高压、严重的磨损以及一定的腐蚀作用。料筒还要保证加热冷却系统的设置、机头安装和加料口的开设。

料筒的结构比较简单，但结构有整体式、分段式、衬套式、离心浇铸式和IKV式等多种形式。整体式是在整体坯料上加工出来的，如图4–28所示。一般在中小型挤出机较为多用。分段式料筒是将料筒分成几段加工，然后各段用法兰或其他形式连接起来，如图4–29（a）所示。一般多用于大型挤出机和排气式挤出机中。衬套式料筒是为了既满足料筒对材质的要求，又节省贵重金属的材料（尤其对合金钢的料筒），在一般碳素钢或铸钢的基体内部镶一合金钢衬套，衬套磨损后可以拆出加以更换，如图4–29（b）所示。离心浇铸式料筒是在料筒的内壁离心浇铸一层2毫米左右厚度的合金，然后通过研磨达到料筒所需要的内径尺寸，如图4–29（c）所示。料筒合金层的耐磨性高，使用寿命较长。IKV式料筒通常是在加料段内壁开设纵向沟槽和将加料段靠近加料口处的一段料筒内壁做成锥形，以有利于增大物料与料筒的摩擦，从而提高固体输送率。

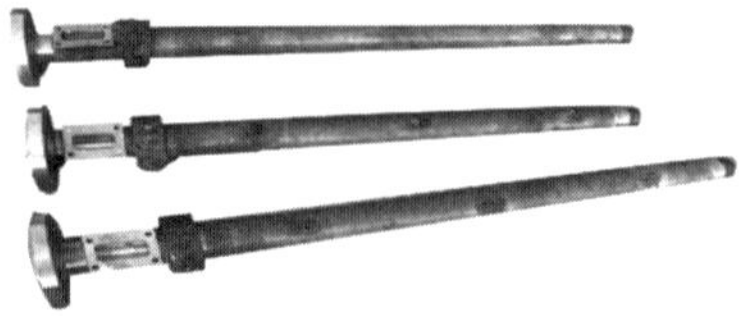

图4–28　整体式料筒

（a）分段式　（b）衬套式　（c）离心浇铸式

图4–29　料筒的结构形式

料筒上加料口的开设必须满足使料斗或加料器中的物料能自由流入料筒中，便于加料装置的设置及冷却系统的设置，同时还要便于清理。加料口的形状有矩形、圆形，如图4–30所示，一般多用矩形，而当料斗采用机械搅拌器进行强制加料时，宜采用圆形加料口，有利于搅拌头靠近加料口。

图4–30　加料口的形状

③ 分流板和过滤网

在挤出机螺杆头部和机头之间通常都设有分流板和过滤网，目的是使物料由随螺杆的旋转运动变为直线运动，同时阻止金属等杂质和未塑化的颗粒进入机头，同时还可增加料流阻力，从而提高熔体的压力，控制塑化质量，使制品更加密实。分流板对过滤网还起支承的作用。

分流板的结构多为平板式结构，如图4–31所示。分流板同心圆上分布有孔眼，为使物料通过分流板之后的流速趋于均匀，通常孔眼分布时常采用中间疏、边缘密的分布，或中间大且疏、边缘小且密。通常分流板应安装在距离螺杆头约为螺杆直径0.1倍的位置，如图4–32所示。一般不宜过大，否则易积存物料而导致物料分解，但也不宜过小，否则使料流不稳定，对制品质量不利。

图4–31　平板式分流板

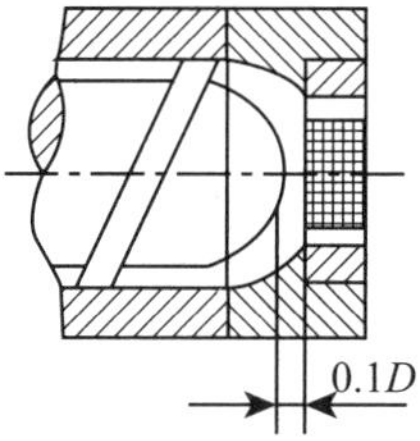


图4–32　分流板的安装位置

过滤网通常用于对制品质量要求较高或需要较高塑化压力的场合，例如生产电缆、透明制品、薄膜、医用管、单丝等，而对于挤出UPVC等黏度大而热稳定性差的物料时，一般不用过滤网，甚至也不用分流板。过滤网一般为铜网或不锈钢网布等，网的细度为20～120目，层数可为1～5层。如果用多层过滤网时，可将细的放在中间，两边放粗的，若只有两层，应将粗的靠分流板放，这样细的可以得到支承，以防止被料流冲破。

④ 加热装置

目前挤出机的加热大都采用电阻加热，其特点是外形尺寸小、重量轻、装拆方便。电阻加热有带状加热器、铸铝加热器和陶瓷加热器多种类型，而应用最为广泛的是带状加热器，其结构如图4–33所示，它是将电阻丝包在云母片中，外面再覆以铁皮，然后再包围在料筒或机头上。这种加热器价格便宜，韧性好，但易受损害，在500℃以上，云母会氧化。加热器要与料筒很好地接触，安装不当，会导致料筒不规则过热，也会导致加热器本身过热而损坏。

（a）

（b）

图4–33　带状加热器

加热器要求分段设置，根据螺杆直径$D$和长径比$L/D$的大小，对料筒分为若干区段进行设置，至少不得少于两段，每段长度为（4～7）$D$，一般加料口处（2～3）$D$范围内不设置加热器。表4–7为目前常用挤出机的加热功率和加热段数。随着挤出机向高速高效发展，挤出机的加热功率和加热段数都有增加的趋势。

表4–7　常用挤出机的加热功率和加热段数

| 螺杆直径/mm | 30 | 45 | 65 | 90 | 120 | 150 | 200 |
|---|---|---|---|---|---|---|---|
| 加热功率/kW | 4 | 6 | 12 | 24 | 40 | 60 | 100 |
| 加热段数 | 3 | 3 | 3 | 4 | 4 | 5 | 5 |

⑤ 冷却装置

挤出机在挤出过程中需冷却的部位主要有料筒、螺杆和料斗座三个部位。

料筒的冷却方法主要有风冷却和水冷却两种，目前挤出机大多采用的是风冷，即用空气作为风冷介质，通过风机鼓风进行冷却，如图4–34所示。其特点是风冷却比较柔和、均匀、干净，但易受外界气温的影响，冷却速度较慢；风机占的空间体积大，成本较高，易产生噪声。

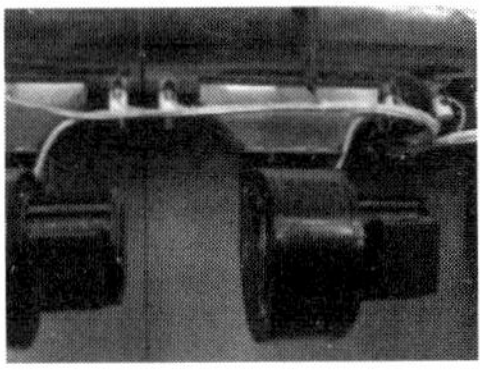

图4–34　料筒风冷装置

对螺杆冷却目的主要有两个，一是控制螺杆和物料的摩擦系数使其与料筒和物料之间的摩擦系数差值最大，以利于固体物料的输送。二是控制制品质量，实现低温挤塑。

螺杆冷却装置结构如图4-35所示。通常在挤出过程中螺杆冷却强度可根据出水温度来判断，出水温度越低，冷却程度越大。对黏度大的物料要特别注意掌握冷却水出水温度，否则会产生螺杆扭断的事故。冷却速度可用冷水的流量来控制，冷却水流量越大，冷却越快。

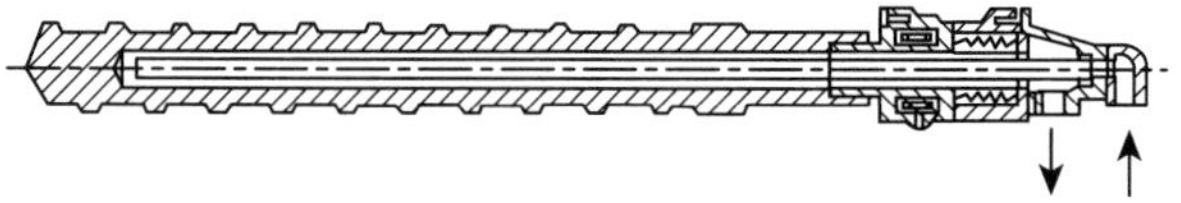


图4-35　螺杆冷却装置结构示意图

冷却料斗座的目的一是防止加料段的物料温度太高，造成加料口产生所谓的“架桥”现象，使物料不易加入。另外是为了阻止挤压系统的热量传往止推轴承和减速箱，从而影响其正常工作条件。料斗座多用水作为冷却介质。

⑥ 加料装置

挤出机加料装置是为连续而均匀地挤出提供符合工艺要求的原料。对于普通挤出机通常都有自动上料装置，以保证加料的连续性和减轻劳动强度。为了能下料均匀在加料斗中装有料位控制装置，同时料斗的容积一般要求应保证挤出机在最高产量时1～1.5小时的物料量。为了能对一些有特殊要求的物料起到预热干燥或排除物料中所含的水分及气体的作用，有的料斗带有预热干燥或抽真空装置。对于一些难以下料在加料口处易出现“架桥”现象的物料，料斗中还装有强制加料装置。

自动上料装置有鼓风上料、弹簧上料和真空上料等多种类型，不同的类型对物料的适用性、输送的距离及对挤出机的适用性有所不同。

鼓风上料是利用风力将物料吹入输送管道，再经设在料斗上的旋风分离器后进入料斗内，结构如图4-36所示。这种上料装置较适用于输送粒料，用于输送粉料时一定要注意输送管道的密封，否则易造成粉尘飞扬而导致环境污染，输送效率降低。

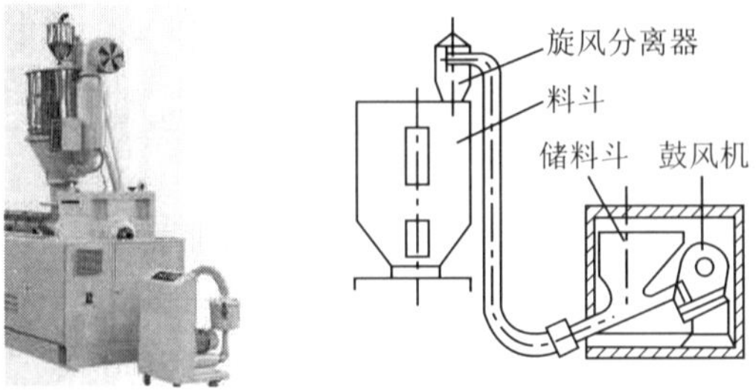


图4-36　鼓风上料装置结构

弹簧上料装置主要由电机、弹簧夹头、进料口、弹簧、软管及储料池组成，结构如图4-37所示。当电机带动螺旋弹簧高速旋转时，储料池中的物料被弹簧带动沿软管上移，当物料到达出料口时，由于离心力的作用被甩出而进入料斗。其结构简单、体积小、重量轻、成本低、效率高，既可固定安装又可吊挂，使用方便可靠和应用范围广，输送距离小，只能作为单机短距离的送料，主要适于输送粉料、粒料和块状料。

图4-37　弹簧上料装置的结构

真空上料装置可以除去物料的空气和湿气，可适用于PA类等吸湿性较大的物料。其结构有普通真空上料装置和真空混料上料装置两种形式。如图4-38所示为普通真空上料装置的结构，它主要是由储料池、真空泵、真空泵连接器 、密封锥体、过滤器、小料斗、大料斗、重锤 、微动开关等组成。工作时真空泵抽气使小料斗内形成真空，储料池中的物料便通过进料管被吸入至小料斗。当小料斗中的物料储存到一定量时，真空泵停止工作，小料斗因真空消失而停止进料，同时密封锥体打开，将物料落入大料斗。当料落完后，由于重锤的作用，使密封锥体向上抬而将小料斗封闭，同时触动微动开关，使真空泵又开始工作，开始下一循环。

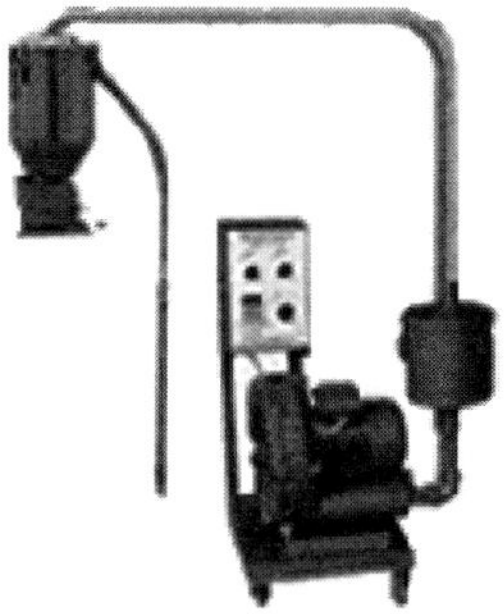

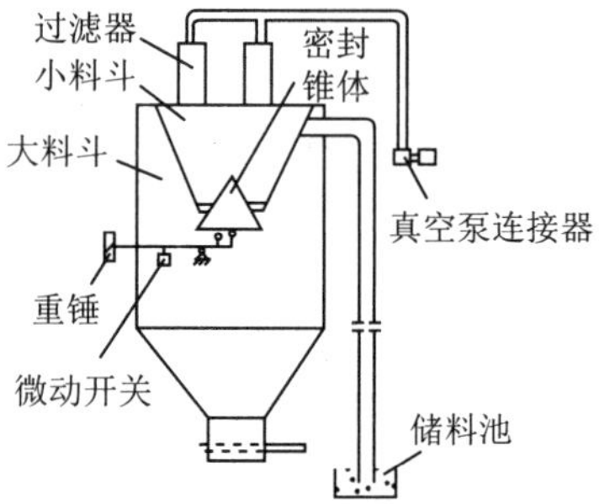


图4-38　普通真空上料装置结构

真空混料上料装置可以用来混合物料（包括着色剂），可适合于两种或两种以上物料的混合加工，其结构如图4-39所示。工作时将主原料储存于上料斗中，并由其下部的转动叶片往混合室供料。辅料则装于右上侧的辅料斗中，通过控制，可按规定的比例供给辅料。主原料与辅料在混合室中相遇，并由混合装置将它们均匀地混合。在真空料斗中设有料位计，通过它来控制料位及进料开关。当进料口打开时，混合室中的物料便可以进入真空料斗。

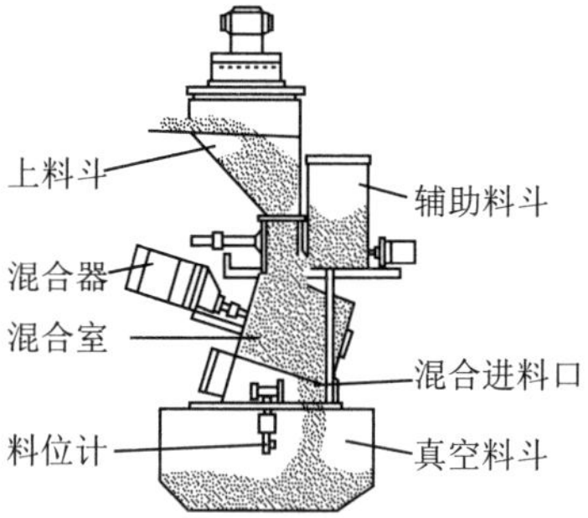


图4-39　真空混料上料装置结构示意图

料位控制装置是当物料靠自身重力的作用落入料筒时，为了克服料斗中料位高度的变化引起进料速度的变化，而造成加料不均匀，而设置在料斗中。

如图4-40所示为料位控制装置的结构示意图，当料位超过上料位计时，上料装置便会自动停止上料，而当料位低于下料位计时，上料装置则自动上料。使料斗中的料位高度尽量保持在一个适度的范围内。

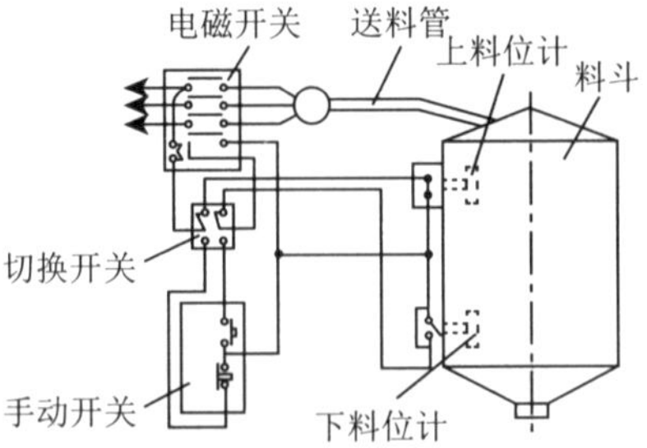


**图4-40　料位控制装置**

强制加料装置可以克服加料口“架桥”或阻塞现象，保证加料均匀，同时还对物料有一定的压填作用，从而能提高挤出产量和产品的质量。

如图4-41所示为强制加料装置的结构，加料螺旋的转动可以是由独立的传动系统传动，或由挤出机的螺杆通过传动链轮、伞形齿轮而带动的，这样加料螺旋的转速可与挤出机的螺杆转速相适应，从而使加料量与挤出量的变化相一致。当料流压力增加或料筒进料口被堵塞而使压力超过了弹簧的弹簧力时，则转动螺旋就会往上升，而不会将物料硬往进料口中挤，从而避免了加料装置的损坏。

2. 双螺杆挤出机

目前，双螺杆挤出机有多种类型，如图4-42所示。而用于物料混合塑炼的双螺杆挤出机主要是同向旋转啮合型和异向旋转的非啮合型双螺杆挤出机。

同向旋转啮合型双螺杆挤出机有分布混合及分散混合良好、自洁作用较强、可实现高速运转、产量高等特点，但输送效率较低，建压能力较低，主要用于聚合物的改性，如共混、填料、增强及反应挤出等操作，而少用于挤出制品。

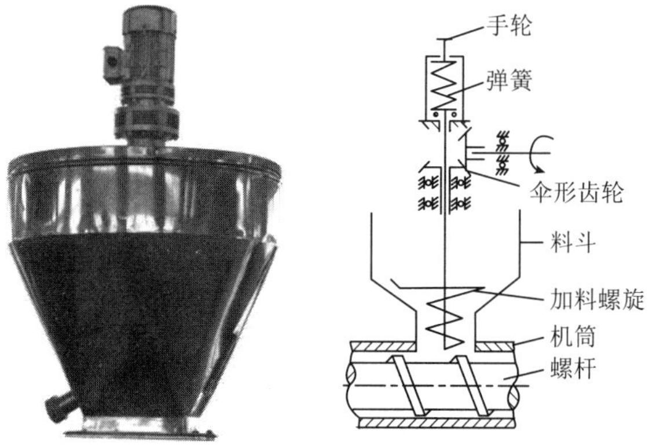


（a）　（b）

图4-41　螺旋强制加料装置

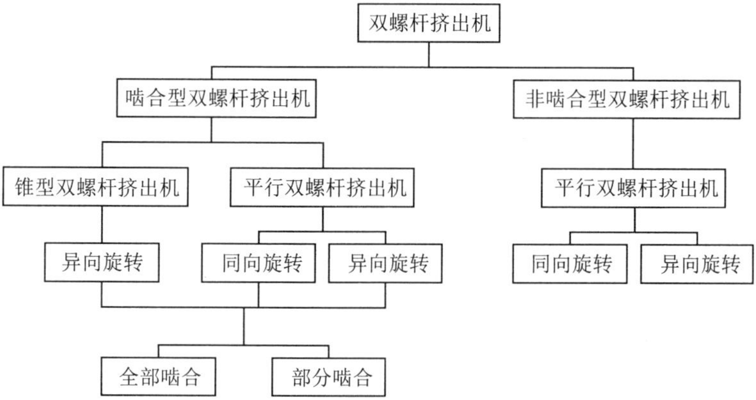


图4-42　双螺杆挤出机类型

异向旋转的非啮合型双螺杆挤出机分布混合能力、加料能力、脱挥发分能力都较好，其对物料的输送是依靠物料对金属的摩擦系数和黏性力，分散混合能力有限，建立压力能力较低。主要用于混合作业，可进行共混、填充和玻璃纤维增强（玻璃纤维不会破碎得太厉害）。因其分布性较好，进行反应的自由体积较大，也多用于反应挤出。

（1）双螺杆挤出机结构

双螺杆挤出机的基本组成及各组成部分的职能与单螺杆挤出机

相似，如图4–43所示，主要由挤压系统、传动系统、加热冷却系统、排气系统、加料系统和电器控制系统等组成，但双螺杆挤出机的挤压系统是由两根螺杆和“∞”形的机筒组成的，传动系统配有独特的具有扭矩均匀分配功能和减速功能的传动箱（齿轮箱）。

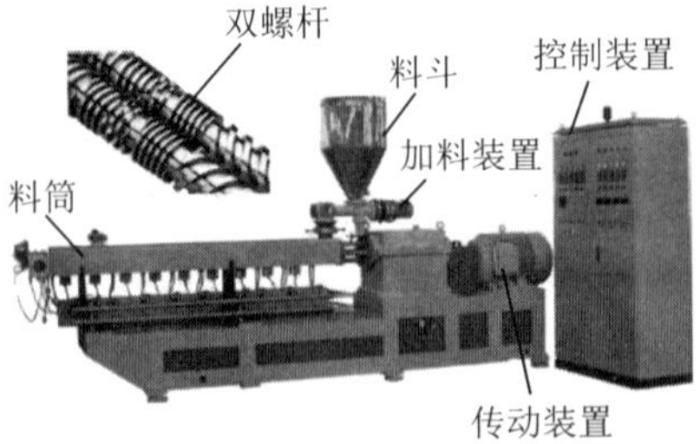


**图4–43　双螺杆挤出机结构**

双螺杆挤出机的螺杆和机筒的结构各自都有整体式和组合式两种。为适应物料在挤出过程中状态的变化，螺杆一般分为6个功能区段：加料段、熔融段、熔融段（塑化段）、排气段、混合段和计量段（挤出段）。根据加工工艺的需要，也可设置4段或5段。

整体式螺杆由整根材料做成。锥型双螺杆挤出机和中小直径的平行异向双螺杆挤出机多采用整体式螺杆。各种整体式双螺杆的结构及特点见表4–8所示。

**表4–8　整体式双螺杆的结构及特点**

| 整体式双螺杆的结构 | 特点 |
|---|---|
| 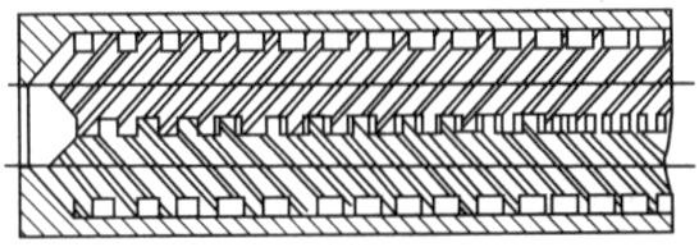 (a) | （a）异向旋转双螺杆，螺纹截面形状为矩形。全长等直径，螺棱宽由加料口向螺杆头逐渐增大，以获得压缩比。适于加工温度范围较宽的塑料。 |
| 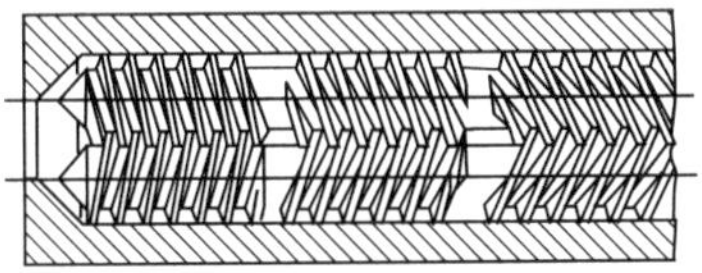 (b) | （b）异向旋转螺杆，由间断的三段螺纹组成，内外径全程相等，靠逐渐减小螺距获得压缩比，无螺纹区有利于提高对物料的混炼。 |

续表

| 整体式双螺杆的结构 | 特点 |
|---|---|
| 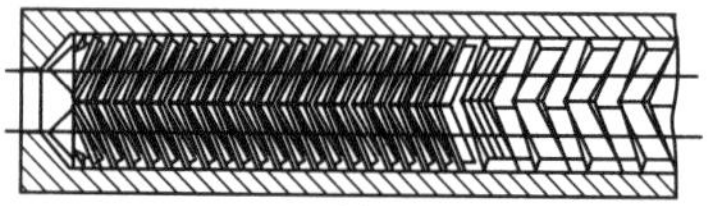<br>(c) | （c）从单头螺纹至三头螺纹的渐变螺杆，能形成最大的输送能力和均匀塑化能力。 |
| 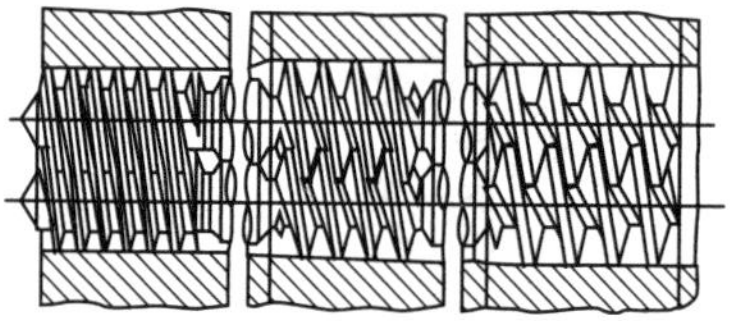<br>(d) | （d）同向旋转螺杆，由三段单头螺纹组成，各段间螺距、根径和外径不同。由加料口处起，外径逐段变小，根径逐渐变大，螺距逐渐变小，以获得压缩比。无螺纹区有利于提高混炼程度。 |
| 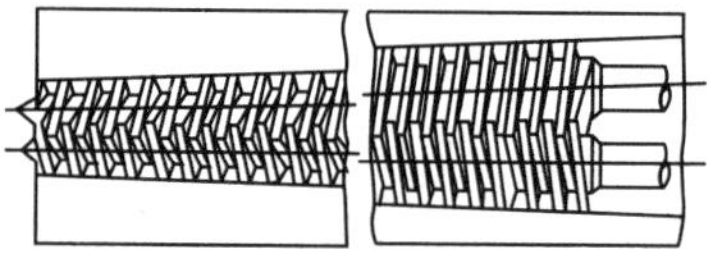<br>(e) | （e）锥形双螺杆。靠锥度获得压缩比。 |

组合式螺杆亦称积木式螺杆，同向双螺杆挤塑机多采用组合式结构。它由多个单独的功能结构元件通过芯轴串接而成，我们把能够实现不同功能的螺杆区段，称为螺杆元件，如图4-44所示。串接芯轴有圆柱形芯轴，六方形芯轴，双键、三键或多键的花键芯轴三种类型，其中花键芯轴用得最多。螺杆元件通常有输送元件、混炼元件等类型。

**图4-44　组合式螺杆**

输送元件的主要功能是输送物料，给物料一定的推力，使物料能克服流道阻力。输送元件又分为全啮合式及普通啮合式，如图4–45所示。

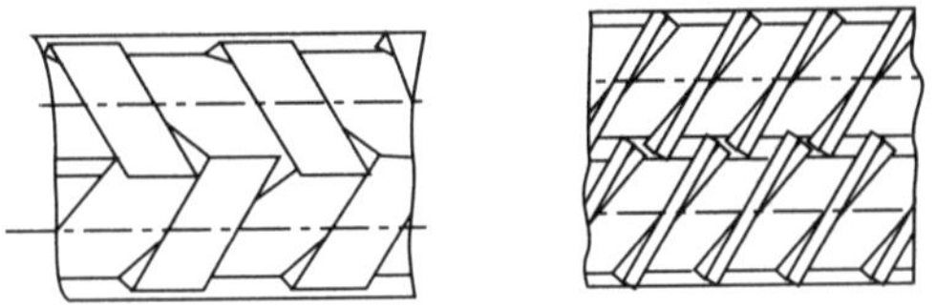

(a)全啮合式　　(b)普通啮合式

**图4–45　双螺杆输送元件**

全啮合式输送元件两螺杆啮合处的啮合间隙很小，如图4–45（a）所示。所以对物料有强制输送作用，很快建立高压，输送能力强。但是，非啮合区C形小室的物料混合较差。普通啮合式输送元件两螺杆啮合处的啮合间隙较大，如图4–45（b）所示。螺槽宽度比螺棱宽度大。构成螺纹间的轴向间隙；两螺杆的中心距也较大，构成螺纹间的径向间隙。增大轴向或径向间隙值有利于C形小室的物料混合，但因漏流和倒流量的增加，会降低输送能力。

混炼元件是使物料受剪切和混合作用，双螺杆挤出机的混炼元件类型很多，常见的主要有齿形混合盘和捏合块等类型。

齿形混合盘结构如图4–46（a）所示，主要起搅乱料流的作用，所以是以混合为主的混合元件，使物料加速均化，能使物料浓度很低的添加剂混合均匀。齿形混合盘的齿数、齿形根据加工对象选用，齿数越多混合作用越强。

捏合块是其中采用较多的一种。捏合块的结构如图4–46（b）所示。在两螺杆同向旋转时，由输送元件送来的物料，被挤拉入捏合块和料筒内壁之间的空腔，空腔容积由大到小的变化：适应不同加工要求的不同形状的（如菱形或三角形）的捏合块，将剪切力和正应力强制传给物料，使物料不仅环绕螺杆轴形成环流，并在两螺杆之间形成交换流。每个捏合块里还可组装若干个捏合片，每片之间以一定的角度偏转卡紧，在每个捏合块内都有多级捏合。改变偏转角、捏合片厚度和捏合块里捏合片的数目，可以使高聚物物料彻底而均匀地塑化，从而获得多种剪切与混合的效果。特别以不同的偏转角串联的捏合块能形成料流中强烈的轴向分散和径向分散效果。

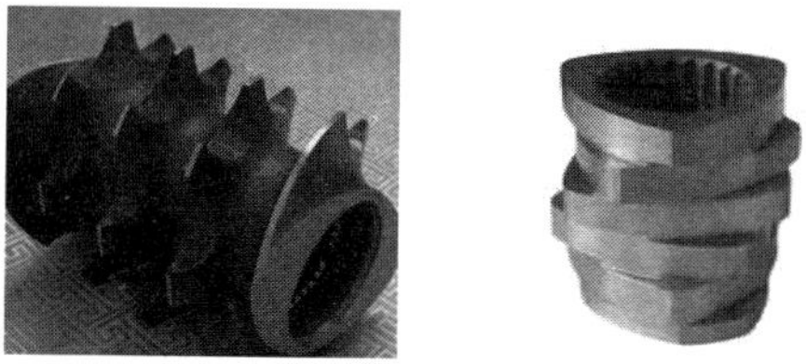

（a）齿形混合盘　　（b）捏合块

图4–46　混炼元件

（2）双螺杆挤出机的混炼原理

对于同向啮合平行双螺杆挤出机，当物料沿着A螺杆到达啮合区后，不仅受到两螺杆的辊压作用，同时还受到B螺杆反向速度梯度的作用而被托起，使之沿着A、B螺杆螺槽所形成的“∞”形流道向机头输送。因此，啮合同向平行双螺杆挤出机物料的输送既有正位移机理，又有摩擦、黏性拖曳输送机理。其输送机理介于单螺杆挤塑机与啮合异向纵横向皆封闭的双螺杆挤出机之间。在同向平行双螺杆挤出机中，由于两根螺杆在啮合区的速度方向相反，没有使螺杆向两边推开的分离力，不存在压延效应，保证了螺杆的对中性，可最大限度地避免螺杆与机筒间产生磨损，这就使同向旋转双螺杆挤出机可以在比异向旋转机高得多的转速下运行，一般可达300～500r/min，从而获得比异向双螺杆更高的产量。此外，由于同向双螺杆螺槽中，剪应力大且分布均匀，剪切速度大，因此剪切效果较异向双螺杆更好。在同向双螺杆上还可配置捏合盘等混炼元件，这样更有利于提高混合效果。啮合同向双螺杆挤出机主要用于聚合物合成时的脱水、脱挥发物、造粒及聚合物的共混改性、填充改性、增强改性和反应挤出等。

非啮合型平行双螺杆的螺槽纵横向都是开放的，此类型螺杆又可分为错列型和并列型，如图4–47所示。因加料段物料是否达到临界充满度（充满度是指在垂直于螺棱的截面内物料在螺槽内所占面积与螺槽总面积之比）而有所不同。若加料段加入的物料较少、物料未充满螺槽，且达不到临界充满度，则在固体输送段按正位移输送机理由螺棱推着物料沿挤出方向向前输送。在加料量增大、且充满度高于临界充满度之后，工作原理类似于单螺杆挤塑机，即靠摩擦和黏性拖曳输送物料。

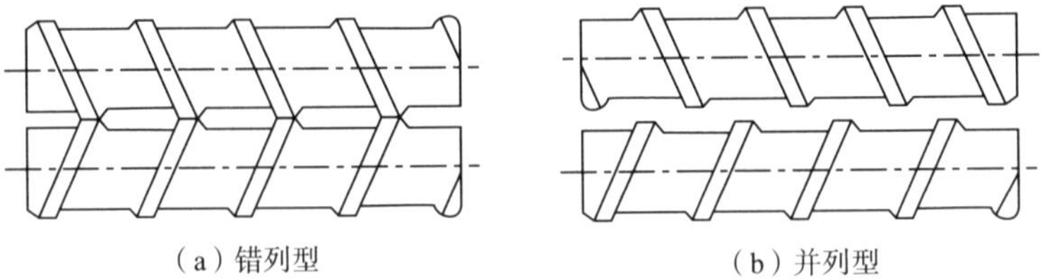


图4-47 非啮合型平行双螺杆

物料在非啮合双螺杆中有多种复杂流动，如图4-48所示，其混合性能优于单螺杆挤塑机。因非啮合双螺杆挤塑机具有长径比大（可达120）、单位长度上的自由体积大（比相同直径啮合型双螺杆大25%）、物料在螺杆中停留时间长、良好的分布混合能力、良好的排气性能和建压能力低（因漏流比较大）等特点，主要用于聚合物合成中的脱水、脱挥发物、反应挤出和塑料回收等。

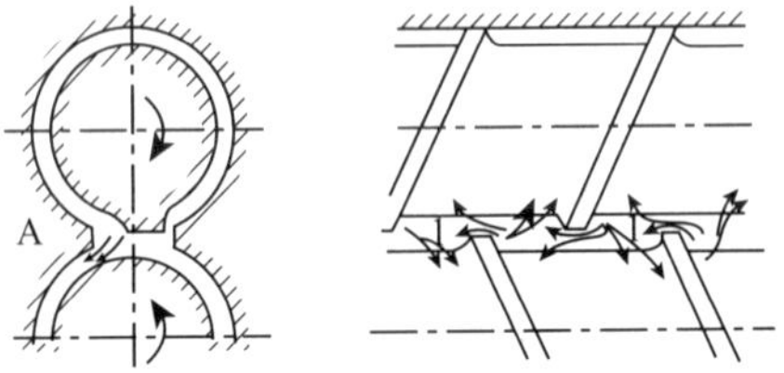


图4-48 物料在非啮合平行双螺杆中的流动

# 第四节 物料的连续混炼

在共混聚合物材料、高填充聚合物复合材料制备中，往往聚合物—聚合物间、聚合物—填料间缺乏结合力，因此，一方面必须采用高效混炼设备以强化混合分散作用，另一方面可通过反应增容强化多相体系中相界面的相互作用。事实上，在现代高效连续混炼技术的基础上，再辅之以反应性加工，使物料在熔融混炼的同时，进行熔体化学反应，已成为当今制备动态硫化共混物、塑料合金、无机填充聚合物复合材料等的有效方法。

## 一、密炼挤出组合式连续混炼

1. 密炼挤出组合式连续混炼机结构

密炼挤出组合式连续混炼机在结构上既具有密炼机转子又有挤出机螺杆，是密炼机与挤出机的组合体。该连续混炼机主要由一对圆筒形转子和一根螺杆组成，如图4–49所示。螺杆代替了原密炼机中的卸料门。螺杆上的隔胶块将螺杆分为两段，前段起输送物料进入转子和预混合的作用，后段起输送混炼好的物料到机头及补充混炼的作用。物料由一端的加料口加入，由螺杆输送到混炼室中，物料在混炼室两转子间混炼一段时间后送入螺杆后段，然后经机头挤出。为增强混炼效果，延长胶料在混炼室的停留时间，螺杆既可沿轴向往复移动，也可正反向回转。这种连续混炼机适合流动性较好的物料或颗粒状物料的混炼挤出。

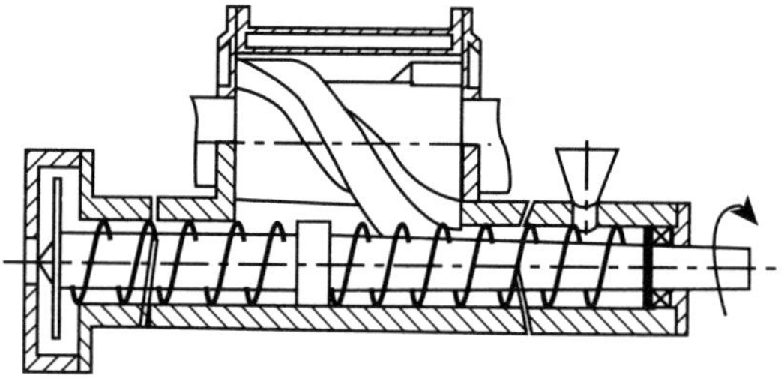

图4–49　连续混炼机主要结构组成示意图

2. 密炼挤出组合式连续混炼特点

密炼挤出组合式连续混炼机特殊设计的转子，转速的控制，确保原料混合的分布性和分散性。混炼可通过调节转子速度、工作容量、熔融条件以及停留时间进行选择。转子尖到壁的大间隙，确保磨损最小化。进料口很大，便于高填充材料的投料。带有触摸屏的PLC控制系统，操作简单。模块化设计，使用、维护方便。

对于加长型连续混炼机的主体包括进料开口、加热的排料门、密炼室和转子。转子长径比一般为10：1。混炼一般分为两个阶段：第一阶段是初级混炼，主要对物料进行干混和预加热。第二阶段是混炼转子和密炼室壁之间的高强度剪切使得预聚体熔融，并且使其与其他组分进行分散混炼和分布性混炼，使原料均匀混炼。

## 二、FCM型连续密炼

1. FCM型连续密炼机结构

与喂料挤出机组合，代替密炼机和开炼机为压延机供料，显著地节省了厂房面积和劳动力，且供料均匀。其结构主要由机体、转子、减速器、加料口、卸料口及调节开度的液压缸等部分组成，如图4-50所示。

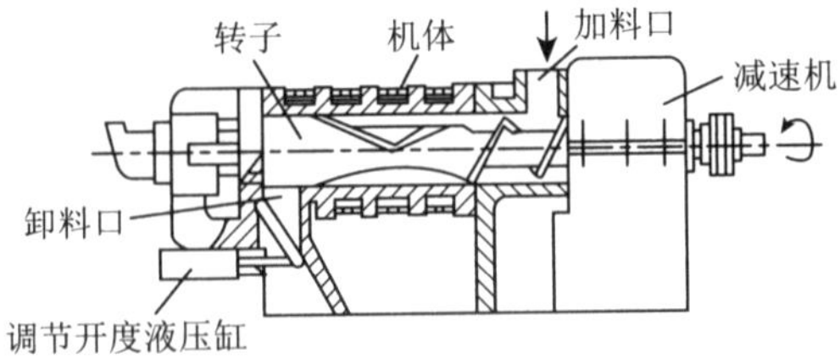


图4-50 FCM型连续密炼机结构

2. FCM型连续密炼机工作原理

在连续密炼机体内有两个平行相切的转子，向内做相向旋转。转子工作部分由喂料段、混炼段和出料段组成。物料自加料口进入喂料段，由喂料段输送到混炼段。混炼段的转子结构和工作原理同普通密炼机相似，物料在这里受到转子与密炼室壁间的强力剪切、转子与转子间的捏合以及转子的轴向搅拌作用，达到良好的混炼效果。通过调节加料速度、转子转速、排料口开度的大小和机筒温度，可控制物料在混炼段内的停留时间与塑化程度。

3. FCM型连续密炼特点

FCM型连续密炼机具有较大的灵活性，混炼性能好，特别适合高填充物料的混合混炼，且可根据物料性质，选择最适宜的混炼工艺条件，获得最好的塑化质量和相应的产量。连续密炼机的主要缺陷是不像双螺杆混炼挤塑机具有自洁性，所以当更换物料时，需要将机筒移出，以便清理机筒和转子。

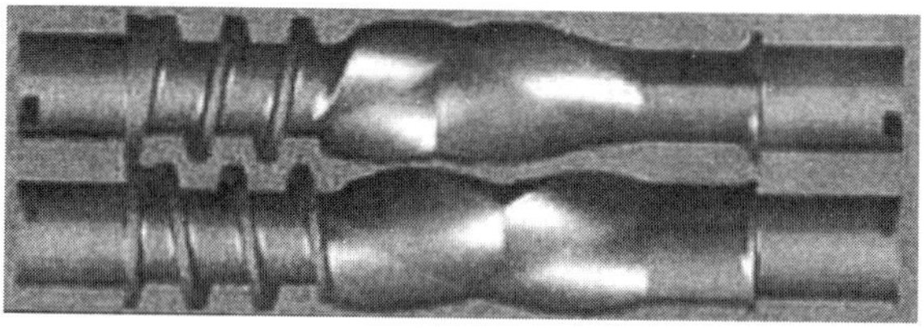

图4–51　FCM型连续密炼机转子

## 三、双轴型连续密炼

1. 双轴型连续密炼机结构组成

双轴型连续密炼机主要由前混炼段、后混炼段和连接段等三个功能段组成，进料口通常设置在前混炼段的最前端，以便使物料能够得到充分的混炼。前混炼段的最末端有出料口，通过连接部分和后混炼段进行连接，如图4–52所示。

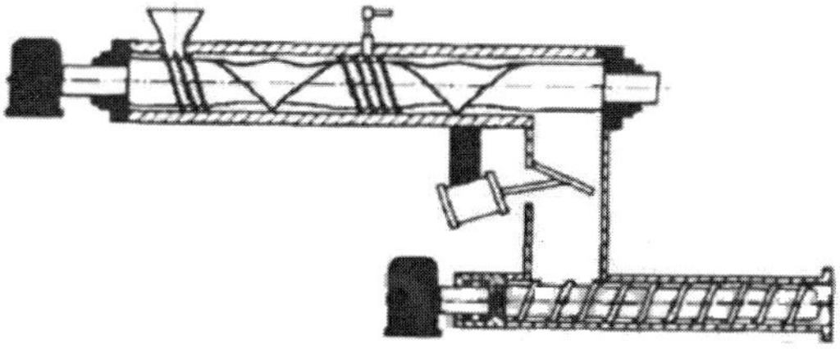

图4–52　双轴型连续密炼机结构示意图

2. 双轴型连续密炼原理

双轴型连续密炼机工作时，物料从前混炼段的进料口加入，物料在前混炼段受到转子与混炼室壁间的强力剪切、转子与转子间的捏合以及转子的轴向搅拌作用，得到混炼。在前混炼段的最末端有出料口，通过连接部分和后混炼段进行连接。后混炼段是一个完整的螺旋结构，类似于螺杆式挤出机，物料进入后混炼段后，在螺杆旋转时的挤压搅拌作用下，受到良好的剪切、搅拌、混炼的作用，从而达到良好的混炼效果。后混炼段也可根据不同的工艺要求，配置不同的混炼结构，灵活地实现不同的混炼目的。

## 四、LCM型连续密炼

1. LCM型连续密炼机结构

LCM型连续密炼机主要由机筒、转子、密封装置和卸料装置等组成，如图4-53所示，机筒具有冷却水孔，表面有电加热片，以便实时控制混炼温度。LCM的混炼腔相互贯通，横截面形状为“∞”形。物料在混炼腔中受到剪切、挤压、捏合和混合作用。转子的加料段是非啮合的，类似于挤出机的两根螺杆，物料从加料口进入后，在加料段螺纹的输送下，到达转子混炼段。转子混炼段的表面是由两对旋向相反、导程不同的螺纹组成的。由加料段输送而来的物料在混炼段熔融、混合及塑化。物料在混炼腔中的停留时间可通过调节卸料装置的卸料门的开启度来加以控制。

图4-53　LCM型连续密炼机结构

2. LCM型连续密炼特点

由于转子具有较大的长径比，因而物料有较长的停留时间，有利于以较低的回转速度进行混合；具有很强的分散和掺混能力；物料温度易于控制；有利于除去物料中的湿气和挥发分，能耗较低。

LCM型连续密炼机工作时，可通过该混炼机的加料量、混炼温度、转子转速和卸料口开启度等参数，达到控制物料在混炼机中的停留时间和混炼效果的目的，操作简单。

LCM型连续密炼机结构简单，省去了密炼机中复杂的加料和卸料装置。适用性强，可适用填充与非填充塑料，热塑性与热固性塑料、色母料等多种物料的混炼。

## 思考与练习

1. 塑料密炼的目的是什么？密炼过程怎样？
2. 密炼过程中主要控制的工艺参数有哪些？
3. 密炼机有哪些类型？常用类型的密炼机结构及工作原理如何？
4. 塑料开炼的作用是什么？开炼过程中应控制哪些参量？
5. 开炼机的结构主要由哪些部分组成？工作原理如何？
6. 单螺杆挤出塑炼的过程怎样？
7. 单螺杆挤出过程中应控制哪些参量？如何控制？
8. 单螺杆挤出机主要由哪些部分组成？螺杆的结构如何？
9. 混炼用的双螺杆挤出机有何特点？结构怎样？
10. 连续密炼设备有哪些类型？各有何特点？

# 第五章 塑料的切粒粉碎与输送

**应·知·应·会·要·求**

**中级工**

1. 掌握塑料粒料的制备方法，切粒机的类型及应用特点。
2. 掌握塑料的破碎方法，破碎机的类型及应用。
3. 掌握塑料粉料、粒料及液体原料的输送方法，知道输送装置的组成。

**高级工**

1. 掌握中级的要求基础上，掌握料条切粒和机头端面切粒的结构特点及选用。
2. 能根据物料的特点合理选用破碎机。
3. 能根据生产情况合理选用原料输送装置。

## 第一节 塑料的切粒

塑料通过挤出塑炼或开炼机开炼后，通常为连续的条状或带状，一般需通过切粒使其成为一定形状和粒度大小的颗粒料，以方便成型加工及包装、输送等。切粒时一般要求颗粒大小均匀。切粒方法随着物料的混炼工艺不同而有所不同，目前挤出的料条一般可采用料条切粒、机头端面切粒等方法，而挤出或开炼的带状物料一般采用滚刀法切粒。

# 一、料条切粒

1. 工艺流程

挤出料条切粒生产工艺流程：

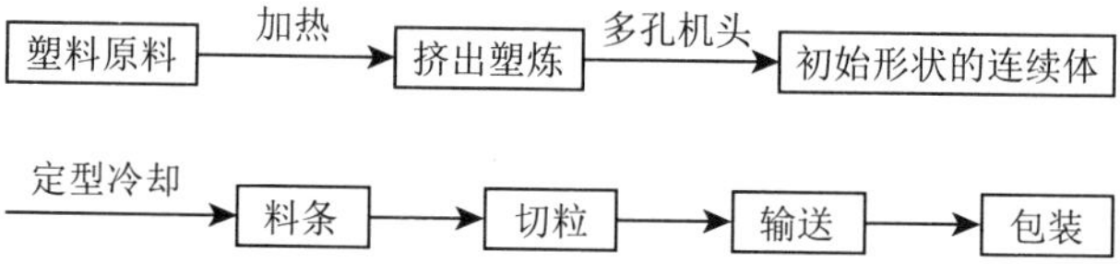


2. 料条切粒机

（1）料条切粒机结构

料条切粒机主要由机体、切刀装置、送料装置、传动部分和控制装置等组成。如图5-1和图5-2所示。切刀主要由定刀、动刀、刀架等部分组成；送料装置主要由压辊、进料辊、牵引辊、进料槽等组成。

图5-1　料条切粒机

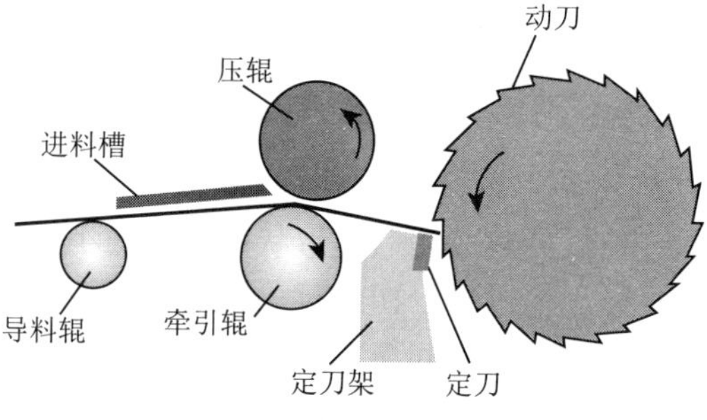


图5-2　料条切粒机结构组成图

（2）工作原理

料条切粒机工作时，物料经挤出或开炼成连续的条状料或带状料后，进入水槽（或空气）冷却，经脱水辊后，通过进料辊按一定的速度牵引并送到切粒机中，在切刀的作用下，切成一定大小圆柱或方块形状粒料。

在切粒过程中，粒料的长度可由送料辊的速度确定，通常牵引速度不应超过60～70m/min，料条数目不超过40根。

这种切粒机一般需与条料机头或带料机头的挤塑机配合，料条需用强力吹风机干燥，切粒机具有多把切刀。其操作简单，适合一般的人工操作。但需要相对大的空间，运转时噪声较大。

## 二、机头端面切粒

机头端面切粒是塑料熔体从机头挤出后，直接送入与机头端面相接触的旋转刀而切断，切断的粒料输送并进行空气冷却或落入到流水中进行水冷，故又称热切造粒。切粒刀的尺寸、形状、材质和安装方式可以有所不同，如图5-3所示为旋转刀与机头同轴安装，图5-4所示为机头中心与旋转刀中心轴互相平行。根据冷却方式和切刀形状的不同分为气流切粒、喷水（水环）切粒、水下切粒和离心力切粒四种类型。

图5-3 中心切粒

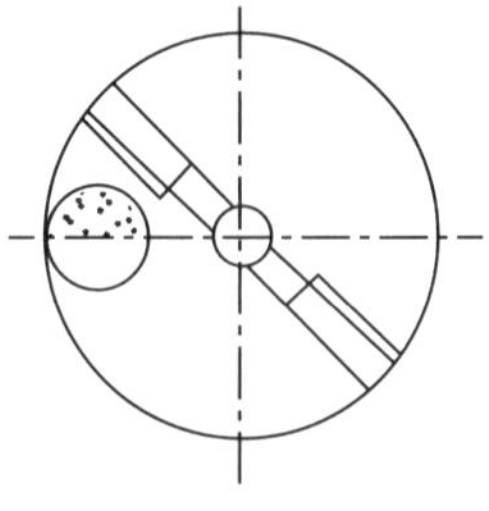

图5-4 平行轴式旋转刀切粒

1. 气流切粒法

气流切粒法主要用于对热和长停留时间敏感的聚合物，如聚氯乙烯、TPR和交联聚乙烯等。切粒速率高达约5000kg/h。塑料从挤出机至切粒室的距离应尽可能短，并采用最少的热量。当塑料通过口模挤出时，紧贴机头端面旋转的旋转刀即将它切成粒料。粒料切下后，随即被抛离旋转刀，被切粒室中强制循环流动的空气所捕获。空气流对粒料表面进行初步冷却，并把它带出切粒室而送至冷却区。冷却方法是把粒料从切粒室中卸出送入一个水槽，然后用流化床干燥器或离心干燥器脱除水分。

2. 喷水（水环）切粒法

喷水（水环）切粒法又称为水环切粒法，塑料从机头口模挤出时，即被紧贴机头端面旋转的旋转刀切成粒料。切粒室喷水呈螺旋线流动，粒料切下后，即被抛入水流，进行初步冷却，如图5–5所示。再排入冷却槽被进一步冷却，然后送入离心干燥器脱除水分。

喷水（水环）切粒法适用于大多数塑料，特别适于熔体黏度低或具有黏性的塑料，切粒速率可达到 13000kg/h左右。

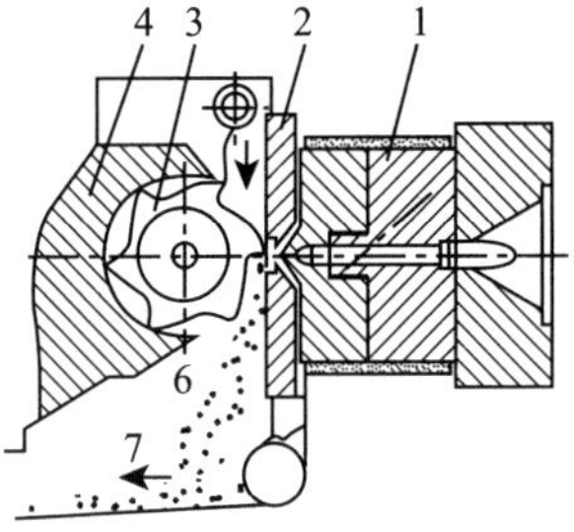


**图5–5　铣齿切刀水冷模面切粒机**

1–机头体；2–模板；3–切刀；4–切粒机构；5–喷水；6–粒料；7–排水

3. 水下切粒法

水下切粒机与气流切粒机及喷水切粒机类似，不同的是它有一股平稳的水流流过机头端面，而与机头端面直接接触。切粒室的大小一般以刚好可使切粒刀自由地转动越过机头端面而不限制水流为度。塑料从机头口模挤出后，即被旋转刀切割成粒料，粒料被已调温的水带出切粒室而进入离心干燥器，经离心干燥除去水分。在干燥器中，水被排回贮罐，冷却后循环再用。

水下切粒需使用热分布均匀并有特殊绝热设施的机头口模。小型切粒刀采用电热；大型切粒刀需采用油热或蒸汽加热的口模。工艺用水常规情况下加热至最高温度，但其热度应不足以对粒料的自由流动造成有害影响。水下切粒产量可高达20000kg/h。适用于绝大多数聚合物，特别适合于低黏度或黏性物料。但对有些塑料，如尼龙和聚酯等可能易引起口模冻结。水下切粒因为在熔融状态下切粒，而水又起着声障作用，噪声散发较低 。

4. 离心力切粒法

离心力切粒法是采用圆柱形口模，挤出孔沿其圆周分布，熔融塑料在常压下挤出。圆柱形口模随其芯轴以高速旋转，离心力作用使塑料均匀地流至机头口模上的各个孔口。当塑料从挤出孔挤出后，旋转的口模将挤出的条料送至切粒刀。切粒刀可以用固定式的，通常按“带锯”形式使它在两个转盘上十分缓慢地转动。这样的慢转有助于使切粒刀的磨损均匀并保持低温。切下粒料后，粒料由于其本身动量的作用，被抛入冷却室内进行喷水冷却，然后采用离心干燥法进行干燥。离心力切粒法机头口模只需要较低的热量。

## 三、滚刀切粒法

滚刀切粒法主要适用于带状物料的切粒。开炼带状物料切粒生产工艺流程：

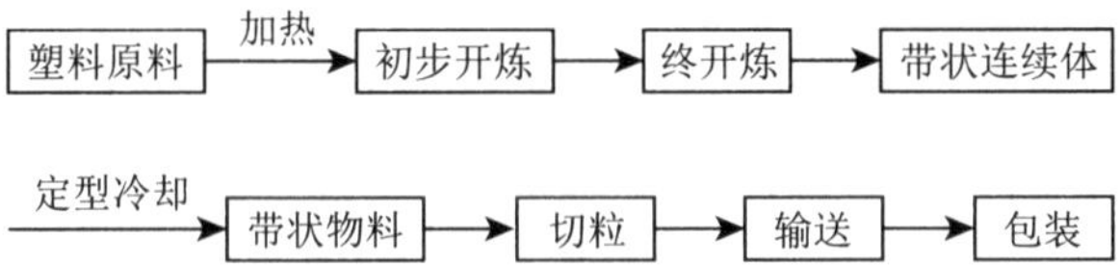


对于挤出或开炼后所得一定宽度和厚度的带状片材，通常可以采用滚刀法切粒。滚刀法切粒时，可将已经切成固定宽度的厚片，从切粒机的圆滚刀间的间隙进入，先被圆滚刀切成纵向连续不断的条形，然后由压辊夹紧条状料，牵引送入高速旋转刀处，切成有固定长度的粒料。切好的粒料落入筛料斗内，把未切断的长条和连体粒筛除。

滚刀切粒机的结构主要由底座、左右墙板、电动机、传动装置、压料辊、滚刀（切条刀）、甩刀（切粒刀）、筛斗等零部件所

图5-6　滚刀切粒机

组成，如图5-6所示。左右墙板置于底座上部传动装置，压料辊、滚刀、甩刀装在墙板中，电机、筛斗装在底座内。传动装置一般由皮带轮、链轮及一系列齿轮所组成，它将电机转动传递给压料辊、滚刀、甩刀及筛斗，以完成各种动作。

滚刀（切条刀）由上下两组滚刀组成，其中上滚刀轴承座可在左右板的导槽内移动。转动机器上部两个手轮，即可调整上下滚刀之间的间隙，以适应不同厚度塑料板的切粒。带状料片经滚刀轧切成宽度为规定的料条。

甩刀（切粒刀）一般是在刀架轴上装有四把甩刀，在左右墙板之间装有一把底刀（固定刀），底刀与甩刀组成一组剪刀，将塑料条剪切成一定规格的颗粒。甩刀在刀架轴上的位置可由螺钉调整、紧固，通过它可调整底刀与甩刀之间的间隙。该间隙必须调整合格，一般为0.1mm，否则剪切不锋利，影响塑料颗粒外观，严重时会切不断塑料条。调整甩刀刀片时，必须使其与底刀刀刃的间隙均匀一致，调整合适后紧固螺钉及锁紧螺母必须锁紧，以防松脱发生事故。

压料辊是由上下两根压辊组成，装于滚刀与甩刀之间。在上压辊的两端装有弹簧和导柱，能沿左右墙板上的滑柱上下移动，以适应不同厚度塑料板的送料，并对其保持一定的压紧力。它的作用是将从滚刀轧切下来的塑料条送入甩刀剪切。

筛料斗是由曲轴与筛斗组成，通过曲轴连杆带动筛斗做往复振动，将合格的塑料粒筛入盛装容器内。

## 第二节　塑料的粉碎

粉碎是指通过采用一定的方式对物体施加一定形式的外力，使物体发生断裂而形状变小的过程。塑料经密炼后所得的物料其形状通常为团状，大小差异较大，通常应串联开炼机，经开炼压成带状后，再成型或切粒待用。若不采用开炼时用于其他成型会非常困难，此时则需对密炼后的团状物料进行破碎，使之粉碎成为一定大小的颗粒，再用于成型制品。

用于塑料粉碎的设备主要是塑料破碎机，它适用于PE、PP、PVC、ABS、PET、PC等各种塑料的破碎。

## 一、塑料破碎机的结构

对于普通的塑料破碎机，一般主要由进料仓、剪切装置、机座、机架、出料仓等部分组成，如图5–7所示。

（a）

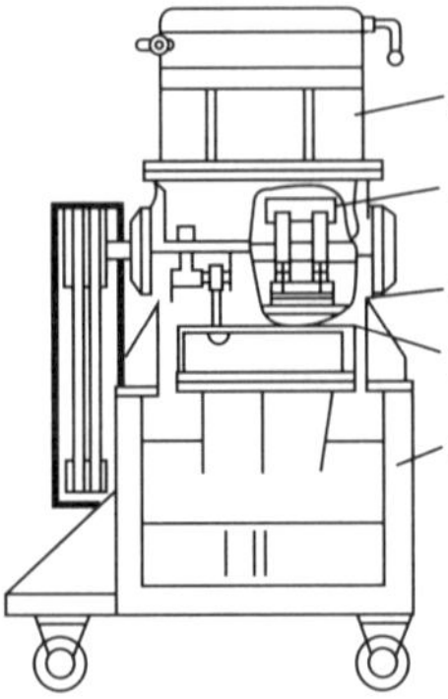


（b）

图5–7　塑料破碎机

进料仓的作用是添加物料，以及防止物料在破碎过程中碎片飞溅。一般由板材焊接而成，并用螺栓固定在机架盖上。较先进的进料仓采用双层结构，中间充填隔声材料，使破碎机的噪声明显减少。

剪切装置由旋转刀、固定刀、筛网等组成。旋转刀具有锐利的刃口；在破碎室内壁上亦装有固定刀，通过刀具的相对运动将破碎物剪断。根据筛网上筛孔的大小，可以得到各种粒度不同的破碎物。旋转刀基本有平板刀片和分片螺旋式刀片两种形式，如图5–8和图5–9所示。其中分片螺旋式的刀体组装形式破碎力大，适用范围广。

机座一般采用铸件，用以支撑、安装旋转刀轴。机座上、下盖用铰链连接，上盖可自由开启，便于维修及调整旋转刀、固定刀。

机座下边装有筛网。

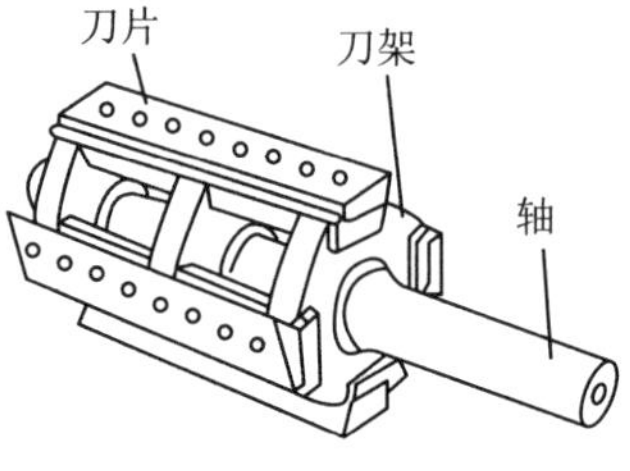


图5-8　平板刀片

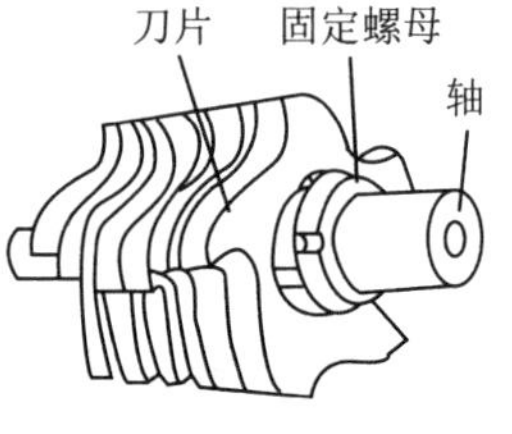


图5-9　分片螺旋式刀片

机架由角钢焊接而成，是连接、支撑所有零件的基础。其底部装有活动轮架，便于设备的安装、移动。

出料仓由板材焊接而成，其作用是集装破碎物。

## 二、塑料破碎机的工作原理

塑料破碎机工作时，由电动机经传动装置驱动旋转刀轴旋转，使安装在旋转刀轴上的旋转刀与固定在机座上的固定刀组成剪切副，当需破碎废旧塑料经进料仓进入破碎室时，在旋转刀与固定刀的不断剪切作用下逐渐被剪碎，当剪碎后的物料粒度小于筛网孔径时，经筛网筛滤后从出料仓出料，经包装后即得到一定粒度大小的破碎料。

经破碎后的物料颗粒大小通常相差较大，颗粒均匀性较差。

## 三、塑料破碎机的类型及使用特性

1. 塑料破碎机的类型

塑料破碎机的类型较多，通常可按不同的方式对其进行分类：按所施加外力种类来分，可分为压缩式、冲击式、切割式三种类型；按破碎机的运动部件的运动方式可分为往复式、旋转式和振动式三种类型；按旋转轴的数目和方向可分为单轴式、双轴式等两种类型；按破碎机的结构来分，可分为圆锥式、滚筒式、叶轮式及锤式破碎机等类型；按外形来分可分为卧式和立式破碎机等两种类型。如图5-10所示为几种常用破碎机结构示意图。目前国内外使用较为普遍的塑料破碎机为单轴回转式剪切破碎机。

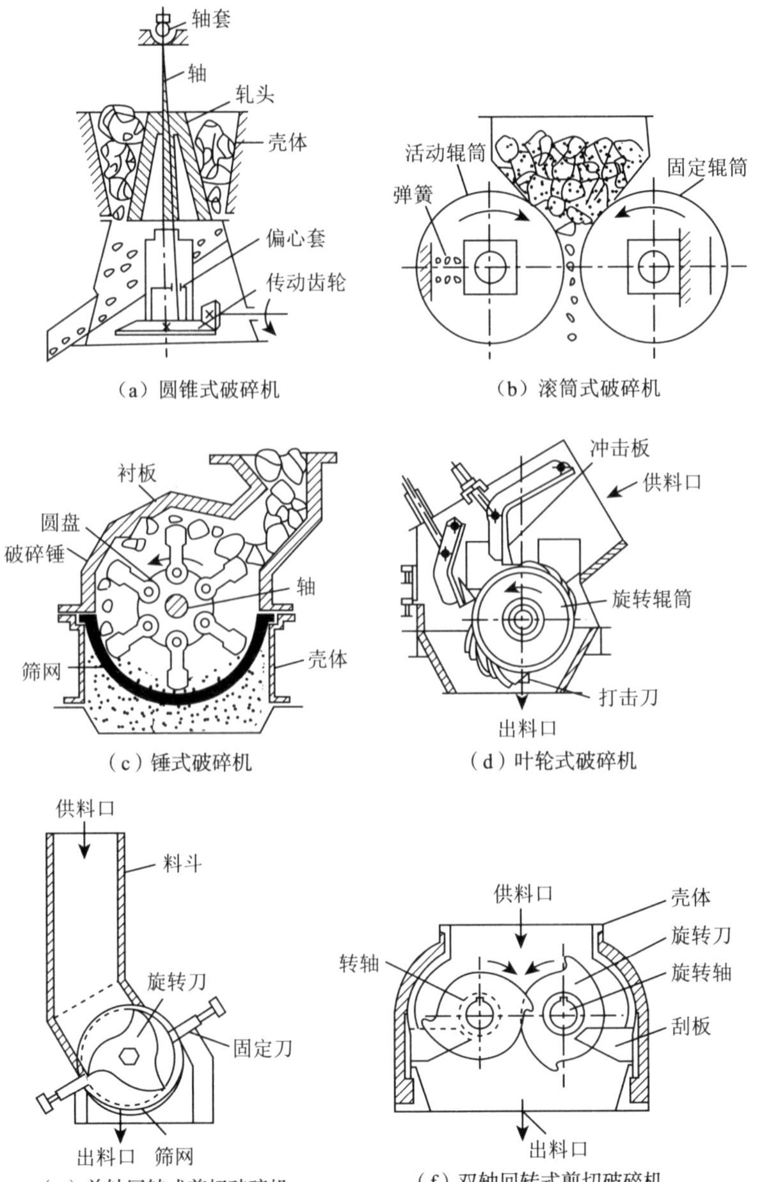


（a）圆锥式破碎机　（b）滚筒式破碎机

（c）锤式破碎机　（d）叶轮式破碎机

（e）单轴回转式剪切破碎机　（f）双轴回转式剪切破碎机

**图5-10　几种常用破碎机结构示意图**

2. 使用特性

常见塑料破碎机类型的使用特性如表5-1所示。

表5-1　常见塑料破碎机类型的使用特性

| 破碎机类型 | 施力方式 | 被粉碎物料 | | | | | 破碎品粒度／mm | 磨耗程度 | | |
|---|---|---|---|---|---|---|---|---|---|---|
| | | 脆弱 | 坚韧 | 橡胶状 | 纤维状 | 柔弱 | | 大 | 中 | 小 |
| 压碎机 | a | + | | | | | 500 ~ 15 | | | |
| 圆锥式破碎机 | a | + | | | | | 100 ~ 10 | | | + |
| 滚筒式破碎机 | a | + | + | | + | + | | | + | |
| 冲击破碎机 | b | + | + | | + | | >30 | | + | |
| 锤式破碎机 | b | | + | | | | >20 | | | + |
| 切割式破碎机 | c | | + | + | + | | 10 ~ 1 | + | | |

注：a–压缩（0～4m/s），b–冲击（10～200m/s），c–切割、剪断，“+”–与该项相对应

# 第三节　物料的输送

## 一、气力（气流）输送

气力输送又称气流输送、气动输送，是在一定条件下，利用空气流作为承载介质来输送颗粒或粉状物料的环保高效技术。气力输送可实现散料输送，效率高，可降低包装和装卸运输费用，还能够避免物料受潮、污损或混入其他杂物，可以保证输送物料的质量。在输送过程中可以实现多种工艺操作，如混合、粉碎、分级、干燥、冷却和其他物理化学反应。可以进行由数点集中送往一处或由一处分散送往数点的远距离操作。对于化学性能不稳定的物料，可以采用惰性气力输送。

1. 气力输送系统组成

气力输送系统主要由供料设备、输送管路、料气分离设备、气

源与净化设备等组成，如图5–11所示。

图5–11　气力输送系统

气力（气流）输送系统的输送管道能灵活地布置，从而使工厂设备工艺配置合理，节省厂房投资。系统密闭，粉尘飞扬逸出少，环境卫生条件好。运动零部件少，维修保养方便，易于实现自动化。

2. 气力（气流）输送的分类

根据不同物料性质和工艺的要求有多种气力（气流）输送方式和系统配置，按照气源特性有正压气力输送、负压气力输送和正压与负压结合等；按照气体循环方式有开环气力输送和闭环气力输送等；按气源压力有低压输送、中压输送和高压输送等；按照输送特性有稀相气力输送、动压密相气力输送和密相栓塞气力输送；按照进料方式有旋转加料器、压力发送罐和粉体泵等。

（1）稀相负压气力输送

输送压力低于大气压的输送方式称为负压输送，也称为真空输送方式。负压稀相气力输送是采用负压设备作为气源，起点压力等于或接近大气压，沿输送管道逐渐降低。工作压力一般为–0.04 ~ 0.08MPa。

稀相负压气力输送系统通常主要由负压风机、物料输送阀、进气止回阀、输送管道及阀门、料气分离设备、料仓及控制系统等组成，如图5–12所示。输送系统的气源由负压风机或真空泵提供，一般要求负压在–0.06MPa以下。由于通过风机的气流中难免带有一定量的尘粒，因此要求负压风机或真空泵的零件应耐磨蚀，密件防尘效果好。负压风机或真空泵一般布置在料仓附近。

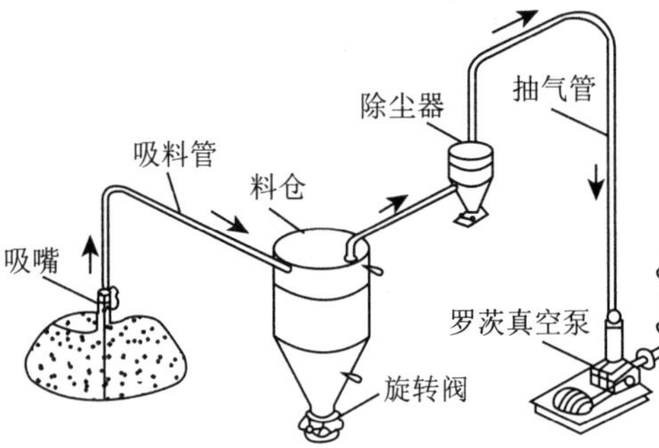


**图5-12　负压气力输送流程**

物料输送阀又称E形阀，是负压系统的关键部件之一，其作用是通过输送物料的补气阀和料量调节装置的工作，使料斗内的物料与空气均匀混合，使料与气的混合物具有良好的流动性而顺利进入输送管道，以保证输送通畅高效地进行。

进气止回阀的作用是当输送管道内浓度过高造成输料支管进气端真空值过高时，进气止回阀自动打开，补入适量的空气以稀释过高的物料浓度，防止堵管的发生。

料仓顶部一般都装有料气分离设备、料位计和保护料仓不受过高压力或真空破坏的压力真空释放阀；仓内设有气化斜槽，以使仓内物料能顺利卸出。料气分离设备通常由旋风分离器和布袋除尘器组成。旋风分离器作为一级分离设备，除尘效率>70%，二级布袋除尘器的效率在99%以上，处理后的干净空气直接排入大气。

稀相负压气力输送时输送压力低于环境压力，即使管道破损也不会造成物料泄漏而对环境造成污染；输送气体（一般为空气）直接取自大气，气体的温度即为环境温度，对热敏性物料尤为适宜；输送为连续式、亦可间断，管道内无物料积存；设备的制造、维护要求低，工人的可操作性强；输送距离长，可长达500m；可实现多点进料，多点卸料；对输送物料的适应性强，粉料、颗粒料均可顺利输送。

（2）稀相正压气力输送

稀相正压输送为动压输送方式，一般采用正压气源作为输送介质，使物料以较高速度以分散悬浮状态在管道中传输的方式称为正压稀相输送。一般工作压力在0.1～0.5MPa。

稀相正压气力输送流程如图5-13所示，一般采用离心风机或罗茨风机、空气压缩机等作为气源。风机出口经过冷却器使气体温度降低至适当温度，再进一步过滤气体后，将高于大气压的正压空气输送供料至系统中，物料通过料仓、抽气室，在重力作用下进入供料器进行定量供料，料气混合后，在管道内保持一定的流速，使其在管道中处于悬浮状态，通过管道输送至料气分离设备，使物料与气体分离，分离出的物料进入料仓，空气经分离过滤后排出。

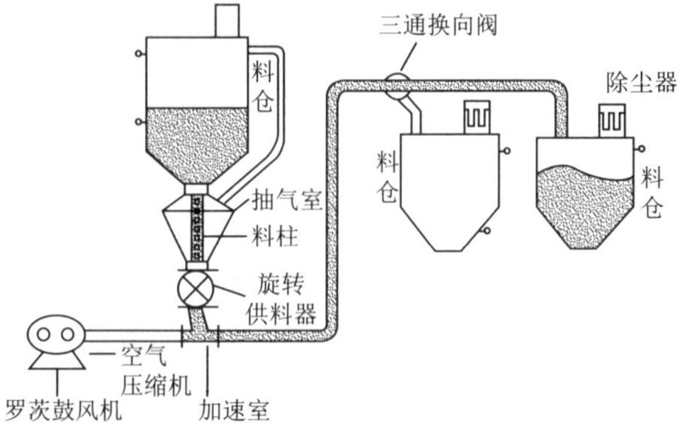


**图5-13　稀相正压气力输送流程**

稀相正压输送是利用气体动压，物料以较高速度在输送管道中前进（15～30m/s），输送压力沿输送管道逐渐降低；连续输送，输送流态、输送压力与输送速度、料气比基本保持稳定，运行可靠性高、容易维护；可实现多点同时进料及多点出料；输送量大，尤其适合于短距离或中等距离的气力输送。

（3）密相正压气力输送

密相正压气力输送是采用正压气源作为输送介质，物料以较低速度、沙丘状态、流态化或团聚状态在管道中输送的方式。一般采用的气源为空气压缩机或罗茨风机，以密闭的容器为发送器，常称之为仓泵或发送罐。通常气源压力在0.5～0.7MPa，运行压力在0.3～0.5MPa。

密相正压气力输送流程如图5-14所示，一般采用空气压缩机或罗茨风机作为气源。在进料阀的控制下，物料从料斗进入发送器，在空气压缩机产生的高压气体的压力下，料气混合后，在管道内保持一定的流速，通过管道输送至料气分离设备，使物料与气体分离，分离出的物料进入料仓，空气经分离过滤后排出。

密相正压气力输送根据输送特性可分为密相正压动压式输送和密相正压栓塞输送两种方式。采用正压气源时，物料以中低速度沙丘状态或流态化在管道中输送的方式称为密相动压式输送。采用正压气源作为输送介质，物料以较低速度以团聚状态在管道中输送的方式称为密相栓塞输送。

密相正压气力输送时的工作压力较高，因此可实现长距离的输送；输送气量小，料气比高，耗气量较小，容易实现料气分离；但物料输送速度较低。

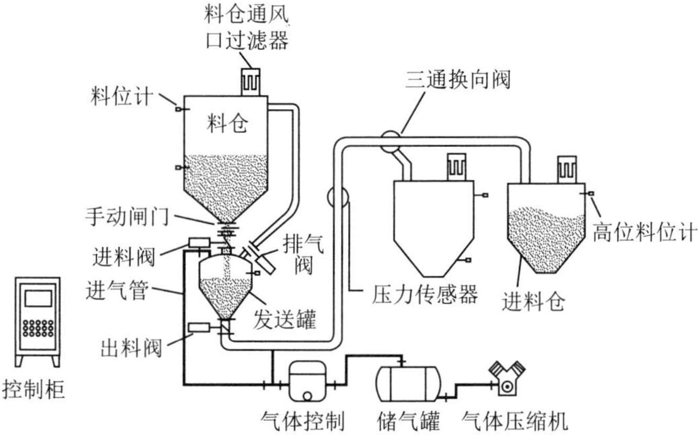


**图5-14　密相正压气力输送流程**

## 二、物料的螺旋输送

物料的螺旋输送又称绞龙输送，主要适于颗粒或粉状物料的水平、倾斜和垂直输送，但不适宜输送易变质、黏性大和易结块的物料。一般可在温度为-20～50℃环境下，物料温度小于200℃的场合下使用。其特点是设备结构简单、横截面尺寸小、密封性能好，可以中间多点加料和卸料，操作安全方便以及制造成本低等。但输送距离短，其输送距离一般为2～70m；输送量较低、消耗功率大、物料在运输过程中易破碎。

1. 螺旋输送的类型

螺旋输送根据其主要特征可分为：水平螺旋输送、倾斜螺旋输送、垂直螺旋输送、螺旋挤料输送、带料仓的螺旋输送、特殊的螺旋输送等类型。

（1）水平螺旋输送

水平螺旋输送是利用平直旋转的螺旋将物料沿水平固定的机槽推移而将物料从一端输送至另一端，在卸料口排出，再进行包装或直接输送至成型设备成型。主要用于水平输送粉状、粒状和小块状物料。

水平螺旋输送机主要由电动机、减速器、螺旋叶片、机槽和进出料口等组成，如图5-15所示。

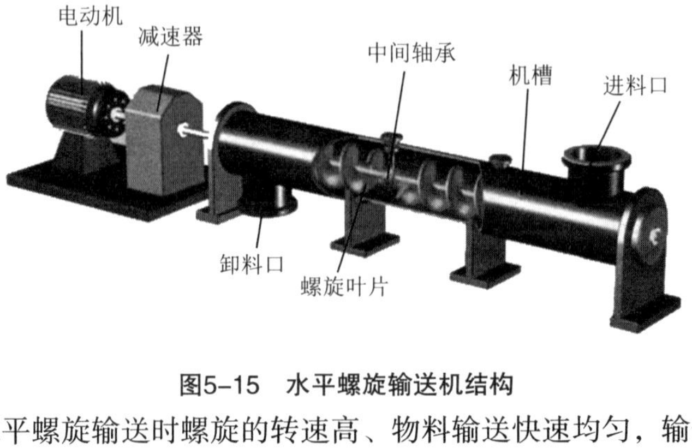


**图5-15 水平螺旋输送机结构**

水平螺旋输送时螺旋的转速高、物料输送快速均匀，输送设备的承载能力大、适应性强、安装维修方便、寿命长。出料端设有清扫装置，整机噪声低、适应性强，进出料口位置布置灵活。

（2）倾斜螺旋输送

倾斜螺旋输送是用螺旋输送机向上输送散状粉料和粒状料。它是利用旋转的螺旋叶片把需要输送的物料沿有一定倾斜角度的管道向上推移进行输送，如图5–16所示。向上倾斜输送物料时，物料随螺旋叶片高速旋转，在离心力的作用下与管道壁产生摩擦力，而阻止物料与螺旋叶片一起旋转，从而避免物料的下落，实现倾斜向上的输送。当螺旋输送机倾角为15° 时，输送能力会稍有下降，超过15° 时，输送能力将明显地下降。

倾角在20° 或20° 以下的螺旋输送，一般应选用标准螺距的螺旋。而当输送倾角大于20° 时，一般采用短距离的螺旋，螺旋槽体为管状或套筒状，因减小螺旋叶片的螺距能改善螺旋叶片使物料滑动的角度，也减少了每转动一次物料向前移动的距离。另外还应提高螺旋叶片的转速，使物料产生足够的离心力。

倾斜螺旋输送具有输送能力大、密封效果好、噪声低、送料均匀，且进出料口设置灵活等特点，特别适于流动性的物料提升输送。

（3）垂直螺旋输送

垂直螺旋输送是利用强迫喂料螺旋旋转而连续输送物料。垂直螺旋输送通常主要是用于粉料或小块颗粒状物料的输送。垂直螺旋输送机结构如图5–17所示。

图5–16　倾斜螺旋输送机

图5–17　垂直螺旋输送机

垂直螺旋输送是由旋转产生输送作用，其输送的原理可以分为离心诱导、重力滑下、推挤三种。

离心诱导法是在螺旋的高转速下，松散的物料受到离心力的作用远比重力等其他外力的影响大，使物料在摩擦力的作用下沿螺旋向上推移，主要用于垂直向上物料的输送。

重力滑下法是螺旋在较低的转速下，在螺旋面上的物料受到重力的影响远比离心力的影响大，而使螺旋的转动物料不断沿螺旋面向下滑，于是产生轴向的位移。此种原理的垂直螺旋输送机的填充系数值一般都小于0.5。因为填充过多，物料不是沿螺旋面滑下，而是被螺旋的搅动使它翻越螺旋轴落下，并不能获得大的轴向速度。重力滑下一般用于物料的垂直输送，而不能用于垂直螺旋或倾斜角较大的向上输送情况。输送能力低，但物料处于松散的自由滚落的状态，较少受到挤压，适用于易结块的物料的输送。

推挤法用于仓底的卸料输送螺旋，物料充满螺旋，颗粒物料受到的静压力较大，物料颗粒本身的重力远小于螺旋推力、摩擦力、静压力等作用力。螺旋旋转时要克服较大压力下形成的摩擦力，因而旋转的阻力很大。输送物料时，物料不转动（或转动较慢），利用螺旋的旋转，使物料沿轴向移动，仓底卸料螺旋常采用变节距螺旋，在出口端的节距较大。

## 三、物料的带式输送

带式输送可分为平型和槽型两种基本类型。槽型带式输送主要用来输送粉状固体物料。平型带式输送主要用来搬运箱装、袋装、盒装成件物品等，因其输送量不大且不宜用于输送流动性的物料，因此在散状固体物料输送中的应用比较少。带式输送距离长，输送倾角范围大、操作安全、节省能量、经济性好。

槽型带式输送的输送量及输送距离适应范围较大，且经济、安全，被广泛用于各种散状、粉状和颗粒状物料的输送。输送物料温度一般不超过65℃。

槽型带式输送机的结构如图5-18所示。主要由机架、托辊、滚筒、进料及卸料装置等部件组成件组成。

图5-18　带式输送机

料槽、卸料槽及导料拦板是在确保物料送入及输出的方向，并使物料处在输送带中心位置。进料调节阀和卸料槽堵塞开关，是控制进、出料的装置。前者用来控制物料进入量使其在规定的范围之内，后者是当卸料槽堵塞时，发出警报并自动停车。

输送带用于承受物料负荷同时也是牵引构件。输送带主要由两部分构成，即芯层及覆盖层。芯层的主要作用是承受拉伸强度，并保持输送带呈一定的形状。覆盖层的作用是防止输送带芯层被擦伤及磨损。输送带的结构、宽度及带速与被输送物料的性质和输送量有着密切的关系。

滚筒是用于支撑并带动输送带运转的装置。滚筒有驱动滚筒、变向滚筒以及调节输送带松紧的拉紧滚筒。托辊用于支撑输送带负荷，随输送带移动而转动。一般采用滚动轴承，以减少摩擦阻力，降低动力消耗。在加料段需设较多的托辊，以承受物料的冲击负荷。托辊的槽角有三种：20°、35°及45°。

拉紧装置用于调整输送带的松紧程度，保持输送带有恒定的张力，不致太松或太紧。拉紧装置有垂直及水平两种。输送带清扫器用于刮除黏附在输送带上的细料，避免撒落，保持输送带面的清洁。

## 四、液体原料的输送

1. 液体物料输送系统的组成

塑料混合混炼过程中液体原料输送系统通常由管路、各种管件、阀门及管架等部分组成。包括一些附属于管路的管架、管卡、管撑等辅件。

2. 液体物料输送系统的主要部件

（1）管路

管路的主体是管子，由于生产系统中的物料和所处工艺条件各不相同，所以用于连接设备和输送物料的管子除需满足强度和通过能力的要求外，还必须满足耐温、耐压、耐腐蚀以及导热等性能的要求。根据所输送物料的性质（如腐蚀性、易燃性、易爆性等）和操作条件（如温度、压力等）来选择合适的管材。管路之间的连接方法有法兰连接、螺纹连接、焊接连接和承插连接，包括管子与管子的连接，管子与各种管件的连接，阀门与设备接口的连接。

法兰连接是一种可拆式连接，它由法兰、垫子、螺栓和螺母等零件组成，拆卸方便，密封可靠。螺纹连接是一种可拆式连接，螺纹连接的管子端部加工成一段外螺纹，由带内螺纹的管箍、其他带内螺纹的管件以及活接头和垫片组成。焊接连接是一种不可拆式连接，它是用电焊和气焊的方式将管道和各管件、阀门等直接焊成一体。承插连接是对于铸铁管路和非金属管路（如水泥管）的连接方式。

（2）管件

管路中除直通管子以外，通常还有改变管路的方向、接出支路、改变管径以及密封管路等配件，一般总称为管件。常用的管件主要有弯头、三通、异径管（即大小头）、活接头、法兰及盲板等，如图5–19所示。

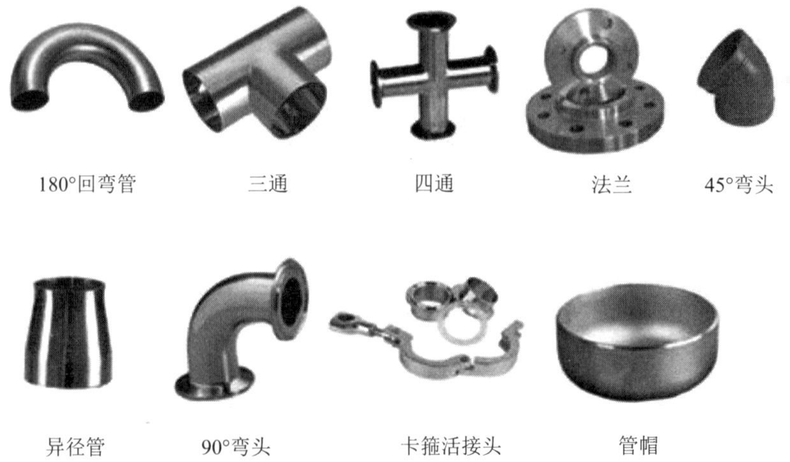


图5–19　常用管件

阀门是用来控制管路和设备的气体、液体或含有固体粉末的混合气体等介质流量和压力的一种管件。阀门的大小是以阀门的公称直径DN多少来表示。（如DN25、DN65、DN80等）。按阀门在化工管路中的作用不同可分为截止阀、节流阀、止回阀和安全阀等类型；按阀门的结构形式不同分为闸阀、截止阀、节流阀、止回阀、球阀、蝶阀、膈膜阀、柱塞阀和衬里阀等，如图5–20所示；还可按照工作压力及阀门材料来进行分类。

**图5–20　阀门常用结构形式**

（3）流量计

流量计是测量和控制管路中液体的流量的精密仪器，一般采用容积式流量计，如螺旋转子流量计是采用一对特殊齿形的螺旋转子（测量元件）的空槽部分和计量箱内壁组成一封闭空腔作为测量室，其基本结构如图5–21所示。转子每转一周可输出8倍空腔的容积，因此，流体的流量正比于螺旋转子的转速，将转子转数的累计转化为流体流量的计量。它具有无脉动，噪声极低，高精度，高可靠性，流量大，环境适应性强等显著特点。

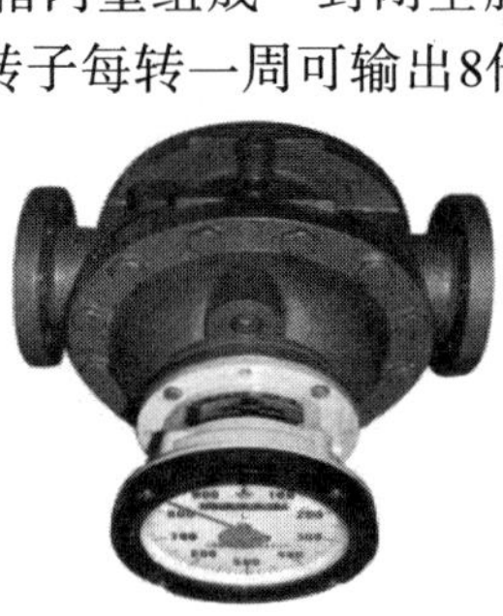

**图5–21　螺旋转子流量计及结构示意图**

（4）输送泵

输送液体物料最常用的泵为离心泵。离心泵有立式、卧式、单级、多级、单吸、双吸、自吸式、耐腐蚀、杂质、屏蔽和液下泵等多种形式。不同类型的离心泵结构与用途如表5-2所示。

表5-2 不同类型的离心泵结构与用途

| 类型 | | 结构特点 | 用途 |
|---|---|---|---|
| 清水泵 | IS型 | 单级单吸式。泵体和泵盖都是用铸铁制成。特点是泵体和泵盖为后开门结构型式，优点是检修方便，不用拆卸泵体、管路和电机 | 是应用最广的离心泵，用来输送清水以及物理、化学性质类似于水的清洁液体 |
| | D型 | 多级泵，可达到较高的压头 | 要求的压头较高而流量并不太大的场合 |
| | SH型 | 双吸式离心泵，叶轮有两个入口，故输送液体流量较大 | 输送液体的流量较大而所需的压头不高的场合 |
| 耐腐蚀泵（F型） | | 特点是与液体接触的部件用耐腐蚀材料制成，密封要求高，常采用机械密封装置 | 输送酸、碱等腐蚀性液体 |
| 杂质泵（P型） | | 叶轮流道宽，叶片数目少，常采用半敞式或敞式叶轮。有些泵壳内衬以耐磨的铸钢护板。不易堵塞，容易拆卸，耐磨 | 输送悬浮液及黏稠的浆液等 |
| 屏蔽泵 | | 无泄漏泵，叶轮和电机连为一个整体并密封在同一泵壳内，不需要轴封装置。缺点是效率较低，为26%～50% | 常输送易燃、易爆、剧毒及具有放射性的液体 |
| 液下泵（EY型） | | 液下泵经常安装在液体贮槽内，对轴封要求不高，既节省了空间又改善了操作环境。其缺点是效率不高 | 适用于输送各种腐蚀性液体和高凝固点液体 |

离心泵主要由叶轮、泵体、泵轴、轴承、密封环等几部分组成，如图5-22所示。离心泵的叶轮安装在泵壳内，并紧固在泵轴上，泵轴由电机直接带动。液体经底阀和吸入管进入泵内，由压出管排出。

在泵启动前，泵壳内灌满被输送的液体；启动后，叶轮由轴带动高速转动，叶片间的液体也必须随着转动。在离心力的作用下，液体从叶轮中心被抛向外缘并获得能量，以高速离开叶轮外缘进入蜗形泵壳，如图5-23所示为离心泵工作原理。在蜗壳中，液体由于流道的逐渐扩大而减速，又将部分动能转变为静压能，最后以较高的压力流入排出管道，送至需要场所。液体由叶轮中心流向外缘时，在叶轮中心形成了一定的真空，由于贮槽液面上方的压力大于泵入口处的压力，液体便被连续压入叶轮中。可见，只要叶轮不断地转动，液体便会不断地被吸入和排出。

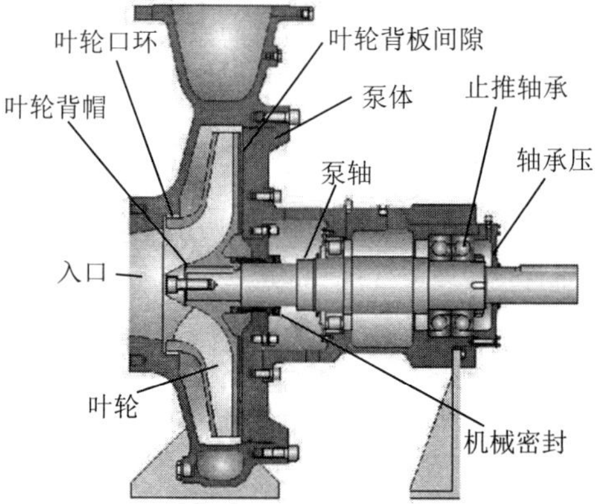


图5-22　离心泵结构组成

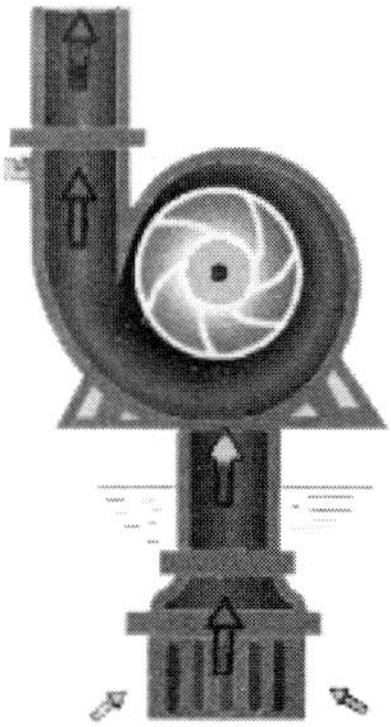

图5-23　离心泵工作原理示意图

## 思考与练习

1. 料条切粒法有何特点？
2. 机头端面切粒法有哪些类型？各有何特点？
3. 滚刀法有何特点和适用性？
4. 塑料破碎的方法有哪些？破碎方法应如何选用？
5. 塑料配混中粉料与粒料的输送方法有哪些？应如何选用？
6. 液体物料的输送装置由哪些部分组成？

# 下篇

# 塑料配混操作技能

# 第六章　配混设备的安全操作与维护

## 应·知·应·会·要·求

### 中级工

1. 掌握主要存在的不安全因素、设备安全用电操作和配混设备的安全保护装置。
2. 掌握滚筒筛、振动筛的操作方法，知道其日常维护与保养方法。
3. 掌握气流干燥、真空干燥、沸腾的干燥操作方法，知道设备的日常维护与保养方法。
4. 掌握高速混合机、捏合机、三辊研磨、砂磨、胶体磨的操作方法，知道设备的日常维护与保养方法。
5. 掌握开炼机、密炼机的操作方法，知道其日常维护与保养方法。
6. 掌握单螺杆挤出机、双螺杆挤出机的操作方法，知道其日常维护与保养方法。

### 高级工

掌握中级的要求基础上，知道过筛、干燥、研磨、开炼、密炼及挤出混炼过程中常见的异常现象原因及处理办法。

塑料配混是塑料成型过程中一项比较艰苦而细致的工作，对物料的准备、计量、研磨、混合与混炼都有严格的要求，要求操作人员除了应具备足够配混的基本知识之外，还应具备良好的操作技能。

## 第一节　配混设备安全操作基本知识

塑料配混的工序比较多，配混的设备类型也较多，通常配混车间相对比较繁杂，因此在配混操作过程中应注意操作的安全，防止不必要的设备人身安全等事故的发生。在出现异常情况时应能及时紧急处理，以防止事态的进一步恶化。

### 一、塑料配混过程中主要存在的不安全因素

在塑料配混过程中由于使用的塑料原料品种多，设备类型也较多，难免存在一些不安全或危及人身和设备的因素，如配混过程中的粉尘、一些毒性助剂、开放式的操作设备等。操作人员在操作过程中必须有较为深刻的认识，并对这些因素加以重视，以避免对人身及设备的危害。

1. 粉尘和毒物

塑料配混中使用的原材料，有许多是粉状物质，在这些粉状原料的运输、开包、上料、筛选、混合等过程中易产生粉尘，造成环境和健康危害。因此在物料的运输和使用过程中应注意设备防护罩的密封，操作人员应戴口罩，穿戴好防护衣帽等。

塑料原料和辅料中还有一些可能含有有毒物质，如塑料含的稳定剂（三盐、二盐等）、某些增塑剂、重金属颜料等，在配混过程中，与人体接触或粉尘吸收超过一定量后，就会造成人身中毒。因此塑料配混人员操作过程中必须戴上防毒面具，以避免中毒事故的发生。

另外在物料的混合过程中加热可使一些塑料或助剂挥发出一些有害气体，当其在空气中的含量超过一定量后，也会造成人体中毒。一些塑料在燃烧过程中，也会放出大量毒气，故在灭火时，还要特别留心防止中毒。

2. 高温和噪声

塑料在混合、密炼、开炼、挤出、干燥等过程中，需要高温高热，其中部分热量向周围空间散发，长期的高温工作可能危害到操

作者健康。

设备本身或由于设备磨损维修保养不良，使设备传动部位发出噪声，尤其是物料的粉碎、混合、密炼时，设备产生的噪声较大，有的可高达100dB，对人员造成噪声危害。

3. 触电

由于操作不当或配混设备的电路维修检查保养不良，造成线路绝缘老化、漏电，接地或接地保护失效，可能会造成人体触电事故，或引起设备故障，甚至出现起火事故等。

4. 设备操作

在塑料配混设备的各种运动部位，如开炼机、三辊研磨机、高速混合机、挤出机等，如操作不当很容易造成烫伤、压伤等人身安全事故，也易造成设备的安全事故，特别是开炼机、三辊研磨机是开放式的设备，设备中有异物或操作不当极易造成辊筒的挤伤压伤等。

5. 爆炸和火灾

在塑料配混使用的原料，有的粉尘物或蒸气与空气混合后可形成爆炸性混合物。如果在空气中的浓度达到爆炸极限后，则会因遇到火种（明火，电火花、静电火花、电焊弧等）而引起爆炸燃烧，造成火灾事故。另外配混过程中的用电及高温，也易引起火灾。

## 二、塑料配混操作中引起安全事故的原因

在塑料的配混操作中，导致生产事故的发生原因可能是多方面的，概括起来一般可分为直接原因和管理原因两类。

1. 直接原因

导致事故发生的直接原因主要有设备本身缺陷原因和人为的不安全操作构成的原因两种。

设备本身缺陷原因是指设备本身在设计或构造上不符合安全操作要求，存在缺陷，如设备运转部位无安全防护装置或防护装置不适当；设备操作照明不足，如照明度不够或光线源位置不当；通用设备不安全，如通风系统布置不当或风量不足等；危险的设备装置

排列或设备超载，如物料堆积贮藏堵塞操作通道、辅助装置排列混乱、设备过负荷超载运行等。

人为的不安全操作导致事故的原因是指操作人员着装不安全、工作服不符合安全要求，未佩戴劳动保护用具；不按照设备操作规程和安全指令操作；人为地拆除设备安全装置或在安全装置失灵后未经修复便操作；使用不安全的用具或以手代替工具进行作业；操作位置或姿势不安全，精神不集中、走神而误操作等。

2. 管理原因

导致事故发生的管理方面原因主要体现在两个方面：一是设备操作人员自身管理不严格；二是生产管理或监督欠缺，这两个方面是构成设备操作事故发生的本质原因，是导致事故发生的根源所在。

混炼设备操作人员自身管理不严格主要表现在自负、懒惰、行为轻率、责任感低，工作心不在焉，情绪不稳定和波动大；缺乏安全操作知识，缺乏设备异常、故障的判断能力，和事故应急处理能力。

生产管理及监督不足主要表现在生产管理不科学、设备安全操作无规程或生产中不按规程执行；生产安全及设备操作技术教育和训练流于形式，缺乏足够的安全生产及设备操作安全的教育及训练；对事故隐患的了解、调查和分析处理不当、无杜绝事故发生的措施及制度。

## 三、塑料配混设备安全用电操作

设备的操作离不开用电，但用电操作不当很容易引起人身或设备的安全事故，因此用电时一定要按照安全用电操作规程进行操作。

1. 安全用电操作规程

① 设备用电操作前检查各用电导线接头连接处，保证各线路紧密牢固连接。电路中各种导线出现绝缘层破损、导线裸露时，要及时维修更换。注意经常保持各线路中导线的绝缘保护层完好无损。

线路中各部位保险丝损坏时，要按要求规格更换，绝对不允许用铜丝代替使用。

② 电源开关进行切断或合闸时，操作者要侧身动作，不许面对开关；动作要快，注意防止产生电弧烧伤面部。

③ 电器设备进行检查维修时要先切断电源，再让电器专业技术人员进行检修。维修工作中，电源开关处要挂上“有人维修，不许合闸”标牌。

④ 电动机或加热器长时间停车后，可能会因潮湿而漏电，开车前应采取干燥措施。

⑤ 带电作业维修时（一般情况不允许带电维修），要穿戴好绝缘胶靴、绝缘手套，站在绝缘板上操作。

⑥ 设备上各种用电导线不允许随意乱拉，更不允许在导线上搭、挂各种物品。出现电动机发出烧焦味、外壳高温烫手、轴承润滑油由于温度高外流及冒烟起火时，要立即停机。

⑦ 电动机工作转速不稳定，发出不规则的异常声响或风扇刮安全罩时，也应立即停止电动机工作，查找故障原因，进行维修。

⑧ 发生触电人身事故时，要立即切断电源。如果电源开关较远，应首先用木棒类等非导电体把电线与人身分开，千万不能用手去拉触电者，避免救护人与受害者随同触电。如触电者停止呼吸，要立即进行人工呼吸抢救或叫医护人员救助。

⑨ 设备上各报警器及紧急停车装置要定期检查试验，进行维护保养，以保证各装置能及时准确、有效地工作。

2. 触电事故应急处置

（1）电击与电伤

人体由于接触设备的带电部分，承受过高的电压而导致局部受伤和窒息的现象，称为触电。触电可根据伤害的方式分为电击和电伤两种。电击是指因电流通过人体而使身体内部器官受到烧伤的现象，这是最危险的触电事故。通常，当人体内的电流超过10毫安的交流电或50毫安的直流电时，中枢神经便会受到损害，严重时可迅速导致心脏停止跳动。电伤则是指人体外部由于电弧或熔丝熔断时，飞溅的灼热金属末等造成的烧伤现象。

（2）人体触电事故应急处置措施

在配混操作过程中出现人体触电事故时的应急处置措施是：

① 发生触电时，首先应立即切断电源，或迅速用非导体将触电者与电源隔开，千万不可直接上前用手拉，也不可使用金属或潮湿的物体当作工具，以避免救护人员随同触电。

② 对触电者采取急救措施，如触电者已停止呼吸，应立即施行人工呼吸并呼叫医生（或医院救护车）前来急救。

③ 若设备或电路有起火现象，最好用沙土灭火，若采用泡沫灭火器一定应在电源切断后使用，迅速用物盖住起火物以隔绝燃烧用氧，再用灭火器灭火。

## 四、塑料配混设备的安全保护装置

塑料的配混设备为保护设备及人身的安全，通常都设置有安全保护装置，如防护装置、保险装置、信号装置、危险牌示和识别标志等。

1. 防护装置

防护装置就是用屏护方法使人体与生产中的危险部分相隔离的装置。所谓生产中的危险部位，则是指设备在操作时可能触及的机器运转部分；加工材料碎屑可能飞溅出的地方；设备上容易触及的导电部分、高温部分及辐射热地带；工作场所可能导致操作者坠落或跌伤的部位等。

防护装置是隔离危险源的具体运用，对预防操作人员伤亡事故的发生起着重要的作用。因此，为了安全生产，在设备的设计、制造、安装、验收及操作使用中，都必须考虑必要的防护装置。

根据用途和工作条件的不同，防护装置的种类可分为很多种，但从构造上通常把它们分为简单防护装置和复杂防护装置两大类。简单防护装置有传动带、外露齿轮、电锯、电刨、联动轴、砂轮和飞轮等的防护罩；电气上的防护网，如走道、池子的围栏、挡板等，这些都起到隔离的作用。复杂的防护装置是和机器设备之间带有机械的或电气的联系，或者与人体有连锁作用，即如果人没到达一定操作位置，机器就不能运转。此外，还有机械、电气的连锁安全防护装置（如挤出机超压防护等）。

所有的防护装置，在设计制作和应用时，必须使它的形状、形式、大小与设备被隔离和保护的部分相适应，应不妨碍操作者的操作。同时还应正确使用维护，不得随意拆卸或弃置不用。设备检修人员应经常检查防护装置是否有效，发现问题应及时处理并做记录。

2. 保险装置

保险装置就是能够自动控制与消除生产中由于整个机器设备或部件的故障和损坏而发生的对人身的伤害和对设备的破坏的装置。

保险装置的结构和作用是根据设备运行中的薄弱环节和自动断电保护的原理来设计制造的。保险装置在效用上有的是可多次使用的，如安全阀、自动开关、卷扬限制器等。有的保险装置则只能一次使用，如自断销（剪切销）、保险丝（熔断器）、爆破片等。

保险装置必须正确安装，准确调整，精心维护，定期校验与检修，以保证其灵敏性、准确性和可靠性。

3. 信号装置

信号装置是根据刺激视觉、听觉引起注意的原理制造的装置，其通常是以光亮或声响信号来警告操作者预防危险和出现故障。信号装置本身并不能排除危险，它只是提醒人们注意危险，及时采取措施排除危险或故障。因此，它的效果还取决于设备操作者对信号装置的识别和判断能力。

信号装置一般可分为：颜色信号（光亮信号）、音响信号（警报信号）和指示仪表三类。各种信号必须能在发生危险之前发出警告，现代设备的信号装置均可自动报警，由人工停止。对所有的信号装置，必须定期进行严格检查，以保证其能正确无误地反映设备运行的真实情况。尤其在设备试运行或停机很长一段时间后，必须检验信号装置的工作可靠性。

4. 危险牌示和识别标志

设备的危险牌示应牢固地设立在明显易见的部位，牌示上的文字必须简短、含义明确，字迹应十分鲜明易认，如“危险”“有人检修不准合闸”等。识别标志一般采用清晰醒目的颜色做区别，使操作人员能一目了然。通常以红色表示危险；黄色表示注意和提高警惕；绿色表示安全等。

## 第二节　过筛设备安全操作与维护保养

塑料配混过程中的过滤设备有多种类型，不同的结构原理不同，因此其操作的方法和步骤也有所区别，但配混过程中不管使用哪类设备，都应严格按其操作规程进行操作，以确保人身和设备的安全。

### 一、滚筒筛的安全操作

1. 运转前的检查

① 检查设备电器及仪表是否完好。

② 打开检修门，检查滚筒筛内有无矿石或其他杂物，若有，必须清理干净后方可运行。

③ 通过手动盘车旋转滚筒筛观察是否灵活，若不灵活可通过调整螺栓进行调整。检查各螺栓有无松动或断缺。

④ 检查各轴承座、变速箱润滑是否良好，油位是否适中，防护罩是否完好。

⑤ 检查传动链条松紧是否适中。

2. 运行

① 滚筒筛先空载启动。

② 启动后观察出料是否正常，等出料正常后关闭密封隔离罩。

③ 检查电机、传动部件温升情况及是否有异响。

④ 检查进、出料口是否有堵渣情况，如有应及时处理。

⑤ 检查一切正常后，方可投料进行筛析。在筛析过程中应每小时对设备进行巡检一次，检查出料粒径和有无漏料及扬尘情况。

3. 停机

① 每次停机前必须确认滚筒内的物料是否全部筛分完毕，筛分

完毕后方能停机。

② 停机后对设备整机进行检查，发现异常需立即处理。

③ 搞好设备和环境卫生，填好运行记录，做好交接班工作。

## 二、机械圆振动筛的安全操作与维护保养

1. 机械圆振动筛的安全操作

① 在开车前，操作者应对振动筛两侧同时检查油面高度，油面太高会导致激振器温度上升或运转困难，油面太低会导致轴承的过早损坏。

② 检查全部螺栓的紧固程度，并且在最初工作8h后，重新紧固一次。检查V带的张紧力，避免在启动或工作中打滑，并且确保V带轮的对正性。确保所有运动件与固定物之间的最小间隙。

③ 检查圆振动筛接地线及电线绝缘等是否可靠，在检查时应先切断电源。

④ 一切正常后，再在空载状态下启动振动筛，待运行平稳后，方能开始给料。圆振动筛采用送料装置时，应均匀连续给料，料流应均匀、平稳通过筛面，不得跑料。给料溜槽应尽可能靠近给料端，并尽可能沿筛子全宽均匀分布给料，其方向与筛面上物料运行方向一致，从而得到最佳的筛分效果。给料点到筛面的最大落差不大于500mm，确保物料对筛面的最小冲击。严禁机器超负荷工作，在机器运行时严禁进行任何调整、清理、检修等工作，以免发生危险。

⑤ 停机前应先停止给料，待筛面上的物料排净后再停机。

2. 操作过程中应注意事项

① 弹簧必须处于垂直状态，弹簧上支座与弹簧接触面必须成水平状态，调整好后用螺栓把弹簧上支座固定在筛箱耳轴上，然后点焊成一体。

② 圆振动筛驱动方向可为左向或右向驱动。需更换驱动方向时，从平衡轮上卸下振动器带轮，重新安装到另一侧平衡轮上并紧固。

③ 确保V带张力有充分的调整量，确保两个胶带轮对应的沟槽，在各自平面内一一对应。

④ 圆振动筛安装调整结束后，应进行不少于2h的空载试运转，要求运转平稳，无异常噪声，振幅和运动轨迹符合要求，轴承最高温度不超过75℃。

⑤ 空载试运转合格后，可投入负载试运转，负载试车时间可按工艺试车要求进行。

⑥ 圆振动筛试车前必须用手（或其他方法）转动激振器。转动应灵活，无卡阻现象时，方可正式开动机器。

⑦ 激振器顺料流方向回转时，增加物料运行速度，可增加生产能力，但降低筛分效率；当激振器逆料流方向回转时，减小物料运行速度，降低生产能力，可提高筛分效率。

3. 维护与保养

① 轴承正常工作不应超过75℃，新激振器因为有一个跑合过程，故可能温度略高，但经过运转8h以后，温度应稳定下来，如果温度继续过高，应检查油的级别、油位和油的清洁度。

② 更换V带时，应完全松开电机地脚螺栓，方便将V带放入带轮槽内，不允许用棍棒或其他物体撬V带，V带的张紧力必须适合，带轮必须对正，在首次调整张力后，进行48h工作，再重新调整一次。

③ 激振器与筛箱连接的螺栓为高强度螺栓，不允许用普通螺栓代替，必须定期检查紧固情况，最少每月检查一次。其中任意一个螺栓松动，也会导致其他螺栓剪断，引起筛机损坏。

④ 更换筛网时，应保证筛箱两侧板与筛网钩子之间有相等的间隙，先紧固中间压紧扁钢，同时拉紧张紧板保持筛网表面张力均匀，并用手锤沿全长轻轻敲打，检查张紧情况。若接触不好，张力不够或者不匀，是筛网过早损坏的重要原因之一。

⑤ 拆卸圆振动筛振动器时，从外向里逐件谨慎拆卸，避免人为地损伤零件部件。尤其拆卸平衡轮时，一定要使用拆卸器，拆下的零部件应逐件清洗，并仔细检查，发现损坏，应及时修复或者更换。

⑥ 在正常工作情况下，每单班必须注油一次，油量保证在100ml左右，采用轻重负荷机械润滑的高温润滑脂，溶点290～320℃，适用温度范围-30～250℃。

⑦ 每月定期对机器进行全面检查，检查内容包括固定部件：侧板、横梁、加强架、弹簧、激振器密封、皮带传动、电器开关等。建议每两个月更换一次弹簧。每1000个小时定期清洗或更换一次轴承。

## 三、电磁振动筛的操作

1. 首先要检查各零部件安装情况，螺栓是否旋紧，有无卡阻现象，周围是否有影响筛机动作的障碍物等。然后再接通电源，正式使用前应空车试运转4h，观察筛机运转情况，并进行调试。

2. 调机操作

① 注意观察筛体运行是否平稳，整机是否有剧烈振动。若有，应查出原因，并进行调整。

② 筛机有无异常噪声，特别是激振器箱体内电磁铁与衔铁是否有金属撞击声。若有，应进行调整。

③ 电磁激振器的调整。激振器箱体内部电磁铁与衔铁的间隙$\delta$，对筛机的工作有很大影响。一般来讲$\delta$控制在2.0～2.5mm为宜，用木垫调节，每个垫0.5mm。$\delta$过大，振动力难以达到使用要求；$\delta$过小，电流、振幅的调整范围过小，易使电磁铁与衔铁吸附而出现打击声，损坏激振器。注意各激振器的最大工作电流不得超过4.0A。

电磁激振器调整的原则是在保证所需工作振幅、电磁铁与衔铁不撞击的前提下气隙越小越好。在能保证作业正常进行的情况下应尽量使用小电流、小振幅以尽量减少由于振动引起的故障及振动部件和筛网的过早损坏。另外，整台筛机调整时应使全部激振器在相同电流下振幅大致相等。

④ 筛体运转正常后，视物料的性质和筛分效果来调节筛面的角度。调节角度时，筛箱下端的两个支座每增加或减少一个橡胶调整垫，筛体角度减小或增加1°。

⑤ 检查筛网和各振动帽处的振动情况是否相同，有无明显差

异。振动帽是否顶紧筛网。若没有顶紧筛网，则松开振动杆上的锁紧螺栓，用扳手转动振动轴调节振动帽的位置以顶紧筛网。然后锁紧螺栓。

⑥ 开车4h后停机，各部位螺栓须重新拧紧。特别是振动杆与振动轴连接的螺栓，不能松动，否则影响振动效果。

3. 振动筛正式运行时要先开机，再给料，并逐步调整合适的物料量。

4. 停车时应先停止给料，待筛面上的物料全部排出，再停机。注意操作过程中筛网应严加保护，不得踩踏。严禁用木棒、铁器等硬物敲打筛面。

## 四、过筛设备的故障原因及解决方法

1. 电磁振动筛的激振器不振的原因及解决办法

（1）激振器不振的原因

电磁振动筛工作时，其激振器不振的原因主要有以下几方面：

① 激振器线圈没有接地或接地不正确，或接触不良。

② 激振器线圈损坏。

③ 高频筛专用模块被击穿。

④ 电流过大，保险管烧坏。

⑤ 振幅与强振振幅设置的值过高，造成回路中的电流过大。

（2）激振器不振的解决办法

① 检测激振器线圈是否接地，将激振器两个进线拆下，用摇表分别摇测激振器线圈的两个端头对地是否绝缘完好，记录结果，阻值为零则为接地，处理更换接线端子。

② 检测激振器线圈是否烧损。将激振器两个进线拆下，用万用表测量激振器线圈的电阻是否为零，记录结果，阻值为零则为烧损，更换激振器。

③ 拆下该故障激振器所对应的专用模块进线和出线，用万用表测量专用模块进线侧的1#、2#接线端子之间的电阻是否为零，记录结果，阻值为零则为击穿，更换此专用模块。

④ 检查保险管。先检查电流是否在正常范围，若保险红灯亮时，说明保险管烧损，排除故障，更换保险管，保险管为6A。

⑤ 检查系统设置的振幅与强振振幅是否为零，调整振幅与强振振幅数值。

⑥ 当开动高频筛后，运行时间不长出现跳闸的情况时，应检查系统设置的振幅与强振振幅的大小，振幅与强振振幅设置的值过高会造成回路中的电流过大，出现负荷高跳闸的情况。

2. 电磁振动筛工作过程中出现异常金属撞击声的原因及解决办法

（1）电磁振动筛工作过程中出现异常金属撞击声的主要原因是：

① 电磁振动筛的筛体振幅过大；

② 气隙不均匀或过小；

③ 激振器内部松动、发生偏移。

（2）出现异常金属撞击声时解决的办法主要有：

① 检查并调整控制柜振幅参数，使其振幅减小；

② 检查并调整气隙，使其气隙适当增大且均匀；

③检查激振器内部是否松动、发生偏移，并调整固定。使用电磁铁时不能出现打铁现象。

3. 电磁振动筛无法启动的原因及解决办法

（1）电磁振动筛无法启动的原因主要有以下几方面：

① 电机损坏；

② 控制线路中的电器元件损坏；

③ 电压太低或不稳定；

④ 筛面物料堆积太多，负荷过大；

⑤ 振动器出现故障，或振动器内润滑脂变稠结块 。

（2）电磁振动筛无法启动时的解决办法主要是：

① 检查电机是否损坏，若损坏，应及时更换电机；

② 检查控制线路中的电器元件，及时更换损坏电器元件；

③ 检查电压是否太低，更换合适的电源供给，保证有稳定的电压值；

④ 清理筛面物料，降低电机的启动负荷；

⑤ 检查并清洗振动器，更新添加合适的润滑脂。

4. 振动筛的激振器轴承发热厉害的原因及解决办法

（1）分析研究发现引起激振器轴承发热的原因有：

① 轴承选型不合理；

② 轴承游隙不合格；

③ 轴承本身加工制造质量不合格；

④ 使用初期润滑面的润滑不充足。因滚子轴承能承受较大的冲击载荷，加上润滑脂使得激振器结构简单易于密封，加工方便。但由于加上润滑脂的滚子轴承极限转速较低，而电机直接驱动的激振器内轴承转速一般都在970r/min以上，这个转速已接近承载力较大的滚子轴承的极限转速；再加新装上的轴承内部不可能完全涂抹上润滑脂，轴承启动时，因润滑面的润滑脂不充足从而造成轴承的发热烧损。

⑤ 使用过程中补充注油不及时。因轴承初始润滑条件不好，当受较大冲击载荷后，导致摩擦面产生高温，因此将影响润滑脂的性能，使其黏度降低，被甩出轴承座外。此外，润滑脂损耗较快，使得轴承所需补充注油的间隔期较短，一般不超过10天。若不及时补充注油，就会造成轴承内部干性磨损，直至发热烧坏。

（2）激振器轴承发热厉害时的解决办法主要有：

① 检查轴承选型是否合理，轴承本身加工制造质量是否合格，若不符合应及时更换合适的轴承；

② 检查轴承游隙是否合格，并及时调整；

③ 开机前认真检查轴承的润滑系统，保证良好的润滑状态。

## 第三节　干燥设备安全操作与维护

### 一、气流干燥设备操作

1. 气流干燥的安全操作规程

① 检查气流干燥器各控制点、机械传动点有无异常情况，蒸

汽、压缩空气输送管道是否完好，安全无误方可进行操作。

② 首先启动引风机，使蝶阀开启在所需的刻度，保证气体流量。启动空气压缩机，控制调节多路压缩空气在设计压力工艺条件下作业。

③ 开启布袋脉冲控制器反吹系统，并调节反吹频率，保证气体进口压力在0.5~0.6MPa工作。

④ 将湿物料投入加料斗中，启动热风炉加热，使干燥机的空气进口温度逐渐上升，当干燥机的空气出口温度超过110℃时，启动螺旋输料电机，调节控制加料速度，保证出口温度在60℃左右时稳定。待进口温度达到130~150℃时，重新调节输料电机速度，控制干燥器进口、出口温度在设计温度工艺条件下作业。

⑤ 观察系统中各设备（及其他部位）运转是否正常，取样检测物料的干燥质量，合格后包装、入库。

⑥ 干燥完成后，首先应停止螺旋加料器加料。将干燥机中余料继续吹干，并带出机外，半小时以后停掉热风炉。之后停止引风机引风。

⑦ 停止空气压缩机，停止布袋除尘器反吹系统。关闭控制仪表。

2. 异常情况及排除

在气流干燥过程中，由于控制操作不当可能会导致物料的干燥出现一系列不正常现象，如进、出口气流温度偏高，系统压力不平衡、布袋除尘器出口冒料、突然停电、系统压力骤增等。若出现不正常现象时，相应的解决办法如下。

① 在气体进口温度一定，其他条件正常下，若气体出口温度高，则可缓慢提高加料器转速以增加进料量，使气体出口温度降至需要的温度；反之，若气体出口温度低时，则可降低螺旋加料器转速，以减少进料量，使气体出口温度升至需要的温度。

② 当气流干燥器气体进口温度高时，若干燥塔内负压较低应降低加料速度，待塔内负压回升稳定后再重新调节加料速度，保证出口温度为设计值。

③ 若出现系统压力不平衡，则应检查系统是否有漏气或堵塞，以及测压管是否有堵塞。如果有漏气或堵塞现象，应进行加强密封或清理。

④ 干燥过程中布袋除尘器气体出口冒料时，则应检查布袋是否脱落或破损，及时更换、维修。

⑤ 干燥过程中若遇突然长时间停电时，则应及时清洗干燥器内部，以防止干燥器内物料干而硬、堵塞干燥器出料口。

⑥ 在气流干燥过程中如系统压力突然剧增，而又无法消除时，则要马上切断电源，操作人员迅速离开操作现场，以防泄爆时伤害人身。操作过程中如泄爆阀突然打开，必须在第一时间内疏散人员并首先关掉引风机再关掉进料器。

## 二、真空干燥箱的操作

（1）采用真空干燥箱干燥物料时，其操作可按如下步骤进行。

① 首先将需干燥处理的物料放入真空干燥箱内，将箱门关上，并关闭放气阀，开启真空阀。

② 将真空干燥箱后面的导气管用橡胶管与真空泵连接，接通真空泵电源开始抽气，当真空表指数值达到0.1MPa时，关闭真空阀，再关闭真空泵电源开关。

③ 把真空干燥箱电源开关拨至“开”处，选择所需设定的温度，箱内温度开始上升，当箱内温度接近设定温度时，加热指示灯忽亮忽熄，反复多次，一般120分钟以内搁板层面可进入恒温状态。

④ 当所需工作温度较低时，可采用二次设定方法，如所需温度为60℃，第一次可设定50℃，等温度过冲开始回落后，再第二次设定60℃。这样可降低甚至杜绝温度过冲现象，尽快进入恒温状态。

⑤ 根据不同物品潮湿程度，选择不同的干燥时间，如干燥时间较长，真空度下降，需再次抽气恢复真空度，应先开启真空泵电源开关，再开启真空阀。

⑥ 干燥结束后应先关闭干燥箱电源，开启放气阀，解除箱内真空状态，再打开箱门取出物品。解除真空后，如密封圈与玻璃门吸紧变形不易立即打开箱门，经过一段时间后，等密封圈恢复原形，才能方便开启箱门。

（2）真空干燥箱操作时还应注意以下几方面。

① 真空箱外壳必须有效接地，以确保使用安全。

② 真空箱不需连续抽气时，应先关闭真空阀，再关闭真空泵电机电源，否则真空泵油要倒灌至箱内。

## 三、带式干燥机干燥的安全操作

① 在进行物料的干燥时，运行前，检查阀门管道有无泄漏；各转动摩擦部位均应定期进行润滑；检查带式干燥机各风机、电控箱电源接地线是否可靠；检查带式干燥机各仪器仪表指示是否正常，检查各零部件、紧固部位有无松动，有无异常声音，发现故障及时排除；检查三角皮带、链条等一些传动机构，是否变形松弛和磨损，及时调节链条松紧度。

② 操作人员在工作前，应穿戴好劳动防护用品。在设备运行时，不能直接用手接触阀门、机体的转动部位等，以免被烫伤。操作人员不能湿手接触电源开关，以免发生触电。

③ 设定合理正确的干燥温度，物料不能落入发热管内，以免烧坏电机，或者是发生火灾。

④ 带式干燥机的运行，应是正常的，机身应运行平稳，其主轴，应注意是否有弯曲变形等，如有则设备不能使用。

⑤ 停机时，应在带式干燥机冷却至关机温度后，才能停机。

## 四、沸腾床干燥器的安全操作及注意事项

1. 沸腾床干燥器的安全操作

① 开启压缩空气阀门，检查设备上各个密封部位密封条是否嵌入到位并密封良好，巡视设备，看外观及各连接是否正常，接地是否充分，确认无异常后方可进行下一步操作。

② 检查油雾器内润滑油是否清洁、足量；分水过滤气器内的积液是否及时排放；清扫进风口异物及粉尘。

③ 检查容器通风是否流畅，容器是否清洁、干燥；检查布袋是否完好清洁干净悬挂捆绑牢固；连接好各进料管、进空气管道。

④ 开机，打开控制柜电源→启动控制电源钥匙开关→程序启动→安装滤袋→滤袋锁紧→旋进喷雾室→推入原料容器（接插好物料温度传感器和接地线）→气囊充气→启动风机→滤袋清粉→调整进风温度控制仪表的参数→加热→快速开关疏水阀旁边的旁通阀门，打开时间约3秒，重复两到三次。

⑤ 试车。检查引风机旋向：启动1～2秒后停止，观察风机旋向是否与蜗壳上的标记一致，如果旋向相反，应报修调整旋向，使风机叶轮旋向与蜗壳上的标记一致；各处密封应严密无泄漏；检查各执行气缸动作是否灵敏；再启动风机及加热，检查各测温点的温度传感器是否正常。

⑥ 加料。采用人工加料时应在拉出原料容器前取下原料容器的温度传感器和接地线。若采用真空吸料，则在启动系统至运行滤袋清粉状态时，调节进风调节阀至一挡，打开进料阀，利用胶管使物料在引风机的负压抽吸下进入容器。真空吸料结束后，关闭进料阀，适当将进风调节阀开大，使物料有良好的流化状态即可。

⑦ 干燥器运行过程中，经常观察被干燥物料的流化状态，一般流化高度以不超过喷雾室的观察视镜的高度为宜。当流化状态差时，可通过调节进风量来改善流化状态；若出现异常情况如沟流、结块时可启动鼓噪功能，待流化状态趋于正常后，停止鼓噪重新干燥作业；若鼓噪还不能改善流化状态时应停机处理。还应注意观察引风机出口有无跑料，若有跑料现象时，则布袋可能出现了断纤、穿孔、破裂等，应立即停机更换或缝补。另外还应经常检查各密封是否良好，有无漏气。

⑧ 颗粒水分干燥达到工艺要求后，即可结束干燥，进行停机操作。停机操作程序是：加热停止→物料降温至工艺要求后→风机停→人工清粉→气囊排气→容器降温→取下物料温度传感器和接地线→拉出原料容器卸料→或旋出喷雾室→拆下滤袋→清理残留物料→

关闭蒸汽主进气阀、压缩空气主进气阀。

2. 操作过程中的注意事项

① 经常清理清扫加热器、风机、容器及干燥室内外、气缸、控制柜集灰、污垢，保持设备清洁。

② 进气源（空气处理器）的油雾器要经常检查，在空气处理器的油雾器油筒（靠出气侧）内加入$5^{\#}$、$7^{\#}$机械油（变压器油），装油量为油雾器总量的三分之二；分水滤气器内有水时应及时排放。

③ 喷雾干燥室的支撑轴承转动应灵活，转动处每天清洗并滴入润滑油5~8滴。

④ 设备闲置不用时，应每隔十五天启动一次，启动时间不少于20分钟，防止电磁阀、气缸等因时间过长润滑油干枯，造成电磁阀和气缸损坏。

⑤ 及时清洗设备，清洗方法是：拉出原料容器，喷雾干燥室，放下滤袋架，取下捕集袋，关闭风门，清理残留在主机各部分的物料，特别对原料容器内气流分布板上的缝隙要彻底清洗干净。特别对布袋应及时清洗干净，烘干备用。

⑥ 布袋安装好后应松开钢丝绳以防钢丝绳受力断裂或损坏气缸和其他部件。出料前抖动布袋清灰，并取下物料温度传感器。发现跑料或布袋破损或干燥效率低下时应及时更换布袋。

⑦ 每次投入湿料总量应小于200kg。气囊充气压力控制在0.05~0.1MPa，过大会损坏气囊。

## 五、远红外干燥器的安全操作及注意事项

1. 安全操作方法

① 检查通风系统与加热系统是否正常，发现故障及时排除。

② 把需干燥处理的物料放入干燥箱内，关好箱门。

③ 把电源开关拨至“1”处，此时电源指示灯亮，控温仪上有数字显示。

④ 温度设定：先按控温仪的功能键“SET”进入温度设定状态，通过光标移动选择设定的温度后，按功能键“SET”确认。

⑤ 定时设定：当PV窗显示T1时，进入定时设定，出厂时一般

设定为0000，表示定时器不工作，如不需要定时，即可按SET键退出，如需定1小时，可用移位键配合加键设定所需时间，设定的各项数据可长期保存。设定结束后，按 SET键确认退出。

⑥ 打开升温开关，干燥箱进入升温状态，加热指示灯亮，当干燥器内温度接近设定温度时，加热指示灯忽亮忽暗，反复多次，控制进入恒温状态。如使用定时功能时，只有第一次箱内温度高于设定温度时，定时器开始工作，同时切断加热器电源。定时运行中，如要观察温度设定，按移位键即可转换。

⑦ 干燥结束后，把电源开关拨至“0”处，如马上打开干燥器门取出物料，应防止被高温物料烫伤。

⑧ 关闭排风管道电源，检查风口停风状况，已确保关闭；关闭主机加热系统；关闭主机电源；打开干燥器门，放置10分钟，再带好保护措施去取出已生产完的产品；关闭总电源与整体系统。

2. 操作注意事项

① 干燥器应放置在具有良好通风条件的室内，在周围不可放置易燃易爆物品；干燥器外壳必须有效接地，以保证用电安全。

② 干燥器内物品放置切勿过挤，必须留出空间，以利热空气循环；干燥器无防爆装置，不得放入易燃易爆物品干燥。

③ 机器工作时禁止修改参数，应停机修改。

④ 机器出现故障时，第一时间按急停键，停止机器的动作，并向上级汇报；每次开机前确保没有其他人员靠近危险区域，若有则告之离开。

## 六、微波干燥器的安全操作及注意事项

1. 安全操作步骤

① 检查设备电源是否正常，设备必须做到接地良好；检查干燥器门是否完好；将控制面板上的所有控制开关置于“关”的状态。

② 合上总电源空气开关；将调速电机控制器面板显示调节置于零状态；旋开急停开关，控制系统电路通电，指示灯亮；打开监控开关，测温仪显示室温；微波开关待机灯亮。

③ 打开排热、排湿开关。

④ 开风机，启动传动按钮，调节调速器的按键或旋钮，选择合适的电机速度；将物料加入干燥器。

⑤ 打开微波，选择微波输出功率。

⑥ 干燥过程中注意观察阳极电流表，监控磁控管的工作情况，一般磁控管工作电流应在0.28～0.3A范围内。

⑦ 干燥完成后，首先停止微波，再关闭排湿、排热开关，然后关闭传动装置，10～15分钟后关散热风机，再关闭急停开关，最后关总电源。

⑧ 干燥过程中如遇到异常情况需短时间停机时，一般情况可先关掉微波开关，停止微波输出；紧急情况下可先按下急停开关，再关掉微波开关及其他装置。

2. 操作中应注意的事项

① 为了保证操作人员的安全，微波干燥器控制系统的门、传动、排热、排湿、风机与微波是连锁的，即在微波开关开启之前必须先关门、开传动、排热、排湿、风机的开关才能有效开启；若需要在传动停止的情况下开启微波，只须把传动的主电路断路器关掉即可达到目的。

② 为提高磁控管和其他元器件的寿命，建议在环境温度超过35摄氏度以上的情况下每工作四小时关机冷却30分钟。

③ 在微波干燥过程中出现的不正常现象应及时排除。常见的不正常现象及排除方法如表6–1所示。

**表6-1　常见的不正常现象及排除方法**

| 现象 | 原因 | 排除方法 |
| --- | --- | --- |
| 低压加不上 | 短路器断开或接触不良 | 要换掉断路器，检查并扭紧断路器接头 |
| 微波加不上 | 1. 温度开关损坏<br>2.接触器线包烧坏 | 更换温度开关<br>更换接触器 |
| 微波开启后断路器跳断 | 1. 磁控管或变压器烧坏<br>2. 倍压整流二级管击穿<br>3. 高压电容击穿短路 | 换磁控管或变压器<br>换二极管<br>换高压电容 |

续表

| 现象 | 原因 | 排除方法 |
| --- | --- | --- |
| 微波指示不正常 | 1. 插头接触不良<br>2. 电容或二极管开路，磁控器没高压<br>3. 变压器初级或次级烧坏<br>4. 磁控器灯丝断<br>5. 磁控器老化 | 检查并插好<br>换电容或二极管<br><br>换变压器<br>换磁控器<br>换磁控器 |
| 机壳带电 | 1. 接地不良<br>2. 地线脱落 | 检查地线、接触要良好<br>重新接牢 |
| 风机不工作或声音异常 | 1. 三相电源缺相<br>2. 风机叶碰外壳 | 检查原因加以排除<br>修理风机叶 |
| 传动带停止或异常 | 1. 调速器保险烧断<br>2. 电机烧坏<br>3. 减速器异常 | 换保险<br>换电机<br>检修减速器 |

# 第四节　研磨设备的安全操作与维护

## 一、三辊研磨机

1. 三辊研磨机的安全操作

正常操作过程中，三辊研磨机操作步骤如下。

① 首先按规定穿戴好劳动保护用品，再检查辊面是否清洁，辊间是否有异物。检查下料刮刀是否锋利，检查各润滑部分是否足够润滑。

② 清理干净接浆罐，并放置在接料位置上。再将辊筒依次松开，然后将料刀松开，挡尖轻微松开。同时必须打开阀门，调节冷却水量。

③ 一切处理正常后，再启动三辊研磨机，开始运转辊筒，再根据物料要求，调节三辊研磨机的中辊和后辊之间间隙，一般间隙调节为0.3毫米左右。

④ 调节挡料板，适当地压紧辊筒，以不漏为限。

⑤ 加入适当的物料。在加料的过程中，观察物料着色的深度，然后再进一步调节后辊，待所有的浆料均匀分布后，锁紧固定螺母。

⑥ 调节慢辊和快辊向中间靠拢，观察辊面平行，调节好滚筒松紧。调节压紧下料刮刀，压力大小以刮刀的刀刃全部与辊面贴实不弯曲为限。

⑦ 检查出料均匀程度及浆料的细度。如果不合格，应继续进行前后辊的调整。

⑧ 操作过程中应观察电流表指针，不得超过三辊研磨机的额定电流。

⑨ 研磨完成后停机时，应待浆料流完后，再用少量同品种脂类或溶剂快速将辊筒洗干净。然后松开辊筒，松开挡尖、下料刮刀等，再按下电钮开关停车。

⑩ 关闭冷却水阀门。清洗挡尖、刮刀、接料盘，将机械全部擦拭干净，清理设备现场周围。长期停车，将辊筒涂上一层40#机油，以防辊筒生锈。

2. 操作过程中应注意的事项

① 操作前首先检查电源线管，开关按钮是否正常，降温循环水是否有，如一切正常方可开机。

② 不开冷却水严禁开车。注意辊筒两端轴承温度，一般不超过100℃。

③ 两辊中间严禁进入异物（如金属块等），如不慎进入异物，则紧急停车取出，否则会挤坏辊面或造成其他机件损坏。

④ 应随时注意调节前后辊，由于辊筒的受热产生线膨胀，工作时容易发生摩擦、挤压，损坏辊筒。

⑤ 挡料板的挡尖不能压得太紧，否则会很快磨损。

⑥ 当辊筒中部浆料薄，两端厚，可能辊筒中凸，需调大冷却水量。当辊筒两端浆料薄，中间浆料厚，需调小冷却水量。

⑦ 操作中应注意是否有异常，应即刻停机。

3. 三辊研磨机辊筒间隙的测量与设置

（1）三辊研磨机辊筒间隙的测量

三辊研磨机辊筒间隙大小一般用塞尺来测量，塞尺又称厚薄规或间隙片，它是由许多层厚薄不一的薄钢片组成，如图6–1所示，按照塞尺的组别制成一把一把的塞尺，每把塞尺中的每片具有两个平行的测量平面，且都有厚度标记，以供组合使用。测量辊筒之间的间隙时，先将要测量工件的表面清理干净，不能有油污或其他杂质，必要时用油石清理。根据目测的间隙大小选择适当规格的塞尺逐个塞入。如用0.03mm塞尺能塞入，而用0.04mm塞尺不能塞入，这说明所测量的间隙值在0.03mm与0.04mm之间。当间隙较大或希望测量出更小的尺寸范围时，单片塞尺已无法满足测量要求，可以使用数片叠加在一起插入间隙中（在塞尺的最大规格满足使用间隙要求时，尽量避免多片叠加，以免造成累计误差）。如用0.03mm塞尺能塞入，而用0.04mm塞尺不能塞入，若通过在0.03mm塞尺上叠加0.005mm塞尺也能塞入，得到所测间隙值在0.035mm与0.04mm之间。一般测量辊筒间隙时应注意选用塞尺片数越少越好；测量时不能用力太大，以免塞尺遭受弯曲和折断；不能测量温度较高的工件；测量时不能强行把塞尺塞入辊筒间隙，以免塞尺弯曲或折断。

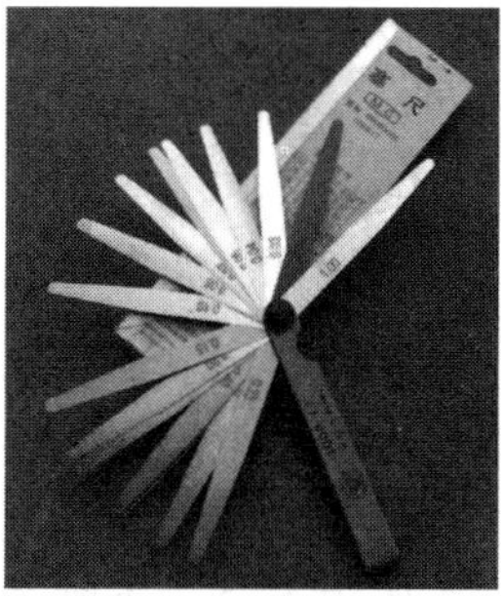

图6–1　塞尺

（2）三辊研磨机辊筒间隙的设置

三辊研磨机是依靠辊筒之间的巨大剪切力，相互挤压和摩擦以达到所需的细度和研磨效果，辊间隙的大小不等于最终可以达到的细度要求。在实际操作中，辊筒之间必须留有间隙，以保证所加工材料可以从辊筒顺利经过。通常建议辊间隙大小设置在25微米左右。一般理论上，辊筒之间的间隙可以达到0微米，但如果辊筒间隙太小，三辊研磨机工作过程中辊筒会受热膨胀而导致辊筒互相接触，这样很有可能损伤辊筒。特别是辊筒没有及时得到冷却时，损伤会更严重。

4. 研磨异常情况及处理

（1）研磨效果不佳

三辊研磨机研磨时出现研磨效果不佳的主要原因有：

① 添加剂与着色剂没有混合不充分，或者混合不恰当；

② 混合的物料配比不合适，使物料的黏度太低，浆料太稀薄；

③ 加料太多，或辊筒挡板位置设置不合理，使辊筒两侧出现漏料；

④ 辊筒与辊筒之间的距离调节不合理，辊筒间隙太大。

研磨效果不佳的处理办法主要是：

① 研磨前将添加剂与着色剂充分混合均匀；

② 调整混合物料的配比，使物料有合适的黏度；

③ 减少辊筒间的存料量，调整合适的挡板位置，防止辊筒两侧出现漏料；

④ 调节辊筒间隙，并测量物料细度，直到细度合格为止。

（2）研磨过程中电机出现过载

三辊研磨机工作过程中电机易出现过载的主要原因是：

① 电源电压太低；

② 物料中混入较大坚硬颗粒或杂质，或物料混合搅拌不均匀；

③ 润滑系统的润滑油太少，使轴承系统润滑不够充分，而出现过热；

④ 检查挡板是否压得太紧。

处理办法主要有：

① 检查电源电压是不是太低，变换合适稳定电压的电源；

② 确保混合材料搅拌均匀，防止较大坚硬颗粒或杂质混入物料；

③ 检查润滑系统，添加足够的润滑油，确保轴承系统处于良好的润滑状态，不会出现过热现象；

④ 调节挡板对辊筒的压紧程度，使其处于合适状态。

（3）研磨机齿轮出现异常噪声

三辊研磨机在操作过程中齿轮出现异常噪声的原因很可能是齿轮发生错位。三辊研磨机辊筒之间的间隙是可以调节的，相应支持辊筒间隙调节的齿轮也是可以移动的。如果辊筒在不平行的状态下运行，齿轮会产生错位，便会伴随异常噪声出现。

如果有噪声出现，则应及时调整辊筒之间的间隙，使辊筒间隙调节的齿轮保持良好的啮合状态，以防止对齿轮和辊筒造成损伤。

## 二、球磨机的安全操作与注意事项

1. 操作流程

采用球磨机研磨塑料原料时操作流程如图6-2所示，一般为：

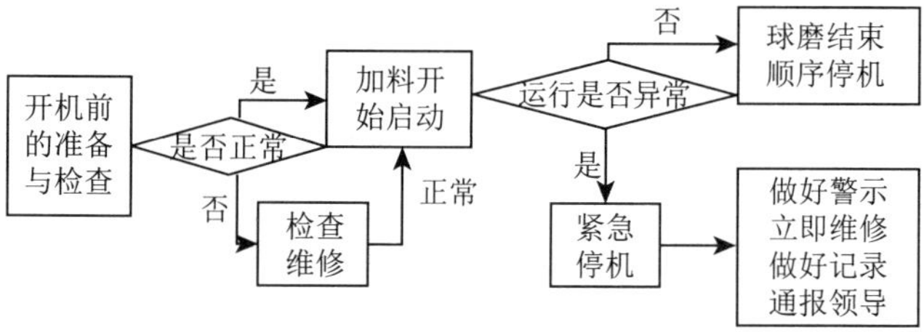


图6-2 球磨机操作流程

① 开机前的准备与检查。检查润滑站油箱、减速箱内、电机主轴承内、球磨机筒体主轴瓦内、大小齿轮箱内是否有足够的油量、油质是否符合要求； 检查减速器、主轴瓦冷却水是否通畅；检查各部连接螺栓、键、柱销是否松动、变形；检查传动齿轮润滑是否良好、有无异物；检查筒体衬板及道门螺栓是否松动；检查给料、出料装置是否运行正常；检查电动机的接触情况是否良好； 检查仪表、照明、动力、信号等系统是否完整、灵活可靠。

② 加料启动。启动球磨机。启动顺序为开动给料设备——开动主电机——开始对球磨机供料、供水。

③ 运行中的观察。启动球磨机后，应注意观察密封处是否严密，有无漏料、漏油、漏水等现象；球磨机运转是否平稳，有无不正常的振动，有无异常声音。

④ 球磨结束，停机。球磨机停机时，先做好停机的准备工作，首先用预定的信号通知各附属的人员，应先做好停机准备工作。停机顺序为：停喂料设备——停止主电机——停润滑和冷却水。

2. 操作注意事项

① 启动操作前必须清场，并做好准备启动警示，先点动试车。

② 停车、出现异常维修操作等须挂警示牌，严禁带电维修作业。

③ 工作期间严禁擅自离开岗位，发现异常应立即按照停车作业顺序停车，并做好记录上报问题。

## 三、砂磨机操作及注意事项

1. 操作方法

① 做好试车前的准备工作。检查各部件安装是否牢固；各机的旋转方向应按箭头所指方向运转（应点动试方向）；检查冷却水是否通畅；每工作50小时后，再调正三角带一次。

② 从筒体顶部加入研磨介质。

③ 先启动进料泵，输入物料，待出料后，再启动主机。

④ 砂磨机研磨过程中应注意观察物料状况，出现异常应及时处理。

⑤ 研磨结束后即可停机。停机时间较长时，应清理干净筛网，清洗分散器，清洗时轻微地、间歇性地转动，以免损坏分散器。

2. 操作应注意的问题

① 较长时间停车后，再启动时，往往由于物料中的固体颗粒和研磨介质沉降而“卡”紧分散器，尤其是黏稠性物料在较低温度时，“刹车”现象尤为严重。此时，点动电机不能启动时，应用手在主轴皮带轮“盘车”辅之，以输入少量对物料有溶解能力的溶剂，使物料溶解、分散器松动后再启动。不能强行启动，以免损坏

电气和机体。

② 一旦出现“冒顶”时，应立即停车清洗筛网，放置接浆盆，调整供浆泵速度，重新启动。否则物料有可能侵入主轴轴承而导致轴承磨损，或者损坏进浆泵。

③ 在筒体内没有浆料和研磨介质时严禁启动。

④ 用溶剂清洗筒体时，只能将分散器轻微地、间歇地转动，以免部件磨损。

## 四、胶体磨的安全操作与维护

1. 安全操作方法

① 使用前，检查各紧固螺钉是否拧紧；转动转子，检查与定子是否接触，有无卡死现象；检查电源线是否为380V三相交流电，机体是否接地保护；并注意转子旋转方向是否正确，一般应为顺时针旋转方向。检查黄油杯油量，及时补充黄油。

② 接通冷却水，并注意水嘴的进出水标志。再接上出料循环管和排漏管。

③ 首先点动电机开关，检查是否有杂音、振动。如果情况不正常应立即停机，排除故障后再启动电机。

④ 在运转状态下清洗定子、转子内残余物料，清洗时先将大卡盘向逆时针方向旋转不小于90° 后进行清洗。

⑤ 调节定、转子间隙。调节方法是：在运转状态下，先松动两个手柄，搬动手柄带动大卡盘旋转，进行间隙的调整，定位盘顺时针旋转间隙缩小，物料粒度变细。逆时针旋转间隙加大，物料粒度粗。定、转子间隙调整后，应同时顺时针拧紧两个手柄。根据加工物料的粒度和批量要求，选择最佳定、转子间隙后即可调整限位螺钉达到限位目的。

⑥ 再注入1 ~ 2kg左右的液料或其他与加工物料相关液体，并将湿料保持在循环管内的回流状态。然后启动胶体磨，待运转正常后即可正常投料生产。胶体磨研磨过程中应注意电机负荷，发现过载及时减少投料。

⑦ 研磨过程中可根据物料加工要求进行一次或多次研磨。

⑧ 研磨结束时，关机之前，应在进料斗内加入或留存适量加工物料相关液体或其他液体，并将湿料保持循环管内的回流状态。

⑨ 停机时，先关闭闸阀、压力表，然后停止电机。

2. 操作应注意的问题

① 注意不能研磨干状固体物料，只能进行湿式加工，物料研磨前应清除杂物，物料粒度小于1mm，物料硬度不得高于HV309，以防损坏机器。

② 启动、关闭及开机清洗前、后胶体磨机体内一定要留有水或液态物料，禁止空转与逆转。否则，操作失当会严重损坏硬质机械组件或静磨盘、动磨盘或发生泄漏烧毁电机等故障。

③ 胶体磨用完后短期内不用，应很好地清洗内腔，以防腐蚀，最好用高压空气吹干。清洗时根据不同的物料选用合适的清洗剂，但应保证不损坏密封件（密封件材料用丁腈橡胶）。

④ 接好电源后，特别要注意开机运转方向，判别电机是否正常方向旋转，或从进料管径处看方向是否同胶体磨上“红色警示标志”旋转方向箭头相一致顺转。绝对禁止空转（腔内缺料液）和反转。

⑤ 胶体磨在动作中，绝不许关闭出料阀门，以免磨腔内压力过高而引起泄漏。

⑥ 胶体磨属高精密机械，磨盘间隙极少，动转速度快。操作人员应严守岗位，按规章作业，发现故障及时停机，排除故障后再生产。

⑦ 胶体磨使用后，应彻底清洗机体内部，勿使物料残留在体内，以免硬质机械黏结而损坏机器。

3. 胶体磨磨盘间隙的调节

胶体磨的磨盘间隙决定物料的研磨细度，研磨过程中一定要调节好磨盘间隙。通常磨盘间隙的调节方法是：首先将出料口方块上限位螺丝松下，在不开机的情况下将调节盘（刻度盘）上两手柄逆时针拧松，然后顺时针转动调节盘，当转动调节盘感到有少许阻力时马上停止，此时调节盘上刻度对准机体上指针的读数确定了动、静磨盘间隙为0。再反转（逆时针）调节盘几圈使动、静磨盘之间隙略大于0。调节盘的刻度每进退一大格为0.01mm 。一般在满足加工物料细度要求的情况下，尽可能使磨盘间隙保持一定间距，同时把手柄将调节盘锁紧，然后将进料口方块上限位螺丝调好，确保机器正常运作。但应注意的是：胶体磨在出厂时，设备出料口方块上已装有调好的限位螺丝，磨盘间隙是处于最佳加工细度间距。

4. 胶体磨的检查拆卸

胶体磨在研磨过程中出现不正常情况时应立即拆卸进行检查，并进行处理。拆卸的方法如下。

① 定子总成的拆卸。先除去料斗去掉进出水嘴，松掉盖形螺钉，取下刻度盘，手握手柄，逆时针旋转取下大卡盘，向上提起磨头盖即可将定子总成取出。

② 转子总成的拆卸。把定子提出后，拆下出料口拧下左旋螺钉就可将转子和叶轮拆下。转子和定子的组装可按上面相反的顺序进行，装配前每个零件应清洗干净。安装时，需要在各接触面和螺纹部分涂抹符合要求的润滑油后装配。拆装时应注意各密封圈不得损坏，错装和丢失。

③ 皮带轮的拆卸与更换。按所需转数更换皮带轮时，先松动电机盖端螺母，沿水平方向，向磨头方向推动电机，使三角皮带放松，将机器放倒，然后拧下主轴上螺母和电机轴上的坚固螺钉，卸下原皮带轮。更换所需皮带轮时可用手锤轻轻敲入，不可用力重击，以免损坏皮带轮，破坏机器精度。换好后，用螺母和螺钉紧固，再将机器轻轻立起。机器立起后，沿水平方向推动电动机，使三角皮带拉紧，然后上好盖板。

5. 胶体磨的维护保养

① 经常检查胶体磨管路及结合处有无松动现象。用手转动胶体磨，试看胶体磨是否灵活。

② 定期向轴承体内加入轴承润滑机油，观察油位应在油标的中心线处，润滑油应及时更换或补充。一般在工作第一个月内，经过

100小时更换润滑油，以后每隔500小时换油一次。

③ 开机时，首先应点动电机，试看电机转向是否正确。开动电机，当胶体磨正常运转后，打开出口压力表和进口真空泵视其显示出适当压力后，逐渐打开闸阀，同时检查电机负荷情况。如发现胶体磨有异常声音应立即停车检查原因。

④ 尽量控制胶体磨的流量和扬程在标牌上注明的范围内，以保证胶体磨在最高效率点运转，才能获得最大的节能效果。

⑤ 胶体磨在运行过程中，轴承温度不能超过环境温度30℃，最高温度不得超过80℃ 。

⑥ 定期检查轴套的磨损情况，磨损较大后应及时更换。

⑦ 胶体磨在寒冬季节使用时，停车后，需将泵体下部放水螺塞拧开将介质放净。防止冻裂。

⑧ 胶体磨长期停用，需将泵全部拆开，擦干水分，将转动部位及结合处涂以油脂装好，妥善保存。

## 第五节　混合设备的安全操作与维护

### 一、高速混合机的操作与维护

1. 高速混合机的安装与调试

（1）高速混合机的安装

① 在安装高速混合机前，应仔细阅读使用说明书。根据厂方提供的地基图，做好地基，并留出安装地脚螺钉的方孔。高速混合机一般安装于水泥基础或钢架基础之上。

② 采用水泥基础时，应待地基接近干燥时，将机器吊在地基的上空，将地脚螺钉穿入螺钉孔。

③ 高速混合机安在地基上后，以混合锅投料口为基准，用水平仪校平。在预留的方孔内灌注水泥，完成地基表面的最后平整工作。

④ 待水泥干燥后，将机座与地坪上的地脚螺栓紧固。

⑤ 安装时下桨叶与混合室内壁不允许有刮碰，排料阀门启闭应

灵活可靠。

（2）高速混合机的调试

① 混合机安装牢固后，应首先检查所有电源、气源、蒸汽等与样本的要求是否一致，各部分的安装是否符合要求，各润滑点是否加满指定的润滑脂。

② 点动电动机，检查搅拌桨旋向是否正确。整机运转时应平稳，无异常声响，各紧固部位应无松动。

③ 空载试验。检查一切正常后，先进行低速空载试验，再进行高速空载试验，并分别检查回转盖的保险开关与气动部件的运行是否正常。混合机的空运转时间不得少于2小时，其手动工作制和自动工作制应分别试验，并按JB/T 7669规定进行检验。

④ 负荷试验。空运转试验合格后，应进行不少于2小时的负荷试验，并按JB/T 7669规定进行检验。负荷试验的投料量由工作容量的40%起，逐渐增加至工作容量。负荷试验时应先进行低速负荷试验，再进行高速负荷试验，并分别检查回转盖的保险开关与气动部件的运行是否正常。整机负荷运转时，主轴轴承最高温度不得超过80%，温升不得超过40%，噪声不应超过85dB（A）。加热、冷却测温装置应灵敏可靠，测温装置显示温度值与物料温度实测值误差不大于±3℃。

2. 高速混合机的安全操作

① 开机前需认真检查混合机各部位是否正常。首先应检查各润滑部位的润滑状况，及时对各润滑点补充润滑油。检查混合锅内是否有异物，搅拌桨叶是否被异物卡住。如需更换产品的品种或颜色时，必须将混合锅及排料装置内的物料清洗干净。检查三角皮带的松紧程度及磨损情况，应使其处于最佳工作状态。还应检查排料阀门的开启与关闭动作是否灵活，密封是否严密。检查各开关、按钮是否灵敏，采用蒸汽和油加热的应检查是否有泄漏。

② 检查设备一切正常后，方可开机。开机时首先调整折流板至合适的高度位置，然后打开加热装置，使混合锅升温至所需的工艺温度。

③ 当温度达到设定温度后，即可按工艺要求的投料顺序向混合锅投料。先低速启动搅拌桨叶，再缓慢加料。

④ 启动搅拌桨叶时应先低速启动，无异常声响后，再缓慢升至所需的转速，如出现异常声响应及时停机检查。

⑤ 物料混合好后，打开气动排料阀门排出物料，停机时应使用压缩空气对混合锅内壁、排料阀门进行清扫。再关闭各开关及阀门。

3. 安全操作应注意的问题

① 投料时严格按工艺要求的投料顺序及配料比例分别加入混合锅中，投料时应避免物料集中在混合锅的同一侧，以免搅拌桨叶受力不平衡。物料尽量在较短的时间内加入到混合锅内，锁紧回转锅盖及各加料口。

② 启动搅拌桨叶时应先低速启动，后高速运转，高速混合机启动前不得投料，以减小启动阻力。

③ 在高速混合机工作过程中严禁打开回转锅盖，以免物料飞扬。

④ 在物料混合过程中要严格控制物料的温度，以避免物料出现过热的现象。

4. 高速混合机的维护与保养

高速混合机在使用时应注意其维护与保养，以保证物料的混合质量与设备的使用寿命。一般应制定相应的维护与保养规程。高速混合机的维护与保养除了遵循一般设备的维护保养规则以外，还需注意以下几方面：

① 高速混合机初次运行10小时后，应该进行全面检查，必要时各零部件的连接部分应该再拧紧一次。应该检查三角带的拉紧程度。当调节丝杆将三角带均匀拉紧后，需将电机机座的锁紧螺栓拧紧，防止松动。

② 高速混合机运行300小时后，应该全面地对机身各润滑点普遍注油润滑。

③ 高速混合机各部分应该保持清洁，尤其是混合室的内壁、卸料阀等部件。清扫时，可以采用压缩空气进行清扫，停机时，应该

用干净的布将混合室内壁、搅拌桨叶、卸料桨、卸料阀等部件的表面擦拭干净。

④ 高速混合机若长期停放不用，应该对混合室、卸料阀、卸料管筒等部件的光滑表面涂抹防锈油脂，防止潮浸、酸蚀。

⑤ 注意设备缓慢启动，运行正常后再加料混合，加料应按要求顺序缓慢加入。

⑥ 易损件严重损坏时，应该及时修理、更换。备齐密封圈、联轴器用橡胶圈、V带和滚动轴承，这些件的工作部位容易出故障，必要时应及时更换。

⑦ 定期（一般一季度）检查各紧固件是否有松动现象；检查V带安装的松紧程度；设备各部件要清扫除污、除尘。主轴应该按照要求每月加油一次，一般采用二号钠基润滑脂润滑。整机每半年检修一次，更换各处的密封件，检查电气线路和元件的使用情况。温度显示控制仪表应该定期校对。

## 二、捏合机安全操作及注意事项

1. 捏合机安全操作

① 开机前，操作人员必须穿好工作服、戴好安全帽、口罩和护目镜等劳保用品。再检查捏合机内无杂物，皮带轮护罩已经上好紧固，减速机内齿轮油位在油位计1/2 ~ 2/3处。用手盘动捏合机，保证转动部件无异响和摩擦等现象。

② 检查一切正常后，合上电源总闸开关，打开捏合机电源，根据工艺要求设定捏合温度，打开加热开关，开始给捏合机混合室升温。

③ 温度达到设定后，恒温一段时间，使混合室温度均匀。

④ 启动电机，低速转动桨叶，观察空机运转时电流是否在范围内，观察机械传动部件运转情况是否良好，若有振动或异响等情况，应立即停机检查，排除故障。

⑤ 关死冷却水泵进出水阀门，用手能够灵活盘动冷却水泵后，点动冷却水泵观察其转向是否正确。保证冷却水泵转向正确及空转状态良好后，全开冷却水泵进水阀门。开循环冷却水时应遵循

先开出水再开进水的原则，以保证设备夹套不会被挤爆。

⑥ 再将捏合机进、出水阀门全开，启动冷却水泵。根据冷却水泵出水管路压力表压力显示，渐渐打开冷却水泵出水阀门，保证冷却水压力不超过0.3MPa。在打开冷却水泵出水阀门过程中，若压力表反应不正常时，应立即停泵，更换新的压力表后再继续操作。

⑦ 加料。加料时应根据工艺要求，遵循“均匀下料，少量快加”的原则，保持连续均匀加料。

⑧ 合上混合室盖，并锁紧。再调节搅拌桨叶转速至适当，使物料捏合均匀。捏合过程中应注意观察电流表、压力表等的读数，如有异常，应及时停机检查并排除。

⑨ 捏合完成后，即可关闭加热开关，再降低搅拌桨叶转速，打开排料开关，进行排料操作，排出物料。

⑩ 排料完成后即可停机，然后再清理干净混合室，清理时，要戴好安全帽、护目镜、口罩和手套等劳保用品，同时穿好鞋套，避免杂物污染系统内的物料。

⑪ 关闭冷却水阀，合上捏合室外盖，关上电源总开关，清扫场地。

2. 捏合机操作过程中应注意的事项

① 投料前检查缸内无异物、杂质，保证清洁后才能投料生产。在清理设备时，设备电源为关闭状态，严禁电源未关情况下清理，防止发生意外。

② 在加料或出料时，先停机，同时将盖固定好再加料或出料，搅拌桨叶在转动情况下严禁手和其他一切杂物进入内部，防止人受伤或损坏设备。

③ 设备运转过程中严禁将手或其他工具伸入旋转的设备内。若要清理捏合机上黏附的物料时，要先将捏合机关停，断开断路器后挂上警示牌，同时安排人员在配电室内看守或将配电室门锁死。

④ 严禁超负荷使用，以免烧坏电机。若发现故障，应立即停机检查，不得让设备带病工作，以免引发更大的事故。

⑤ 捏合机清理物料时，要戴好安全帽、护目镜、口罩和手套等劳保用品，同时穿好鞋套，避免杂物污染系统内的物料。生产过程

中发现设备有不正常现象，操作人员应立即关掉电源，报修。

⑥ 检修捏合机时，需断开捏合机断路器，挂上警示牌并安排专人看护或将配电室门锁死。检修完后由检修负责人摘下警示牌，清除捏合机内部和现场杂物。

⑦ 冷却水及蒸汽在使用时，一定要独立使用，即开蒸汽，接通冷却水的阀门必须是关闭的；开冷却水时，接通蒸汽的阀门必须是关闭的，防止冷却水与蒸汽互混，发生爆炸或影响冷却系统，甚至烧坏冷却机。

⑧ 生产过程中发现设备有不正常现象，操作人员应立即关掉电源，及时报告设备管理员，并认真及时准确填写操作记录。

## 第六节　混炼设备的安全操作与维护

### 一、 开炼机的操作安全及注意事项

1. 开炼机操作步骤

① 开机操作之前，首先应检查所有润滑部位，并检查各传动部分有无阻碍，检查各部位有无泄漏。检查安全装置中安全片完好情况，以免在安全片损坏后继续使用调距装置造成不良后果。同时还必须检查制动装置的可靠性，空运转制动行程不得超过辊筒的四分之一圈。还应检查开炼机及周围环境的清洁，以免将金属等杂物带入辊隙而损坏辊筒和设备等。

② 在开炼机启动时，应先调开辊距，把辊筒转速调低，启动油泵运转数分钟，使减速器获得充分润滑，再开动主电动机，低速运转辊筒。

③ 打开加热装置，使辊筒在低速运转中缓慢通入蒸汽，进行加热升温，直至工艺控制温度。

④ 调节辊距至合适位置，注意调节辊距时左右两端要均匀，不要相差太大，否则易损坏辊筒轴颈和铜轴瓦。调节两侧挡料板的宽度，保证混炼物料的幅宽和防止物料的外泄。

⑤ 投料。投料时应先沿传动端少量加料，待包辊完毕，再逐渐

增加，以避免载荷冲击，引起安全片或速比齿轮的损坏。在混炼过程中要注意不断翻动、折叠物料，以使物料混炼更加均匀，提高混炼效率等。

⑥ 停机时，应先停止加料，再关闭加热装置停止加热，然后调开辊距，卸下物料，调低辊筒的转速，让辊筒在低速运转中缓慢冷却。

⑦ 待辊温低于70～80℃时停机，清扫设备和场地。

2. 安全操作注意事项

① 操作人员应注意周围环境清洁，以免将杂物带入辊缝中轧坏辊筒和机器，一旦有其他物品混入时，禁止用手或其他工具攫取，应立即拉动安全拉杆，使机器停车。

② 事故停车装置主要用于发生故障或事故时才用。注意，一般停车时不要使用，以免制动带磨损。

③ 投料时不要使用过小的辊距，并且两端辊距应尽量均匀，避免机器超载。

④ 辊筒的加热与冷却必须在运转中缓慢进行，不得在静止状态时进行加热和冷却。否则冷铸铁辊筒会因温度的突变而产生变形甚至断裂。另外，在加热时应使辊隙有一定距离，以防止辊筒受热膨胀，产生挤压变形。

⑤ 机器工作时，传动装置或运动部件若出现噪声、撞击声、强烈震动时应立即停车，检查处理，开炼机轴承、传动齿轮、速比齿轮等承载较大，操作中要经常检查其温升和润滑情况，保证良好的润滑。

⑥ 操作开炼机的劳动强度较大，温度高，有粉尘。所以应注意通风和劳动保护，设法减轻劳动强度。

## 二、开炼机维护与保养

开炼机的维护与保养主要包括机械、电气两部分。

1. 机械部分的维护与保养

开炼机在使用过程中合理、科学地进行维护与保养是主要零部件免于受损破坏、延长机器使用寿命的必要条件。开炼机的辊筒、辊筒轴承、调距机架、机架及停车装置等均承受较大的载荷。通常机械部件的维护与保养主要有以下几方面。

① 要经常检查调距装置，检定刻度与实际辊距是否相符，以免造成左、右端辊距相差太大，因而造成辊筒轴颈和铜瓦的破坏。

② 每次开车前，应先启动油泵电动机，使减速机获得充分的润滑条件下才开动主电动机。在工作中要注意减速机的润滑情况，当压力表的压力过高或过低时，都应检查是否管路渗漏或堵塞，并及时消除故障。

③ 万向联轴器要经常注意补加润滑油。若调距时万向联轴器有阻碍现象，则应及时检修。

④ 经常注意调节制动器制动轮间的间隙，以保证在使用事故停车装置时，辊筒继续转不大于1/4转。

⑤ 使用中要经常注意辊筒轴承的温升，其最高温度不应大于7℃。如果温度过高，应适当减少负荷量并补加润滑油，然后还应检查轴承润滑系统和轴承座冷却系统情况。

⑥ 每月至少检查1～2次减速机、万向联轴器以及辊筒轴承等。即打开视孔盖或盖板检查齿轮工作面情况及润滑油的清洁情况。

⑦ 新机器使用三个月后（以后每隔半年），至少要详细检查一次减速机、调距装置等使用情况，打开箱盖或盖板检查齿面或工作面有无麻点、擦伤、胶合等缺陷，轮齿、滚动轴及密封装置的磨损情况及润滑油的质量等。并将减速机内壁进行清洗，换新油。

⑧ 如机器停用时间较长（如数十天），则应将减速机内及万向联轴器的润滑油及辊筒内部积水排除干净，并在辊筒工作表面轴承等处涂上防锈油。

2. 电气部分的维护与保养

① 定期检查控制柜内的各接触器及继电器等触点，其接触必须良好，动作灵活。如有烧损等情况，应及时加以修复。

② 注意各导线接头是否松动脱落，各电气的温升和绝缘是否符合标准，电磁铁制动器的动作是否灵活，运行是否可靠。

③ 确保各电器设备的外壳可靠接地。

④ 电气设备必须保持清洁，定期进行清扫和检修，并检验绝缘电阻值。

⑤ 按电动机专用维护保养规则对电动机进行保养。

⑥ 按润滑细则要求进行定期加油及换油。

## 三、开炼过程中的异常情况及处理

1. 开炼机突然停车不动

开炼机突然停车不动原因可能是：

① 温度出现下降，没有达到设定温度；

② 辊间加料或存料太多，负荷太大；

③ 机械部件有断裂、磨损等故障。

处理办法主要有：

① 首先“反车”，取出物料，待温度达到要求后，找出故障部位予以修理后再行开车；

② 检查辊筒温度，适当提高辊温；

③ 减少辊间的物料；

④ 检查机械部件，出现断裂、磨损等问题及时更换或修复。

2. 开炼机辊筒轴承座的温度过高

开炼机工作过程中出现辊筒轴承座的温度过高原因主要有：

① 辊间加料太多，负荷太大；

② 辊筒水冷却通道不畅或冷却水温太高；

③ 润滑系统的润滑油太少或润滑系统故障，造成润滑不良。

开炼机工作过程中出现辊筒轴承座的温度过高时，解决办法主要有：

① 减少辊筒间的物料，降低开炼机的负荷；

② 检查冷却管路，清理或维修冷却管路；

③ 检查润滑油情况及润滑管路。

3. 辊筒及轴承磨损的修复方法

（1）辊筒的修复

辊筒的修复一般包括以下几个工序：

① 清洗空腔中的机械性污垢和水垢；

② 用金属喷镀法修复辊颈；

③ 磨削辊身。

辊筒空腔的清洗一般可用硫酸溶液或盐酸溶液进行酸洗等化学清理法。采用酸洗法时可将溶液从双孔接头直接导入进行清洗。当有大量污垢，一般要用铣刀或刷子的机械清洗法进行清理。

辊筒轴颈的修复一般可用金属喷镀法，必要时也可磨削辊颈，再配以铜瓦以达到修复的目的。修复辊筒轴颈时需使用大型的车床和起重设备。

辊筒辊身的修复一般采用磨削法来修复，对辊身的磨削主要有以下三种方法：

① 在专用磨床上进行；

② 在安装地点用携带式磨削工具进行；

③ 在安装地点用专用研磨膏借助辊子彼此之间的磨合来进行。

（2）轴承的修复

开炼机辊筒的轴承通常是整体的铸铁座，其中装入整个的或拼合的轴瓦。有的轴承座还设有水冷却的孔道。辊筒轴承受力主要集中在半部轴瓦上。所以，许多设备都采用一半是青铜，一半是铸铁的拼合轴瓦。对轴瓦的维护与更换则只是针对半个青铜轴瓦来进行。通常采用金属喷镀或敷焊的方法来修复。

## 四、密炼机的安全操作及注意事项

1. 安全操作步骤

① 开机前首先检查所加工的物料，确保清洁无异物、脏物。清洁密炼机，特别是加料门、压料装置、卸料门等与物料接触部位，若黏附有物料或杂质，则会影响部件的运动和密封性能。

② 检查压缩空气、冷却水或蒸汽的压力是否符合要求，否则不应投料混炼。

③ 检查各润滑系统管路畅通无阻，润滑点出油正常。各润滑部位应根据润滑细则灌注规定量的润滑剂。

④ 检查压料装置、加料门及卸料门等运动情况，其运动应灵活、可靠，不得有卡紧现象。检查电气设备安全、可靠性。

⑤ 一切正常即可接通电源，通入蒸汽升温至所需温度，在保持温度恒定一段时间后方可投料。

⑥ 工作时，通过气控系统把上顶栓提升，加料门打开进行投料，然后把加料门关闭，重锤下压，使物料压在密闭的混炼室内进行混炼。物料混炼后，通过气动系统，卸料门打开，把物料卸出，卸料完毕后，即把卸料门关闭，并锁紧，以进行下一次的混炼。

⑦ 密炼完成后，停机前需关闭蒸汽阀门，打开排气管排出回气，然后通冷却水让转子在转动过程中降温至50℃左右方能正式关机。

⑧ 关机后需清理工作台，将上顶栓升起，插入保险销并打开下顶栓，关上加料门。

2. 操作过程中应注意事项

① 注意观察机器各部分的运动情况，齿轮减速机及整个传动装置运动情况，传动应平稳，无异常杂音及冲击声。观察各连接部件应无松动。

② 观察密封装置是否良好，若在混炼过程中有少量油糊状物料从密封装置中漏出一般属正常现象。如出现泄漏厉害的情况，应停机检查并及时修复。

③ 注意机器各部分温度不应有骤升现象，各部分壳体温度不得超过如下规定值：

转子轴承温度≤40℃；短时间的最高温度≤120℃。

减速机轴承温度≤40℃；短时间的最高温度≤70℃。

④ 如因事故临时停车，混炼室物料无法卸出时，必须先提起上顶栓，将转子反转，卸出物料，以免第二次启动时过载。

⑤ 加料斗下料口处，如粘有污物造成上顶栓卡住时，在进行检查前必须将上顶栓提起，插上安全销，然后才能进行检查和清洁。

## 五、密炼机的维护与保养

① 平时注意保持各运转部位处于良好润滑状态，尤其是转子轴

承和密封装置。

② 经常擦洗机器外表，保持设备清洁。密炼机加料口应与负压通风畅通，应及时清理工作散出的粉料以维护环境清洁。

③ 密炼机应定期检修，平时应经常检修各连接与紧固件、密封装置、上下顶栓密封填料、各阀门与仪表。

④ 若设备长时间停止使用时，应在加热系统中将一个空气阀门打开，通入压缩空气，将部分残存的冷凝水排出。

⑤ 定期（一般3个月左右）检查联轴器柱销有否松动，检查减速机的润滑油量、油质，及时补充或更换，检查油泵、气泵的工作情况，气缸是否工作平稳、可靠、无爬行现象，检查安全保护装置是否安全可靠。

⑥ 定期调整上顶栓及轴承间隙，检查传动部分检修电机、轴承、万向联轴器铜瓦及减速机齿轮磨损情况。并更换磨损的轴承、铜瓦等。

## 六、密炼过程中的异常情况及处理

1. 密炼机的侧壁密封处漏料

（1）自动密封装置的密封

为防止密炼机混炼时漏料，通常在密炼机的轴颈和密炼室侧壁间环形间隙处设置密封装置，常用的密封装置有内压端面自动密封式、液压式、填料式和机械式。密炼机密封装置的性能与使用寿命将直接影响塑料密炼质量与车间的环境。

密炼机工作时能自动密封轴颈和密炼室侧壁间环形间隙，如内压端面自动密封装置中套圈固定在转子轴颈上，套圈上套内密封圈，由压板、螺钉、弹簧固定，套圈随转子转，外密封圈则通过一组螺钉固定在端面挡板上。挡板固定在机架上，表面堆焊耐磨合金。内密封圈、端面挡板与物料接触的表面镀铬。密封装置工作时由于密炼室中的物料向外挤压而产生较大的压力，使内外密封圈紧密接触，以实现密封的作用，并处于良好的密封状态。密封圈上有软化油入口和润滑油口。软化油可使密炼室漏出的物料变为黏状物（半流体）而使密封保持压力。润滑油可润滑内、外密封圈的接触处。密封装置的密封压力和密封程度一般可由密炼室内的压力来自动调节。

（2）密封处漏料处理办法

密炼机的侧壁密封处如果出现密封件磨损或转子的轴颈磨损时，可能出现密封处漏料现象。生产中出现密封处漏料时应首先检查密封装置和转子轴颈，及时更换或修复密封装置、轴颈；其次检查密封圈上的润滑系统。

2. 密炼室出现异常音响

密炼过程中密炼室出现异常音响的原因主要有：

① 转子与密炼室壁间的间隙太小，产生了碰撞、刮擦；

② 间隙装置中青铜环破损，转子调隙失灵。

处理办法主要有：

① 调整合适转子与密炼室壁间的间隙；

② 更换青铜环。

3. 密炼机工作过程中上顶栓动作失灵

密炼机工作过程中上顶栓动作失灵的原因主要有：

① 上顶栓密封圈损坏；

② 油压或气压不足；

③ 活塞磨损，密封性不好；

④ 上顶栓入口通道不畅通。

解决办法主要有：

① 更换密封圈；

② 修复活塞，电气设备；

③ 清理通道；

④ 维修压缩空气供应系统。

## 第七节　挤出设备的安全操作与维护

### 一、单螺杆挤出机操作及注意事项

1. 单螺杆挤出机的操作步骤

① 开机前先检查电机、加热器、热电偶及各电源接线是否完好，仪表是否正常。水冷系统及润滑系统是否有泄漏，润滑油及各需润滑部位的状态是否良好，并对各润滑部位进行润滑。安装好分流板和机头，需要安装过滤网时还要按要求安装好过滤网。用铜塞尺调整口模间隙，使轴向均匀一致。

② 打开总电源及挤出主机电源开关，根据工艺要求设定各段的工艺温度。

③ 开启电热器，对机身、机头及辅机均匀加热升温，待各部分温度比正常生产温度高10℃左右时，恒温30min，旋转模头恒温60min，使设备内外温度基本一致。

④ 待料筒温度达到要求后，若为带传动，应拨动带轮，检查各转动部位、螺杆和料筒有无异常，螺杆旋向是否正确，螺杆是右旋螺纹时，其旋转方向应是从螺杆头方向看过去为顺时针方向旋转。

⑤ 低速启动螺杆，空转2min左右，检查有无异常音响，各控制仪表是否正常，注意空转时间不能太长，以免损坏螺杆和料筒。

⑥ 待各部分都达到正常的开机要求后，先少量加入物料，待物料挤出口模时，方可正常投料。在物料被挤出之前，任何人均不得处于口模的正前方，以免发生意外。

⑦ 物料挤出后，检查挤出物料的塑化、水分、杂质等状态是否达到要求，并根据物料的状态对工艺条件做适当的调节，直到挤出操作达到正常状态。

⑧ 在挤出机速度达到工作状态时，开通料筒加料段冷却循环水。

⑨ 停机时，先关闭主机的进料口，停止进料。再关闭料筒和机头加热器电源、关闭冷却水阀。断料后，观察口模的挤出量明显减少时，将控制主电机的电位器调至最小，频率显示为零，再断开主电机电源和各辅机电源。打开机头连接法兰，清理多孔板及机头各个部件。清理时应使用铜棒、铜片，清理后涂上少许机油。螺杆和料筒的清理，一般可用过渡料换料清理，必要时可将螺杆从机尾顶出清理。关掉控制柜面板总开关和空气开关。倒出剩余原料和清理场地。记下试车的情况，供今后查阅参考。

⑩ 挤出聚烯烃类塑料，通常在挤出机满载的情况下停车（带料停机），这时应防止空气进入料筒，以免物料氧化而再继续生产时影响制品的质量。遇到紧急情况需停主机时，应迅速按下红色紧急停车按钮。

2. 单螺杆挤出机操作注意事项

① 每次挤出机开车生产前都要仔细检查料筒内和料斗上下有无异物，及时清除一切杂物和油污。发现生产设备工作运转出现异常声响或运转不平稳，自己不清楚故障产生原因时，应及时停车，找有关人员解决。设备开车运行中不许对设备进行维修，不许用手触摸传动零件。

② 拆卸、安装螺杆和成型模具中各零件时，不许用重锤直接敲击零件，必要时应垫硬木再敲击拆卸或安装零件。

③ 如果料筒内无生产用料，螺杆不允许在料筒内长时间旋转，空运转时间最长应不超过2～3min。检查轴承部位、电动机外壳工作温度时，要用手背轻轻接触检测部位。

④ 挤出机生产中出现故障，操作工在排除处理时，不许正面对着料筒或成型机头，防止料筒内熔料喷出伤人。挤出机正常生产中也要经常观察主电动机电流表指针摆动变化，出现长时间超负荷工作现象时要及时停车，查出故障原因并排除后再继续开车生产。

⑤ 清理料筒、螺杆和模具上粘残料时，必须用竹或铜质刀具清理，不许用钢质刀刮料或用火烧烤零件上的残料。清理干净的螺杆如果暂时不使用，应涂一层防锈油，包扎好，垂直吊挂在干燥通风处。长时间停产不用的挤出机，成型模具的各工作面应涂好防锈油，进出料口用油纸封严。料筒上和模具上不许有重物堆放，免得长时间受压变形。

⑥ 新投入生产的挤出机生产线上各设备，试车生产500h后应全部更换各油箱及油杯中的润滑油（脂）。轴承、油杯、油箱和输油管路要全部排净原有润滑油，清洗干净。然后再加足新润滑油（脂）。

⑦ 挤出机生产工作中，操作工不许离岗做其他工作，必须离岗时应停车或找人代替看管。

## 二、单螺杆挤出机螺杆的拆卸与保养

1. 单螺杆挤出机螺杆拆卸步骤

① 先加热机筒至机筒内残余物料的成型温度要求。

② 开机把机筒内的残余物料尽可能排净。

③ 在加工温度下，趁热拆下机头。

④ 排净机筒内物料后，停机，并闭电源。

⑤ 松开螺杆冷却装置，取出冷却水管。

⑥ 在螺杆与减速箱连接处，松开螺杆与传动轴联接，采用专用螺杆拆卸装置从后面顶出螺杆。

⑦ 待螺杆伸出机筒后，用石棉布等垫片垫在螺杆上，再用钢丝蝇套在螺杆垫片处，然后按箭头方向将螺杆拖出。采用前面拉后面顶，趁热拔螺杆。当螺杆拖出至根部时，用上钢环套住螺杆，将螺杆全部拖出。

2. 螺杆保养

螺杆从挤出机拆卸并取出后，应平放在平板上，立即趁热清理，清理时应采用铜丝刷清除附着的物料，同时也可配合使用脱模剂或矿物油，使清理更快捷和彻底，再用干净软布擦净螺杆。待螺杆冷却后，用非易燃溶剂擦去螺杆上的油迹，观察螺杆表面的磨损情况。对于螺杆表面上小的伤痕，可用细砂布或油石等打磨抛光，如果是磨损严重，可采用堆焊等办法补救。清理好的螺杆应抹上防锈油，如果长时间不用，应用软布包好，并垂直吊放，防止变形。

## 三、单螺杆挤出机的维护与保养

对挤出机进行合理的维护与保养，不但可以延长挤出机的使用寿命，还可以提高产品的质量，提高生产的效率。生产过程中对挤出机的维护与保养方法是：

① 经常保持挤出机的清洁和良好的润滑状态，平时做好擦拭和润滑工作，同时保护好周围环境的清洁。

② 经常检查各齿轮箱的润滑油液面高度、冷却水是否畅通以及各转动部分的润滑情况，发现异常情况时，及时自行处理或报告

相关负责人员处理（减速箱分配箱应加齿轮油，冷却机箱应加导热油）。

③ 经常检查各种管道过滤网及接头的密封、漏水情况，做好冷却管的防护工作。

④ 加料斗内的原料必须纯洁无杂质，绝不允许有金属混入，确保机筒螺杆不受损伤。在加料时，检查斗内是否有磁力架，若没有应必须立即放入磁力架，经常检查和清理附着在磁力架上的金属物。

⑤ 机器一般不允许空车运转，以避免螺杆与机筒摩擦划伤或螺杆之间相互咬死。

⑥ 每次生产后立即清理模具和料筒内残余的原料和易分解的停料机，若机器有段时间不生产时，要在螺杆机箱和模具流道部分表面涂防锈油，并在水泵、真空泵内注入防锈剂。

⑦ 如遇电流供应中断，必须将各电位器归零并把驱动和加热停止，电压正常后必须重新加热到设定值经保温后（有的产品必须拆除模具后）方可开机，这样不至于开冷机损坏设备。

⑧ 辅机的水泵、真空泵应定期保养，及时清理水箱（槽）内堵塞的喷嘴以及更换定型箱盖上损坏的密封条。丝杆轴承需定期加油脂润滑，以防生锈。

⑨ 定期放掉气源三连件的积水。

⑩ 及时检查挤出机各紧固件，如加热圈的紧固螺丝、接线端子及机器外部护罩元件等的锁紧工作。

## 四、单螺杆挤出过程中异常情况与处理

1. 挤出过程中挤不出物料

单螺杆挤出机在挤出的过程中出现挤不出物料现象的可能原因主要有如下几点。

① 可能是机筒、螺杆的温度控制不合理。机筒温度过高，与机筒接触的物料发生熔融，使物料与机筒内壁达到最小值，而螺杆温度较低，与螺杆接触的物料未发生熔融，与螺杆的摩擦系数较大，而发生黏附，造成物料与机筒打滑而不出料，还将造成物料出现过

热分解。

② 可能是机头前的分流板和过滤网出现堵塞，而使物料向前输送的运动阻力过大，使物料在螺槽中的轴向运动速度大大降低，造成挤不出料的现象。

解决办法：

① 降低机筒温度；

② 减小螺杆冷却水的流量，提高冷却水温度；

③ 及时清理分流板和清理或更换过滤网。

2. 突然自动停机

突然停机的可能原因主要有：

① 冷却风机停转；

② 熔体压力太大，超出挤出机的限定值；

③ 调速器有故障，出现过流、过载、缺相、欠压或过热等；

④ 润滑油泵停止工作；

⑤ 润滑油泵油压过高或过低；

⑥ 与主机系统连锁的辅机故障。

处理办法主要有：

① 检查风机，并重新启动风机；

② 检查熔体压力报警设定值是否合适；

③ 检查机筒是否有硬质异物，清理或更换机头过滤网；

④ 检查机头和主机温度是否过低；

⑤ 检查机头流道是否被堵塞，并清理流道；

⑥ 检查加料量是否过大，物料颗粒是否过大；

⑦ 检查润滑油泵及油压；

⑧ 检查螺杆元件、减速箱齿轮或轴承是否损坏；

⑨ 检查与主机系统连锁的辅机是否出现故障。

3. 料筒温度达到设定值仍不断上升

在挤出过程中，若机筒温度达到设定温度后还继续上升，使温度失控的可能原因主要有：

① 挤出机冷却系统没有工作或可能冷却强度不够，冷却水量或风量不够、温控线接触不良或者有问题；

② 温控仪与热电偶可能不相匹配；

③ 热电偶探头可能没插到位，使温度测量有误，接触器被卡住或损坏。

处理办法主要有：

① 检查挤出机冷却系统是否工作正常，调节水量或风量，控制适当的冷却强度；

② 检查温控线接触是否良好或者是否有问题，保持良好的接触或更换新的温控线；

③ 检查温控仪与热电偶是否不相匹配；

④ 检查热电偶探头是否插到位，使温度测量准确；

⑤ 检查接触器被卡住或损坏，必要时进行更换。

## 五、双螺杆挤出机的操作及应注意问题

1. 双螺杆挤出机操作步骤

① 开机前应先检查电气配线是否准确，有无松动现象。检查各热电偶、熔体传感器等检测元件是否良好。检查所有润滑点，并对所有需连接的润滑点再次清洁。启动润滑油泵，检查各润滑油路润滑是否均匀稳定。检查所有进出水管、油管、真空管路是否畅通、无泄漏，各控制阀门是否调节灵便。检查整个机组地脚螺栓是否旋紧。确认主机螺杆、料筒组合构型是否适合于将要进行挤出的材料配方，若不适合，则应进行重新组合调整。检查主机冷却系统是否正常，有无异样。使用前须将料筒各段冷却管路阀门旋紧关闭。

② 安装机头。安装机头时，先擦除机头表面的防锈油等，仔细检查型腔表面是否有碰伤、划痕、锈斑，进行必要的抛光，然后在流道表面涂上一层硅油。按顺序将机头各部件装配到一起，螺栓的螺纹处涂以高温油脂，然后拧上螺栓和法兰。再将分流板安放在机头法兰之间，以保证压紧分流板而不溢料。上紧机头螺栓，拧紧机头紧固螺栓，安装加热圈和热电偶，注意加热圈要与机头外表面贴紧。

③ 通电将主机预热升温，按工艺要求设定各段温度。当各段温度达到设定值后，继续保温30min，以便加热螺杆，同时进一步确

认各段温控仪表和电磁阀（或冷却风机）工作是否正常。

④ 按螺杆正常转向用手盘动电机联轴器，螺杆至少转动三转以上，观察两根螺杆与料筒之间及两根螺杆之间，在转动数圈中有无异常响声和摩擦。若有异常，应抽出螺杆重新组合后装入。检查主机和喂料电机的旋转方向，面对主机出料机头，如果螺杆元件是右旋，则螺杆为顺时针方向旋转。各喂料机按配套要求检查运转情况。

⑤ 清理储料仓及料斗。确认无杂质异物后，将物料加满储料仓，启动自动上料机。料斗中物料达预定料位后上料机将自动停止上料。对有真空排气要求的作业，应在冷凝罐内加好洁净自来水至规定水位，关闭真空管路及冷凝罐各阀门，检查排气室密封圈是否良好。

⑥ 启动润滑油泵，再次检查系统油压及各支路油流，打开润滑油冷却器的冷却水开关。当气温较低或工作后油箱温升较小时，冷却水亦可不开。

⑦ 启动主电机，并调整主机转速旋钮（注意开车前首先将调速旋钮设置在零位），逐渐升高主螺杆转速，在不加料的情况下空转转速不高于40r / min，时间不大于1min，检查主机空载电流是否稳定。主机转动若无异常，可按下列步骤操作：辅机启动→主机启动→喂料启动。先少量加料，以尽量低的转速开始喂料，待机头有物料排出后再缓慢升高喂料螺杆转速和主机螺杆转速，升速时应先升主机速度，待电流回落平稳后再升速加料，并使喂料机与主机转速相匹配。每次主机加料升速后，均应观察几分钟，无异常后，再升速直至达到工艺要求的工作状态。

⑧ 待主机运转平稳后，则可启动软水系统水泵，然后微微打开需冷却的料筒段截流阀，待数分钟后，观察该段温度变化情况。在主机进入稳定运转状态后，再启动真空泵（启动前先打开真空泵进水阀，调节控制适宜的工作水量，以真空泵排气口有少量水喷出为准）。从排气口观察螺槽中物料塑化充满情况，若正常即可打开真空管路阀门，将真空控制在要求的范围之内。若排气口有“冒料”现象，可通过调节主机与喂料机螺杆转速，或改变螺杆组合构型等

来消除。

⑨ 塑料挤出后，根据控制仪表的指示值和对挤出制品的要求，将各环节做适当调整，直到挤出操作达到正常的状态为止。

⑩ 正常停车时，先将喂料螺杆转速调至零位，按下喂料机停止按钮。关闭真空管路阀门。逐渐降低螺杆转速，尽量排尽料筒内残存物料。对于受热易分解的热敏性物料，停车前应用聚烯烃料或专用清洗料对主机清洗，待清洗物料基本排完后将螺杆主机转速调至零位，按下主机停止按钮，同时关闭真空室旁阀门，打开真空室盖。若不需拉出螺杆进行重新组合，可依次按下主电机冷却风机、油泵、真空泵、水泵的停止按钮，断开电气控制柜上各段加热器电源开关。关闭切粒机等辅机设备。关闭各外接进水管阀，包括加料段料筒冷却水、油润滑系统冷却上水、真空泵和水槽上水等（主机料筒各软水冷却管路节流阀门不动）。对排气室、机头模面及整个机组表面进行清扫。

⑪ 遇有紧急情况需要紧急停主机时，可迅速按下电气控制柜红色紧急停车按钮。并将主机及各喂料调速旋钮旋回零位，然后将总电源开关切断。消除故障后，才能再次按正常开车顺序重新开车。

2. 双螺杆挤出机操作注意事项

① 为了保证双螺杆挤出机能稳定、正常生产，应检查核实双螺杆和喂料用螺杆的旋向否是符合生产要求。

② 料筒的各段加热恒温时间要比较长，一般应不少于2h。加热后开车，先用手扳动联轴器部位，让双螺杆转动几圈，试转时应扳动灵活，无阻滞现象出现。

③ 双螺杆驱动电动机启动前，应先启动润滑油泵电动机，调整润滑系统油压至工作压力的1.5倍，检查各输油工作系统是否有渗漏现象，一切正常后调节溢流阀，使润滑油系统的工作油压符合设备使用说明书要求。

④ 为防止螺杆间摩擦和螺杆与料筒产生摩擦，划伤料筒或螺杆，螺杆低速空运转时间不应超过2～3min。

⑤ 初生产时，强制螺杆加料的料量要少而均匀。注意观察螺杆

驱动电动机的电流变化，出现超负荷电流时要减少加入料的量；如果电流指针摆动比较平稳，可逐渐增加料筒料量；出现长时间电流超负荷工作时，应立即停止加料，停车检查故障原因，排除故障后再继续开车生产。

⑥ 双螺杆挤出的塑化螺杆转动、喂料螺杆的强制加料转动及润滑系统的油泵电动机工作为连锁控制。润滑系统油泵不工作，塑化双螺杆电动机就无法启动；双螺杆电动机不工作，喂料螺杆电动机就无法启动。出现故障紧急停车时，按动紧急停车按钮，则三个传动用电动机同时停止工作。此时注意把喂料电动机、塑化双螺杆电动机和润滑油泵电动机的调速控制旋钮调回零位。关停其他辅机使其停止工作。

⑦ 运转中要注意观察主电机的电流是否稳定，若波动较大或急速上升，应暂时减少供料量，待主电流稳定后再逐渐增加，螺杆在规定的转速范围内（200 ~ 500r/min）应可平稳地进行调速。

⑧ 检查减速分配箱和主料筒体内有无异常响声，异常噪声若发生在传动箱内，可能是由于轴承损坏和润滑不良引起的。若噪声来自料筒内，可能是物料中混入异物或设定温度过低。局部加热区温控失灵造成固态过硬物料与料筒过度摩擦，也可能为螺杆组合不合理。如有异常现象，应立即停机排除。

⑨ 检查机器运转中是否有异常振动等现象、各紧固部分有无松动。密切注视润滑系统工作是否正常，检查油位、油温，油温超过50℃，即打开冷却器进出口水阀进行冷却。油温应在20 ~ 50℃范围内。

⑩ 检查温控、加热、冷却系统工作是否正常。水冷却、油润滑管道畅通，且无泄漏现象。经常检查机头出条是否稳定均匀，有无断条阻塞塑化不良或过热变色等现象，机头压力指示是否正常稳定。装有过滤板（网）时，机头压力应小于12.0MPa。过大时则应清理过滤板（网）。检查排气室真空度与所用冷凝罐真空度是否接近一致，前者若明显低于后者，则说明该冷凝罐过滤板需要清理或真空管路有堵塞。

## 六、双螺杆挤出机的螺杆拆卸与清理

双螺杆挤出机的螺杆拆卸时首先应尽量排尽主机内的物料，然后停主机和各辅机，断开机头电加热器电源开关，机身各段电加热仍可维持正常工作，然后按以下步骤拆卸螺杆。

① 拆下机头测压测温元件和铸铝（铸铜、铸铁）加热器，戴好加厚石棉手套（防止烫伤），拆下机头组件，趁热清理机头孔内及机头螺杆端部物料。

② 趁热拆下机头，清理机筒孔端及螺杆端部的物料。

③ 松开两套筒联轴器，根据螺杆轴端的紧定螺钉，观察并记住两螺杆尾部花键与标记。

④ 拆下两螺杆头部压紧螺钉（左旋螺纹），换装抽螺杆专用螺栓。注意螺栓的受力面应保持在同一水平面上，以防止螺纹损坏。拉动此螺栓，若螺杆抽出费力，应适当提高温度。抽出螺杆的过程中，应有辅助支撑装置或起吊装置来始终保持螺杆处于水平，以防止螺杆变形。在抽螺杆的过程中可同时在花键联轴器处撬动螺杆，把两螺杆同步缓缓外抽一段后，马上用钢丝刷、铜铲趁热迅速清理这一段螺杆表面上的物料，直至将全部螺杆清理干净。

⑤ 将螺杆抽出，平放在一木板或两根木枕上，卸下抽螺杆工具分别趁热拆卸螺杆元件，不允许采用尖硬的工具击打，可用木槌、铜棒沿螺杆元件四周轴向轻轻敲击，若有物料渗入芯轴表面以致拆卸困难，可将其重新放入筒体中加热，待缝隙中物料软化后即可趁热拆下。

⑥ 拆下的螺杆元件端面和内孔键槽也应及时清理干净，排列整齐，严禁互相碰撞（对暂时不用的螺杆元件应涂抹防锈油脂）。芯轴表面的残余物料也应彻底清理干净。若暂时不组装应将其垂直吊置，以防变形。

⑦ 用木棒缠绕布清理机筒内腔。

## 七、双螺杆挤出过程中的异常情况与处理

1. 在双螺杆挤出过程中突然停电

在双螺杆挤出过程中，遇到突然停电时的处理步骤为：

① 首先应及时关闭真空抽气系统的排气室与冷凝罐之间的阀门，以防止冷凝罐内的水倒流至排气室。

② 再将喂料电机转速、主机螺杆转速及各辅机转速调至零。

③ 关闭各冷却水阀。

④ 关上控制柜上的闸刀电源开关。

2. 紧急停车处理

在双螺杆挤出过程中，遇有紧急情况需紧急停车时，可迅速按下控制箱面板上红色的急停按钮，或切断整流柜内的断路器，系统失电，并随即将主机、喂料调速按钮回到零位，关闭真空阀门及各路进水阀，然后将总电源开关复位上电，再寻找机器故障的原因，故障处理完后按正常开机程序重新开机。

3. 挤出喂料机突然自动停车

双螺杆挤出过程中喂料机突然停机的原因主要有：

① 主机的连锁控制线路出现故障。由于双螺杆挤出机的喂料机和主机螺杆的转速要求有一定的速比，在生产过程中应进行同步的升速和同步的降速，以保证挤出机的加料稳定和挤出稳定。因此通常是采用同步连锁控制，主机的连锁控制线路出现故障时，喂料机也会突然停机。

② 喂料机的调速器故障。

③ 喂料机的螺杆被卡死。

主要解决办法是：

① 检查并修复主机连锁控制线路；

② 检查或更换喂料机的调速器；

③ 检查喂料机中是否有异物或物料中是否有过大的颗粒存在，清理喂料螺杆。

4. 双螺杆挤出机的主电机不能启动

双螺杆挤出机的主电机不能启动的原因主要有：

① 开车程序有错，温度未达到设定的温度，联动的辅机没有启动；

② 主电机控制线路有问题，熔断丝被烧坏与主电机相关的连锁装置有故障。

处理办法主要有：

① 检查程序，按正确开车顺序重新开车，水、电检查→润滑系统检查与润滑→机头安装→主机加热→料斗清理与加料→旋动联轴器→辅机启动→主机启动→喂料启动。

② 检查主电机控制电路。

③ 检查润滑油泵是否启动，检查与主电机相关的连锁装置的状态。油泵不开，电机无法打开，变频器感应电未放完，关闭总电源等待5分钟以后再启动。

④ 检查紧急按钮是否复位。

5. 异常声响

双螺杆挤出机在挤出过程中出现异常声响可能产生的原因主要有：

① 主电机轴承损坏，使主电机轴产生刮磨而发出异常声响；

② 主电机可控硅整流线路中某一可控硅元件损坏；

③ 螺杆发生了变形或螺杆的相对位置可能发生了错动，啮合出现错位，而使螺杆间产生刮磨，而出现异常声响；

④ 物料中带入了坚硬的杂质或金属异物，对螺杆及料筒内壁产生刮磨。

处理办法主要有：

① 检查或更换主电机轴承；

② 检查可控硅整流线路，必要时更换可控硅元件；

③ 检查物料中是否存在坚硬的杂质或金属异物，并清理螺杆和机筒；

④ 校正螺杆及两根螺杆的相对位置，使螺杆保持良好的啮合状态。

6. 控制主板上CPU电池的更换

挤出机控制主板上CPU电池是给CMOS供电用来保存BIOS信息，一般电池的使用寿命可达3～5年。如果电池耗完或更换电池时断电，就可能造成电脑中存储的重要优化数据丢失，因此更换电池时必须加以注意。有些挤出机控制主板上CPU电池是直接焊接在电路板上，更换起来比较麻烦。更换CPU电池而又不断CPU电的方法是：首先在主板上电池的引脚焊盘上引出两根电线，再外接一个电池座，直接插上新电池；然后再换下旧电池，即可实现不断电更换CPU电池，保证存储信息不丢失。

## 思考与练习

1. 滚筒筛的操作步骤如何？操作过程中应注意哪些问题？
2. 真空干燥料斗应如何操作？干燥过程中应注意哪些方面？
3. 三辊研磨机的操作步骤如何？操作过程中应注意哪些问题？
4. 高速混合机操作步骤如何？操作过程中应注意哪些问题？
5. 开炼机操作过程中应注意哪些问题？
6. 密炼机应如何操作？
7. 单螺杆挤出机塑炼过程中应如何控制？
8. 双螺杆挤出机应如何操作？操作过程中应如何维护与保养？

# 第七章　塑料配混操作实例

**应·知·应·会·要·求**

**中级工**

1. 掌握PVC电缆料的配制方法及工艺控制。
2. 掌握着色母料的配制工艺，知道不同配制工艺的特点。
3. 掌握短切玻璃纤维增强塑料粒料的配制方法，知道配制工艺的控制。

**高级工**

掌握中级的要求基础上，知道物料配制过程中常见不良现象的原因及解决方法。

## 第一节　聚氯乙烯电缆料的制备

PVC电缆料具有难燃、耐油、耐电晕、耐化学腐蚀和良好的耐水性能，被广泛用作电线电缆的护层材料。同时由于其耐电压和绝缘电阻比较高，但介电常数和介电损耗较大，因此，还可用作低压（≤1kV）和中高压（6～10kV）电缆的绝缘层。

利用添加特种性能助剂或改性剂，可以分别制造出耐热型（105℃）、耐寒型、耐油型、难燃型、特软型和无毒型的PVC电缆料，以满足特殊电线电缆产品的需要。

电缆料在PVC配方中属于性能要求较高的品种，特别是电绝缘性、耐低温性和耐老化性等都有一定要求。配方设计时必须考虑这些特殊的要求。PVC电缆料可分为护层级和绝缘级两种。护层级要求耐热性好，而绝缘级则要求绝缘性好。

## 一、PVC电缆料配方

PVC电缆料主要是由聚氯乙烯树脂、稳定剂、增塑剂、填充剂、润滑剂、抗氧剂、着色剂等组成。为了满足电线电缆的绝缘、阻燃、耐老化、耐电晕及力学强度等方面的性能要求，必须慎重选择各种原材料。

1. PVC树脂

PVC树脂应选择分子量较高，而且吸收增塑剂容易，且纯度高的、杂质少的、鱼眼少的树脂，一般选用悬浮法疏松型低型号PVC树脂。如SG–1 、SG–2或SG–3型等。通常耐热级要求高的电绝缘材料应选用SG–1型树脂，一般电绝缘材料可选用SG–2和SG–3型。

2. 增塑剂

主增塑剂大都选用耐热性和电绝缘性较好的品种，如邻苯二甲酸二辛酯（DOP）等。为改善耐寒性可添加癸二酸二辛酯（DOS）、己二酸二辛酯（DOA）等；为提高耐热性可添加偏苯三酸三辛酯（TOTM），如耐高温105℃的电缆料。实际电缆料配方中一般几种增塑剂复合使用，效果更好。配方中增塑剂的含量一般在45～60份。

3. 稳定剂

普通电缆料一般采用盐基性铅盐作主稳定剂，如三盐基性硫酸铅、二盐基性亚磷酸铅并用，有较好的耐热及光稳定性。耐高温电缆主稳定剂采用耐热性好的二盐基性苯二甲酸铅。稳定剂一般选用多种稳定剂配合使用，以发挥协同作用，提高热稳定性。目前复合铅稳定剂在PVC电缆料中也有了广泛的应用，添加量在4～6份。

对于有环保要求的电缆料，大多采用无铅、无镉的稳定剂，以防止铅、镉中毒。环保类电缆料中目前多使用钙/锌等复合稳定剂。

4. 润滑剂

由于有较大量的增塑剂，所以电缆料中对内润滑剂的要求不是很高。润滑剂主要是提高电缆料的表面光亮度。常选用金属皂类、硬脂酸及石蜡等，加入量为1份左右。

5. 填充剂

电缆料中加入填料可以提高电绝缘性能、耐热性能和降低成本，但用量过多会造成成型性及电缆料性能下降。为提高绝缘性，在绝缘级电缆料中一般选用煅烧陶土（电用级）为填充剂。护套（层）级电缆料可选用碳酸钙为填充剂。

## 二、PVC电缆料制备工艺流程

PVC电缆料因制备的设备选用不同，其工艺流程有多种形式，实际生产中可根据设备情况和现场条件灵活组合及搭配。

1、双辊开炼切粒

原辅料→配料→高速混合机→密炼机→双辊开炼机→水槽冷却→干燥→切粒机→筛选磁选→计量→包装。

2. 单螺杆挤出机造粒

原辅料→配料→高速混合机→冷混合机→单螺杆挤出机→热切机头→风冷→筛选磁选→计量→包装。

3. 双螺杆挤出机造粒

原辅料→配料→高速混合机→冷混合机→双螺杆挤出机→热切机头→风冷→筛选磁选→计量→包装。

4. 双阶挤出机造粒

原辅料→配料→高速混合机→冷却混合机→双阶挤出机→热切机头→风冷→筛选磁选→计量→包装。

## 三、操作工艺控制

1. 双辊开炼切粒生产工艺

（1）原料准备

着色剂、填充剂分别用80目筛网过筛，并分别按一定比例加入增塑剂浸透后，用三辊研磨机或胶体磨进行研磨，备用。

稳定剂、抗氧剂及少量填充剂等按一定比例加入增塑剂中，搅拌成糊状浆料，然后用三辊研磨机或胶体磨研磨，使浆料粒度小于0.050mm，升温到90℃并一直搅拌，备用。

PVC树脂用60目筛网过筛。

（2）物料混合

高速混合机中通入0.2MPa的蒸汽进行加热，投入PVC树脂，然后缓慢加入研磨好的混合浆，待树脂将增塑剂基本吸收后再加入填充剂、着色剂，物料呈膨胀疏松粉末时卸料，此时料温在110℃左右。全过程需要5～10分钟。

（3）密炼

密炼机的蒸汽压力0.3～0.4MPa，压缩空气压力0.5MPa，密炼时间3～5分钟，上顶栓抬起次数2～3次，物料密炼成团状小块，无粉料时卸料。

（4）双辊开炼

开炼机蒸汽压力0.4～0.5MPa，辊温160～170℃（绝缘料温度宜高些）至料完全塑化均匀后，以3mm厚度出片，所出料片应塑化均匀，韧而光洁、无生料。

（5）冷却

片料采用逆流浸没式水冷却槽，鼓风机除去料片上黏着的水分。

（6）切粒

采用平板切粒机。切好的电缆料应无长条、斜方形及连粒现象。

（7）包装

经筛选磁选、计量后包装。

2. 普通单螺杆挤出机生产工艺

（1）原料准备

着色剂、填充剂分别用80目筛网过筛，并分别按一定比例加入增塑剂浸透后，用三辊研磨机或胶体磨进行研磨，备用。

稳定剂、抗氧剂及少量填充剂等按一定比例加入增塑剂中，搅拌成糊状浆料，然后用三辊研磨机或胶体磨研磨，使浆料粒度小于

0.050mm，升温到90℃并一直搅拌，备用。

PVC树脂用60目筛网过筛。

（2）物料混合

高速混合机中通入0.2MPa的蒸汽进行加热，投入PVC树脂，然后加入增塑剂搅拌片刻，待树脂将增塑剂基本吸收后，加入稳定剂，靠摩擦热使料温升到90℃左右，再加入填充剂、着色剂，料温升至110℃时，将料卸到冷却混合机中进行冷混合，以冷却降温，物料温度至45～50℃以下时出料。

（3）挤出造粒

挤出机（以SJ-120/20为例）料筒各段温度为80℃、120℃、160℃、170℃；

机头温度：165℃，增塑剂添加量少时，温度提高5～10℃；

挤出机螺杆转速10～30转/分；

机头过滤网80目、120目各一层；

风冷采用风压0.07MPa、风量2250$m^3$/h、功率7.5kW的离心式通风机。

（4）包装

经筛选磁选、计量后包装。

3. 双螺杆挤出机生产工艺

（1）原料的准备工作

与单螺杆挤出机生产工艺相同。

（2）物料的混合

与单螺杆挤出机生产工艺相同。

（3）挤出造粒

挤出机料筒温度控制在130～150℃；机头温度140～186℃；主机转速为：5～50转/分。

（4）包装

经筛选磁选、计量后包装。

4. 双阶挤出生产工艺

双阶挤出生产工艺中原料的准备和物料的混合工艺与单螺杆挤出机生产工艺相同。不同的是：采用的双阶挤出机由两部分组成，第一阶为高速同向双螺杆混炼机，第二阶为低速单螺杆挤出机，两者呈垂直正交布置，构成双阶式复合机组；双螺杆强制输送、高效塑化混炼与剪切分散，无机头背压回流，避免了高剪切过热；单螺杆高压挤出，但低速低剪切，同样回避了过热矛盾，这就有利于热敏性PVC等塑料的加工。

一阶双螺杆料筒温度控制在150～185℃，二阶单螺杆料筒温度控制在130～165℃。

采用风冷磨面热切粒方式，粒料经旋风分离器、振动筛进入料仓。

PVC电缆料不管采用哪种生产工艺，关键是要保证配方准确、物料混合充分均匀、塑化良好，但造粒温度不能太高，以免影响再次受热塑化成型。

## 四、生产中的不良现象原因分析

1. 电缆料表面粗糙

电缆料表面粗糙通常有两种情况，一种是表面呈现疙瘩，一种是表面呈现麻点。

表面疙瘩主要是一些混合分散不均匀的粉料聚集体，塑炼过程中被PVC熔料包覆而形成的。如配方中填料多而细，表面处理不好，混合效果不佳时，很容易出现团聚现象。另外树脂中的鱼眼和未充分吸收增塑剂的PVC树脂颗粒，也会因塑化不良而形成疙瘩现象。

表面麻点一般是由于树脂中单体、溶剂等小分子，以及低沸点的增塑剂、低熔点的润滑剂的挥发所造成。或者配方外润滑剂用量不够，熔融物料在挤出过程中与机械表面产生粘连现象，造成表面粗糙，会有出现一些坑洼。发生这种情况时，一般电缆料表面的整体都不会太好。

2. 增塑剂析出

电缆料中增塑剂用量比例较高，加上为降低成本一些低档增塑剂的混用，实际生产中析出现象比较多。增塑剂的析出主要和增塑剂品种及PVC树脂颗粒结构有关，如果增塑剂品种与PVC树脂的相容性差，用量比例高时，析出就不可避免。同时也与PVC树脂颗粒形态有关，如果PVC颗粒过于紧密，皮膜太厚，增塑剂就不易进入到颗粒中，从而影响树脂对增塑剂吸收，而造成析出。

另外，物料的混合工艺对增塑剂析出影响也很大。特别是混合过程中各种助剂的添加顺序及时机（温度或前面物料混合程度），会影响混合过程中增塑剂分散吸收。混料时要尽量保证增塑剂与PVC树脂有充足的混合时间和一定的混合温度（90℃左右）。

3. 绝缘性不好

因为PVC材质局限及增塑剂等助剂影响的原因，PVC电缆料的绝缘性是有一定限度的。对于普通电缆料来说，如果绝缘性明显偏差，主要有以下几个原因：

（1）原料中杂质偏多

原料中杂质的混入会对电缆料产生不利影响，过多的杂质会造成绝缘性的问题。这些杂质有可能来源于PVC树脂和各种助剂，也有可能来源于混料和加料环节。

（2）粉状颗粒太粗

电缆料中粉状助剂一般是要经过研磨后才使用的，如果研磨细度不够或者一些机械故障，造成加入的粉状物质颗粒过粗，会对电缆料的绝缘性产生不利影响。

（3）着色剂重金属问题

很多颜料都是一些重金属盐类，这些重金属离子会提高电缆料的导电性，降低其绝缘性。所以电缆料颜料的选择是很重要的。

4. 电缆料发脆

电缆料发脆一般和PVC树脂型号、增塑剂、润滑剂、填料等配方组分有关。PVC树脂如果选用偏高的型号，由于PVC分子链短，做出的电缆料性能就会偏脆。增塑剂添加量少，电缆料偏硬，有时也会有偏脆的感觉。更多的是因为填料添加量太大，而造成的电缆料性能下降，强度不好。另外当外润滑过量时，也往往会造成塑化不好，此时电缆料就会明显强度不好，发脆。

另一方面是塑化过程中塑化温度过低或过高。塑化温度过低时塑化不良，会明显强度不好，发脆，但如果塑化温度过高时，会因物料降解而发脆。

## 第二节　通用着色母料的制备

所谓塑料着色母料是指含有高百分比着色剂的塑料混合物，其中着色剂的含量达20%～80%，它是颜料经过细化并充分分散至树脂或分散剂中而配成各种色泽的粒状料。生产中采用着色母料时可使着色剂分散均匀，色泽准确，着色质量高；同时使用比较方便；操作几乎无粉尘，生产环境清洁；生产效率高，在着色塑料配方中应用广泛。

根据着色母料适用范围一般可分为专用着色母料和通用着色母料。通用着色母料是一种具有一定的通用性着色母料，可用于聚烯烃、苯乙烯类聚合物、PA、PC等多种塑料的着色。

### 一、通用着色母料配方

塑料着色母料通常由着色剂母料核、载体树脂、分散剂三部分组成，有时还加入了少量的润滑剂、抗氧剂及热稳定剂等。

通用着色母料的载体必须具有对着色剂起好包覆与黏结作用，使着色母料有一定强度以及流动性好等性能，还应具有与多种被着色塑料（树脂）间的相容性，确保多种塑料在采用通用着色母料着色之后，塑料制品的性能不致因着色而导致明显的影响。载体树脂一般可选用丁苯透明抗冲树脂（K树脂）和乙烯-醋酸乙烯共聚物（EVA）等组成的复合载体。

通用着色母料因具有一定的通用性，选取着色剂时，除色泽、耐热、耐晒、耐迁移等基本要求之外，还考虑到适应聚烯烃类，苯乙烯类等多种塑料着色的特定要求。

为了改善着色剂与载体树脂间的亲和性，获得高分散性的着色母料，在制备通用着色母料时，特别注意对无机颜料（如二氧化钛和炭黑等）进行表面活化包覆处理，使它的表面由亲水型转变为亲油型，表面处理一般可采用钛酸酯类偶联剂、硅烷类偶联剂或脂肪酸的金属皂等。

除表面活化以外，为使着色剂颗粒在浓着色母料制备过程中，分散成微细、稳定和均匀的颗粒以及防止在通用着色母料制备过程中着色剂的再凝聚，通用着色母料中还须采用分散剂，一般以氧化聚乙烯蜡和聚乙烯蜡为主，以硬脂酸和液体石蜡为辅的复合型分散剂，如表7-1所示为通用浓着色母料的基本配方。

表7-1　通用浓着色母料的基本配方

| 品种 | 着色剂 / 份 | 分散剂等助剂/份 | 载体树脂/份 |
|---|---|---|---|
| 瓷白 | 30 ~ 50 | 10 ~ 15 | 60 ~ 35 |
| 深蓝 | 20 ~ 30 | 15 ~ 20 | 65 ~ 50 |
| 果绿 | 30 ~ 40 | 15 ~ 20 | 55 ~ 40 |
| 深灰 | 30 | 10 ~ 15 | 60 ~ 55 |
| 黑色 | 30 | 15 ~ 20 | 55 ~ 50 |

## 二、着色母料的制备工艺流程

1. 着色母料的制备方法

根据颜料的碎粉分散实施方法的不同，可分为湿法和干法两类型。湿法是在液体介质的存在下，利用物理或化学方法对颜料进行分散、均化及稳定化处理，然后再经过挤出混炼、冷却造粒。生产中根据采用的助剂和分散介质以及颜料乳化浆转变为固体颗粒的方法不同，湿法又可分为油墨法、冲洗法、捏合法、金属皂法及溶剂法等几种。

干法是将颜料（或染料）、载体和其他添加剂，经混合机充分混合均匀之后，再经熔融混炼、冷却切粒而制取着色母料的方法。

2. 干法制备工艺流程

干法具体实施工艺路线有多种形式，常用的主要是双螺杆的挤出造粒等。

① 双螺杆的挤出造粒

工艺流程为：

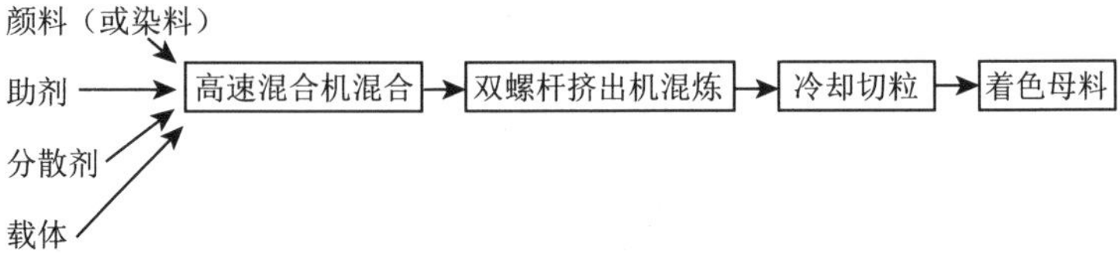


物料高速搅拌混合时，使颜料团聚体破碎，混合后的颜料粒径为100μm左右。再经过双螺杆的剪切，进一步细化，颜料颗粒可细化至1 μm左右。

② 颜料与分散剂等经预热混合之后与载体树脂混合，然后挤出造粒。

工艺流程为：

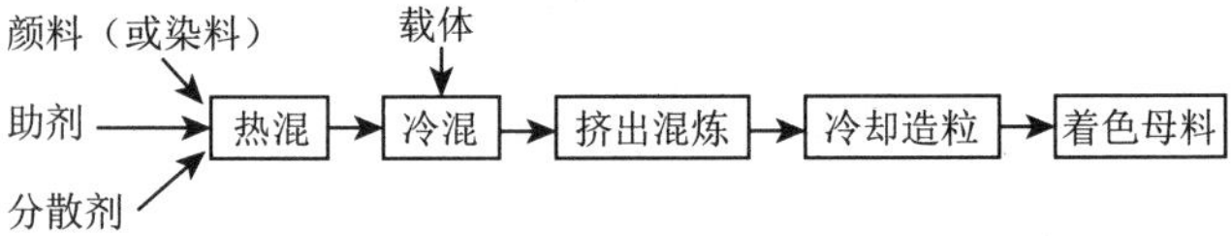


此生产工艺路线在各组分混合之前，先将颜料和载体以外的其他辅助成分预混，以期改善颜料的分散效果，但要增加相应的设备和工序，于降低母料成本不利。

③ 各组分经密炼机混合后破碎切片再挤出造粒。

工艺流程为：

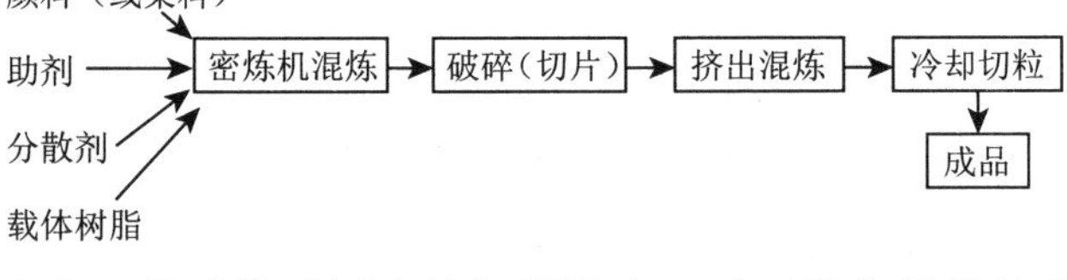


此生产工艺路线采用密炼机预混合，对于提高母粒的质量和改善工作环境的卫生状况均较为有利，缺点是设备投资较大。

④ 颜料、助剂与部分载体经二辊机混炼后，制得中间产品，再加入载体树脂混合后挤出造粒。

工艺流程为：

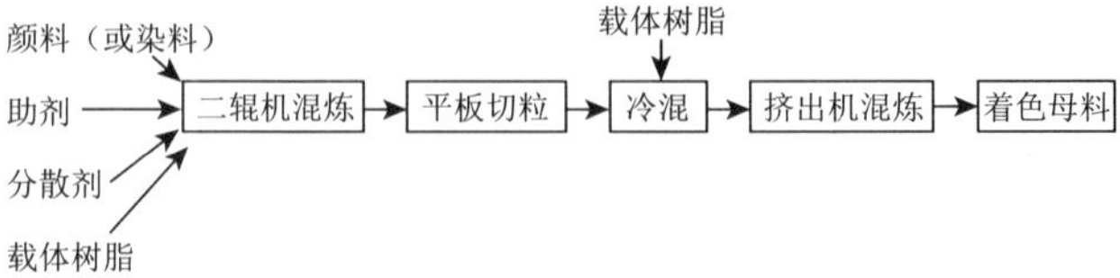


此生产工艺路线设备投资最小，是生产成本最低的着色母料生产方法，但生产条件最差，因此应用亦不多。

3. 湿法制备着色母料的工艺流程

（1）油墨法

油墨法是在着色母料生产中采用油墨色浆的生产方法，即采用PE蜡、白油、液体石蜡，通过三辊研磨，在颜料表面包覆一层低分子保护层。油墨法的生产工艺流程为：

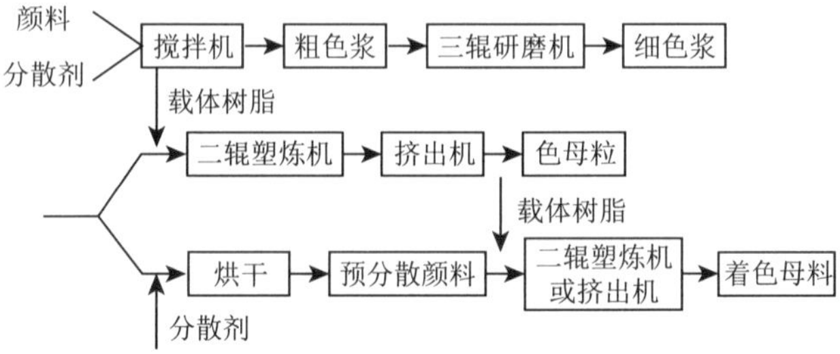


油墨法生产的色母料主要靠三辊研磨机的剪切作用，使色浆中的颜料颗粒团聚体打开，生成原生颗粒。但由于设备性能限制，颜料经三辊研磨后，其颗粒大小仅能达到10～30μm。由于颜料性质不同，研磨次数就不同，如二氧化钛易磨碎，而炭黑较难磨碎，所以后者至少研磨三次。

（2）冲洗法

冲洗法是将颜料、水和分散剂通过砂磨，使颜料颗粒小于1μm，并通过相转移法，使颜料转入油相，然后干燥制得着色母料。转相时还需要用有机溶剂，以及相应的溶剂回收装置。其工艺流程为：

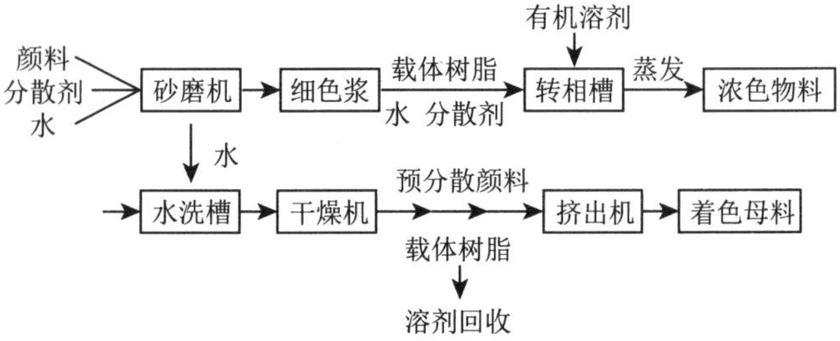


（3）捏合法

捏合法是将颜料和油溶性载体掺混后，利用颜料亲油这一特点，通过捏合使颜料从水相冲洗进入油箱，同时由油性载体将颜料表面包覆，使颜料分散稳定，防止颜料凝聚。其工艺流程为：

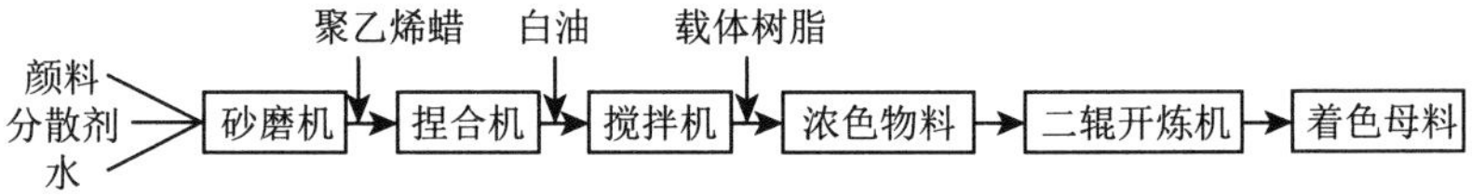


（4）金属皂法

金属皂法是将颜料经过研磨后粒度达到1μm左右，并在一定温度下加入皂液，使每个颜料颗粒表面层均匀地被皂液所润湿，形成一层皂化液，当金属盐溶液加入后与在颜料表面的皂化层发生化学反应而生成一层金属皂的保护层（一般为硬脂酸镁），这样就使经磨细后的颜料颗粒不会引起絮凝现象，而保持一定的细度。这种方法不仅可以制得着色母料，还可制得预处理颜料。其工艺流程为：

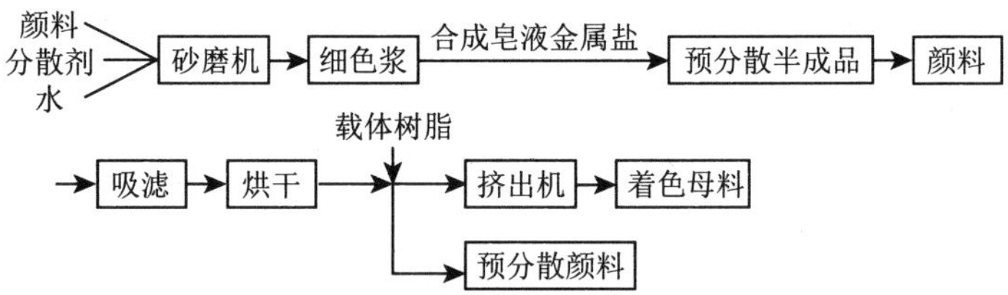


（5）溶剂法

溶剂法是将颜料与溶剂、载体树脂和其他助剂在混合罐掺混后，使其溶于溶剂中形成溶液，通过脱溶剂后，载体将颜料表面包覆，使颜料分散稳定，再挤出造粒，制得着色母料。其工艺流程为：

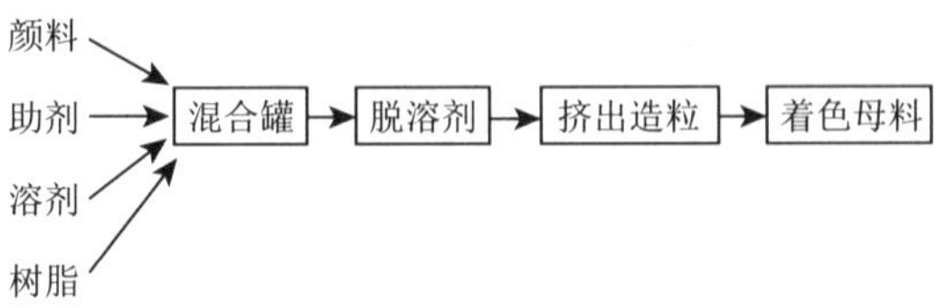


## 第三节　玻璃纤维增强热塑性塑料粒料的制备

玻璃纤维是最常用的增强材料，价格低，增强效果好。做PP增强材料用的玻璃纤维主要是无碱玻璃纤维（E型），拉伸强度可达2000MPa，耐水、耐候、耐化学药品性好，绝缘性好。按玻璃纤维长度分有连续玻璃纤维、短切玻璃纤维和磨碎纤维等，玻璃纤维越细，拉伸强度越大；其长径比越大，拉伸强度也越高。

### 一、短切玻璃纤维的制备与处理

制造短纤维增强塑料粒料时一般要求纤维能均匀地分散于树脂之中；纤维与树脂应尽可能包复或粘接牢固；制造过程中应尽可能减少对纤维的机械损伤，尽可能减少对树脂分子量的降解。

短切纤维长度通常为3～25mm。如果采用的是短切玻璃纤维时，也可由连续玻璃纤维纱通过制备过程中，在挤出机的入口处被啮合的螺杆旋转时搅断而获得。

玻璃纤维在添加至塑料中之前，通常需对其进行表面处理。对玻璃纤维进行表面处理的方法主要有硅烷偶联剂处理、表面接枝、酸碱刻蚀处理等。

### 二、短切玻璃纤维增强塑料粒料的制备工艺流程

制备短纤维增强塑料粒料可采用双螺杆或单螺杆排气式挤出机进行熔融、混合与挤出造粒。如玻璃纤维增强PET塑料粒料的制备工艺流程为：

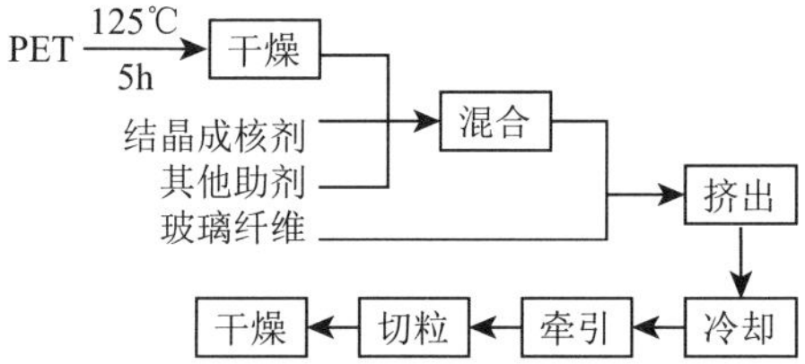


PET经充分干燥后，加入玻璃纤维、成核剂及其他助剂等，再混合均匀，经挤出机熔融塑化挤出后，再冷却切粒，即可得到玻璃纤维增强改性PET粒料。挤出塑化温度为200～240℃，螺杆转速为400r/min。

一般生产中多选用同向旋转、啮合型双螺杆挤出机。因为它可采用后续进料，纤维是直接加到熔体中，熔体对纤维起到润滑保护作用，大大减少了纤维的过度折断和摩擦热，并有利于纤维在熔体中的分散和分布。同向旋转双螺杆挤出机装有捏合盘，故能使纤维和树脂很好地混合在一起，纤维长度能保证在合适的范围之内，分布也均匀，因而能生产出高质量的粒料。

采用双螺杆挤出机制备短纤维增强塑料粒料时，树脂一般经计量加料装置由挤出机第一加料口加入，在外加热器和螺杆旋转所产生的剪切热作用下逐渐熔融塑化。增强短纤维或连续纤维则在第二加料口加入，并被旋转的螺杆搅断。纤维进入挤出机后会立即与塑料熔体混合，经过下游挤出段，由机头排出已混合好的混合物，经冷却、切粒、输送与包装，即可制得短玻璃纤维增强粒料。

## 思考与练习

1. PVC电缆料的配制工艺流程有哪些？各有何特点？
2. 双螺杆挤出生产PVC电缆料时主要的工艺条件应如何控制？
3. 什么是着色母料？着色母料的组成如何？
4. 配制的工艺流程有哪些？各有何特点？
5. 短切玻璃纤维增强塑料有何特点？配制过程中应注意哪些问题？

# 附 录

## 附录一：中级塑料配混工理论知识考核模拟试卷（一）

一、单项选择题（第 1 ~ 20 题，选择一个正确的答案，将相应的字母填入题内的括号中，每题 3 分，满分 60 分。）

1. 塑料根据其受热性质可分为热塑性塑料和（　　）。

A. 热固性塑料　　B. 特种塑料

C. 常用塑料　　D. 功能塑料

2. 物料混合质量好坏的评定因素主要是（　　）。

A. 混合温度　　B. 混合时间

C. 各组分的均匀程度　　D. 出料温度

3. 一般 PE 的 MFR 大的相对分子质量低，熔体黏度小，易于成型，（　　）。

A. 流动性好　　B. 相对分子量高

C. 成型加工温度高　　D. 流动性差

4. 下列塑料品种中热稳定性最差的是（　　）。

A. PP　　B. PC

C. PVC　　D. LDPE

5. 软质 PVC 粒料配制中一般需加入（　　）以增加其柔性。

A. 增塑剂　　B. 填料

C. 稳定剂　　D. 润滑剂

6. 下列塑料加工前需干燥的是（　　）。

A. PE　　B. HIPS

C. PP　　D. PA

7. $BaSO_4$ 在 PVC 配方中一般是用作（　　）。

A. 热稳定剂　　B. 填充剂

C. 着色剂　　D. 润滑剂

8. PA 类塑料干燥时最好选择（　　）。

A. 真空干燥　　B. 气流干燥

C. 热风干燥　　D. 沸腾床干燥

9. 转动筛析通常主要适合于筛选（　　）的粉状物料。

A. 密度较大　　B. 中等密度

C. 密度较小　　D. 都不是

10. 挤出机螺杆的长径比越大则（　　）。

A. 物料混炼塑化质量越好　　B. 产量低

C. 适用于热稳定性较差的物料　D. 不利于温度控制。

11. 下列不可用于PVC粉料加工的上料装置是（　　）。

A. 弹簧上料　　B. 真空上料

C. 鼓风上料　　D. 人工上料

12. 通常对于物料在混合过程中的混合效果一般用（　　）来评定。

A. 分散程度　　B. 均匀程度

C. 分布宽度　　D. 混合程度

13. 高速混合机的折流板通常安装高度应位于物料高度的（　　）处。

A. 2/3　　B. 1/2

C. 1/4　　D. 3/4

14. 开炼机工作时一般操作辊筒的温度比非操作辊的温度要（　　）。

A. 低10℃左右　　B. 低5℃左右

C. 高5℃左右　　D. 高20℃左右

15. 挤出机SJ-90×20型号表示中20代表的意义是（　　）。

A. 螺杆有效长度　　B. 螺杆直径

C. 螺杆长径比　　D. 螺杆总长度

16. PS和POM在挤出成型前一般（　　）。

A. 都要充分干燥　　B. PS要干燥，POM可不干燥

C. 可不干燥　　D. POM要干燥，PS可不干燥

17. 挤出机采用多层过滤网时，过滤网较好的安放方法是（　　）。

A. 将细的放在中间，两边放粗的

B. 将粗的放在中间，两边放细的

C. 将细的靠近分流板　　D. 将细的放前，粗的放后

18. 挤出塑炼过程中控制料斗中料量的目的主要是（　　）。

A. 下料均匀　　B. 防止空气进入料筒

C. 防止热量散出　　D. 排气

19. 开炼机在投料时应先沿（　　）少量加料，待包辊完毕，再逐渐增加。

A. 传动端　　B. 非传动端

C. 辊筒中部　　D. 都可以

20. 清理挤出机料筒、螺杆黏附的残料时，一般宜采用竹或铜质刀具清理，不许用钢质刀刮料或用剩的残料，（　　）。

A. 竹或铜质刀具　　B. 钢质刀片

C. 火烧烤零件，熔融物料　　D. 钢棒

**二、判断题（第21～40题，将判断结果填入括号中，正确的填“√”，错误的填写“×”，每题2分，满分40分。）**

21. 三辊研磨机、球磨机、砂磨机、胶体磨等都可用于浆料的研磨。（　　）

22. 色浆中的增塑剂等液体助剂的比例越大越好，以保证研磨的细度。（　　）

23. 物料的细度是指物料颗粒直径的大小(mm)，通常用筛网的目数（网孔数／英寸）来控制，一般目数越大，颗粒越细。（　　）

24. 密炼完成后，停机前需关闭蒸汽阀门，打开排气管排出气，然后通冷却水让转子在转动过程中降温至50℃左右方能正式关机。（　　）

25. 错流干燥是干燥介质与物料间运动方向相反的操作。（　　）

26. 在开炼机启动时，应先调开辊距，把辊筒转速调低，启动油泵运转数分钟，使减速器获得充分润滑，再开动主电动机，低速运转辊筒。（　）
27. 循环气流干燥是利用蒸汽、电、热风炉、烟气炉的余热做热源来进行干燥的设备。（　）
28. 高速混合机按加热方式分一般可分为蒸汽加热式、电加热式及油加热式三种。（　）
29. 密炼机转子转速提高可增大混炼剪切作用，缩短混炼时间，从而可大大提高生产效率。（　）
30. 密炼机上顶栓压力的取值可根据加工物料的软硬来选，一般硬料比软料取值大。（　）
31. 加大密炼机上顶栓的压力，降低混炼质量，延长混炼周期。（　）
32. 开炼机操作时操作辊（前辊）的速度一般小于非操作辊（后辊）速度。（　）
33. 开炼机工作时积料过多，物料不能顺利地进入辊隙，只能在原地滚动而影响混炼的质量。（　）
34. 开炼机上的物料通过辊隙时，料层变薄且包在温度较低的前辊筒上（前辊）。（　）
35. 双螺杆电动机不工作，喂料螺杆电动机就无法启动。（　）
36. 双螺杆挤出机正常停车时，先将喂料螺杆转速调至零位，停喂料机，再关闭真空管路阀门，降低主机螺杆转速，排尽料筒内物料。（　）
37. 挤出成型时料筒加热升温至工艺要求温度后，应恒温加热半小时以上。（　）
38. 检查挤出机运转状况时，一般应低速启动驱动螺杆转动用电动机，且螺杆空运转时间不应超过3min。（　）
39. 混炼过程中一般要求在保证物料塑化的前提下挤出温度应越低越好。（　）
40. 挤出停机时应把分流板和过滤网顶出，立即清理分流板上黏附料。（　）

# 附录二：中级塑料配混工理论知识考核模拟试卷（二）

一、单项选择题（第 1 ～ 20 题，选择一个正确的答案，将相应的字母填入题内的括号中，每题 3 分，满分 60 分。）

1. 塑料的组成主要包括树脂和（　）两部分。
   A. 聚合物　　B. 高分子
   C. 填料　　D. 助剂
2. 稳定剂主要有热稳定剂和（　）等。
   A. 润滑剂　　B. 发泡剂
   C. 光稳定剂　　D. 阻燃剂
3. HDPE 是指（　）。
   A. 高密度聚乙烯　　B. 高压聚乙烯
   C. 高分子量聚乙烯　　D. 低密度聚乙烯
4. 通用塑料中耐热性最好的品种是（　）。
   A. PE　　B. PP
   C. PS　　D. PVC
5. 生产 PVC 硬质粒料时，一般应选择的树脂型号是（　）。
   A. SG-6型　　B. SG-2型
   C. SG-5型　　D. SG-7型
6. 下列塑料吸湿性较大的是（　）。
   A. PP　　B. LLDPE
   C. PA　　D. PS
7. PC 加工前必须干燥至其水分含量在 0.03% 以下，原因是（　）。
   A. 高温水解　　B. 吸湿性大
   C. 黏度大　　D. 易氧化
8. 在 PVC 配方中 ACR 一般用作（　）。
   A. 加工助剂　　B. 稳定剂
   C. 填充剂　　D. 抗氧剂

9. 气流干燥器是利用（　），使粒状或块状物料悬浮于气流中，一边随气流并流输送，一边进行干燥。

A. 高速热气流　　B. 低速热气流

C. 抽真空　　D. 冷风

10. 用PVC塑料的配混一般采用双螺杆挤出机是（　）。

A. 同向非啮合型双螺杆　　B. 异向非啮合型双螺杆

C. 异向啮合型旋转平行双螺杆　D. 锥型双螺杆

11. 一般在塑料配方设计中其配方的表征方法主要有质量份数表示法、（　）、比例法及生产配方等。

A. 容量法　　B. 重量法

C. 质量百分数表示法　　D. 体积百分数表示法

12. 混合过程应具备的要素主要是（　）、分流和位置交换。

A. 压延　　B. 剪切

C. 搅拌　　D. 拉伸

13. 塑料初混合设备常用的主要有捏合机、（　）、转鼓式混合机、叶片式混合机和螺带式混合机等。

A. 挤出机　　B. 高速混合机

C. 密炼机　　D. 球研磨机

14. 密炼时物料混炼的质量好坏与上顶栓压力（　）。

A. 无关系

B. 关系密切

C. 不一定，看情况

D. 上顶栓压力提高会减少混炼过程物料的摩擦。

15. 开炼机的紧急停车装置一般要求紧急刹车操作后，前辊筒继续运行行程不得超过辊筒周长的。

A. 1倍　　B. 2倍

C. 3倍　　D. 1/4

16. 塑料加工前，树脂的干燥温度一般应控制在（　）。

A. 软化温度以下　　B. 熔融温度以下

C. 玻璃化温度左右　　D. 分解温度以下

17. 通常在加料段内壁开设纵向沟槽的目的是（　　）。

A. 以有利于增大物料与料筒的摩擦，从而提高固体输送率

B. 加快物料的塑化

C. 增加物料的混合

D. 增大物料的压缩

18. 挤出塑炼过程中对螺杆冷却的主要目的是（　　）。

A. 防止螺杆扭断

B. 有利于提高转速

C. 提高物料塑化

D. 提高固体物料的输送，实现低温挤出

19. 高速混合机操作时应（　　）。

A. 先低速启动，再升温

B. 当温度达到设定温度后，再投料，低速启动搅拌桨叶，再缓慢加料

C. 先投料，再高速启动

D. 先升温，再高速启动，然后投料

20. 开炼机停机时，应（　　）。

A. 先调开辊距，卸下物料，然后停止加料，再关闭加热装置停止加热，调低辊筒的转速，让辊筒在低速运转中缓慢冷却

B. 先停止加料，再关闭加热装置停止加热，然后调开辊距，卸下物料，调低辊筒的转速，让辊筒在低速运转中缓慢冷却

C. 先调高辊筒的转速，然后调开辊距，卸下物料，再关闭加热装置停止加热

D. 先停止加料，再关闭加热装置停止加热，然后调开辊距，卸下物料，调高辊筒的转速，让辊筒在高速运转中缓慢冷却

**二、判断题（第 21 ~ 40 题，将判断结果填入括号中，正确的填“√”，错误的填写“×”，每题 2 分，满分 40 分。）**

21. 电磁振动筛非常适用于细粒粉体物料的筛分。（　　）

22. 大型胶体磨不宜于分散细度要求较高的色浆。（　　）

23. 并流干燥是物料的移动方向与介质的流动方向相同的操作。（ ）
24. 物料的干燥后一般要求水分含量应在0.05% ~ 0.3%。（ ）
25. 高速混合机是广泛使用的混合设备，但不能用于掺和粉体树脂的混合与分散。（ ）
26. 高速混合后的冷混合物料出料的温度一般在110℃左右。（ ）
27. 用蒸汽加热的高速混合机比电加热的高速混合机，加热时升、降温速度快，易进行温度控制。（ ）
28. 密炼机工作时通常两转子的转速不等，转向相反。（ ）
29. 加大密炼机上顶栓的压力，可减少密炼室一次加料量。（ ）
30. 密炼机工作时的混炼容量应适当，通常取密闭室总有效容积的60% ~ 70%为宜。（ ）
31. 开炼机液压式安全装置超载就停机，辊距就会拉大，然后横压力再增加。（ ）
32. 开炼机工作时应保证其轴承的温升不超过70℃。（ ）
33. 开炼机工作时为了能使物料顺利地包在操作辊筒上（前辊），前辊的温度应控制稍低一些。（ ）
34. 挤出速度过大会使物料在设备中受热塑化时间缩短，而造成塑化不均。（ ）
35. 挤出速度适当增大，对物料的剪切、摩擦作用减小，不利于物料的塑化。（ ）
36. 润滑系统油泵不工作，塑化双螺杆电动机就无法启动。（ ）
37. 双螺杆挤出机开机时顺序是：主机启动→喂料启动→辅机启动。（ ）
38. 挤出机工作时油温不得超过50℃。（ ）
39. 物料的干燥时间与干燥的温度有关，一般温度低，干燥时间可稍短些。（ ）
40. 气流干燥器旋风分离器是利用离心力将气流中固体颗粒分离的装置。（ ）

# 附录三：高级塑料配混工理论知识考核模拟试卷（一）

**一、单项选择题（第 1 ~ 15 题，选择一个正确的答案，将相应的字母填入题内的括号中，每题 2 分，满分 30 分。）**

1. 能在 100℃以上长时间使用的塑料品种是（　　）。

A. PE　　B. PP

C. PS　　D. PVC

2. HMWHDPE 是指（　　）。

A. 线型低密度聚乙烯　　B. 茂金属聚乙烯

C. 高相对分子质量聚乙烯　　D. 超高分子量聚乙烯

3. 高温下易水解的树脂品种是（　　）。

A. PA　　B. PVC

C. PE　　D. PC

4. 对于 PVC 来说型号越小，（　　）。

A. 相对分子质量越大　　B. 黏数则越小

C. 相对分子质量越小　　D. 流动性越好

5. 下列塑料品种中加工时热稳定性最不好的是（　　）。

A. PMMA　　B. POM

C. PP　　D. PS

6. 下列塑料品种一般情况下可以不干燥的是（　　）。

A. PS　　B. PA

C. PC　　D. ABS

7. 物料的细度是指物料颗粒直径的大小 (mm)，通常用筛网的目数 (网孔数 / 英寸) 来控制，一般（　　）。

A. 目数越大，颗粒越细　　B. 目数越小，颗粒越细

C. 目数越大，颗粒越大　　D. 不一定

8. 物料在挤出过程中一般要经历的三个阶段是（　　）。

A. 固体输送、熔融、压实

B. 固体输送、计量、熔体输送

C. 固体输送、熔融、熔体输送

D. 压实、熔融、计量

9. 塑料的压实与塑化主要是挤出机螺杆的（    ）。

A. 固体输送段　　B. 压缩段

C. 均化段　　D. 熔体输送段

10. 为改善PVC的热稳定性能，在PVC塑料的配方中通常可加入（    ）。

A. 氯化聚乙烯　　B. 三盐

C. 氯化石蜡　　D. 硬脂酸

11. 捏合机、高速混合机、转鼓式混合机、叶片式混合机和螺带式混合机等都是塑料常用的（    ）。

A. 高速混合设备　　B. 初混合设备

C. 混炼机设备　　D. 密炼设备

12. 密炼机上顶栓压力越大，则（    ）。

A. 物料密实性小

B. 物料难密炼

C. 物料受剪切作用越大

D. 减少混炼过程物料的摩擦

13. 开炼机的紧急停车装置一般要求紧急刹车操作后，前辊筒继续运行行程不得超过辊筒周长的（    ）。

A. 1/4　　B. 1/2

C. 1倍　　D. 2倍

14. PA塑料干燥一般采用（    ）。

A. 热风干燥　　B. 红外干燥

C. 气流干燥　　D. 真空干燥

15. 通常在加料段内壁开设纵向沟槽的目的是（    ）。

A. 以有利于增大物料与料筒的摩擦，从而提高固体输送率

B. 加快物料的塑化

C. 增加物料的混合

D. 增大物料的压缩

**二、多项选择题（第 16 ~ 25 题，将正确的答案相应的字母填入题内的括号中，每题 3 分，满分 30 分。）**

16. 热稳定剂、（　）和（　）等稳定化助剂能提高塑料在塑料加工及使用过程中受热、光、氧的稳定性能。

A. 润滑剂　　B. 光稳定剂

C. 抗氧剂　　D. 增塑剂

17. 用于浆料研磨的主要是（　）。

A. 三辊研磨机　　B. 球磨机

C. 砂磨机　　D. 胶体磨

18. 密炼机工作时，一般加大密炼机上顶栓的压力时，（　）。

A. 可改善分散效果　　B. 混炼质量

C. 提高混炼温度　　D. 缩短混炼周期

19. 密炼机工作时通常两转子的转速不等，（　）。

A. 两转子的转速相同　　B. 旋转方向相同

C. 旋转方向相反　　D. 两转子有速比

20. 开炼机工作时，一般（　）。

A. 操作辊（前辊）的速度一般小于非操作辊（后辊）速度

B. 物料包在温度较高的操作辊（前辊）上

C. 操作辊（前辊）的速度一般大于非操作辊（后辊）速度

D. 物料包在温度较低的前辊（前辊）上

21. 挤出机挤压系统主要由料筒、（　）螺杆、分流板和过滤网等组成。

A. 料筒　　B. 电机

C. 螺杆　　D. 轴承

22. 螺杆工作长度部分通常可分为（　）三段。

A. 加料段（$L_1$）　　B. 熔融段（$L_2$）

C. 均化段（$L_3$）　　D. 固体段

23. 分离型螺杆是将螺杆塑料熔融区把原有螺槽分成（　）和（　），从而可将螺槽中已熔融的塑料熔体从固体颗粒中尽快分离出来。

A. 加料槽　　B. 出料槽

C. 固体槽　　D. 熔体槽

24. 单螺杆挤出机挤出过程中，出现主电机转动，但螺杆不转动，应采取的解决措施主要有（　）。

A. 调整两个带轮的中心距使传动带张紧

B. 检查安全销是否剪断

C. 检查加料

D. 调整温度

25. 双螺杆挤出机生产过程中出现主电流不稳定，可能的原因有（　）。

A. 喂料不均匀

B. 主电动机轴承损坏或润滑不良

C. 挤出速度不稳定

D. 某段加热器失灵，不加热。

**三、判断题（第 26 ~ 45 题，将判断结果填入括号中，正确的填“√”，错误的填写“×”，每题 2 分，满分 40 分。）**

26. 电源开关进行切断和合闸时，操作者要侧身动作，不许面对开关，动作要快。（　）

27. 高速混合时，应先加入树脂，然后缓慢加入研磨好的混合浆，待树脂将增塑剂基本吸收后再加入填充剂、着色剂。（　）

28. PVC的分解温度与黏流温度相接近，使PVC在加工过程中热稳定性差。（　）

29. 挤出螺杆的$L/D$增加，不利于物料的塑化均匀。（　）

30. PP是塑料中质量最轻的品种。（　）

31. 真空干燥是通过抽真空产生负压，使挥发组分的沸点升高，从而使水分迅速变成水蒸气，从固体原料中分离出来快速脱离。（　）

32. 颜料配成浆料的方法与稳定剂浆料的配制基本相同，可以先把一定量的增塑剂等液体助剂加入到容器内，然后再加入一定量颜料，加颜料时先加密度小的，再加密度大的，待各种颜料加入后，再加入其余的增塑剂等液体助剂。（　）

33. 物料混合之前常常需把分散性差、用量少的助剂（如着色剂、粉状稳定剂等）先进行研磨细化后，再与树脂及其他助剂混合，以提高其分散性和混合效率。（　）
34. 气流干燥进行的必要条件是物料表面气膜两侧必须有压力差，即被干燥物料表面所产生的水汽压力必须小于干燥介质（空气）中水汽分压。（　）
35. 远红外线干燥使物料内部迅速地升高温度，达到预热干燥的目的。（　）
36. 物料干燥时必须控制的工艺条件，如物料干燥的温度、干燥时间和料层厚度等。（　）
37. 单螺杆挤出机开机时，应先少量加入物料，待物料挤出口模时，方可正常投料。（　）
38. 双螺杆挤出机料筒加热后开车，都应先用手扳动联轴器部位，让双螺杆转动几圈。（　）
39. 挤出机工作过程中各轴承部位温升是否正常，最高温升不应超过55℃。（　）
40. 螺杆的性能决定挤出机的产量、物料塑化质量、分散性、熔体的温度及动力消耗等。（　）
41. 混炼型的挤出机螺槽深度一般要偏浅一些。（　）
42. 物料混合之前常需把分散性差、用量少的助剂（如着色剂、粉状稳定剂等）先进行研磨细化后，再与树脂及其他助剂混合，以提高其分散性和混合效率。（　）
43. 远红外线干燥能使物料内部迅速地升高温度，达到预热干燥的目的。（　）
44. 干燥温度一般应控制在塑料的软化温度、热变形温度或玻璃化温度以上。（　）
45. 高速混合机折流板的作用是使做圆周运动的物料受到阻挡，产生旋涡状流态化运动，促进物料混合均匀。（　）

# 附录四：高级塑料配混工理论知识考核模拟试卷（二）

## 一、单项选择题（第 1 ~ 15 题，选择一个正确的答案，将相应的字母填入题内的括号中，每题 2 分，满分 30 分。）

1. 按加热方式分一般可分为蒸汽加热式、（　）式及油加热式三种。
   A. 电加热式　　B. 空气加热
   C. 红外加热　　D. 辐射加热
2. 下列助剂属于热稳定剂的是（　）。
   A. 氧化锌　　B. 硫酸钡
   C. 三盐　　D. 硬脂酸
3. 下列助剂中不起光稳定作用的是（　）。
   A. 炭黑　　B. 二氧化钛
   C. 氧化锌　　D. 亚磷酸三苯酯
4. 下列塑料助剂中不属于抗氧剂的品种是（　）。
   A. 亚磷酸酯类　　B. 环氧硬脂酸酯
   C. 受阻酚类　　D. 胺类
5. PVC 加工时设备、模具容易被腐蚀的主要原因是（　）。
   A. 加的助剂有腐蚀性　　B. 分解放出的HCl
   C. 易吸水　　D. 黏附作用大
6. 下列塑料品种中不透明的是（　）。
   A. PC　　B. PS
   C. POM　　D. PMMA
7. 下列塑料品种中不能采用热空气干燥的是（　）。
   A. PP　　B. PET
   C. PMMA　　D. PA
8. 颜料配成浆料的方法是先把一定量的增塑剂等液体助剂加入到容器内，然后再加入一定量颜料，加颜料时（　），待各种颜料加入后，再加入其余的增塑剂等液体助剂。

A. 先加密度小的，再加密度大的

B. 先加密度大的，再加密度小的

C. 密度小的和密度大的同时加入

D. 都可以

9. 开炼机在投料时应先沿(　　)少量加料，待包辊完毕，再逐渐增加。

A. 传动端　　B. 非传动端

C. 辊筒中部　　D. 都可以

10. 密炼机工作时混炼容量应适当，通常加料量应是密闭室总有效容积的（　　）为宜。

A. 20% ~ 30%　　B. 60% ~ 70%

C. 80% ~ 90%　　D. 100%

11. 挤出机工作过程中对螺杆冷却的主要目的是（　　）。

A. 防止螺杆扭断

B. 有利于提高转速

C. 提高物料塑化

D. 提高固体物料的输送，实现低温挤出

12. 挤出机型号SJ–45 × 25表示中25代表的意义是（　　）。

A. 螺杆长径比　　B. 螺杆直径

C. 螺杆有效长度　　D. 螺杆压缩比

13. 物料在混合过程中的混合效果一般用（　　）来评定。

A. 分布程度　　B. 混合程度

C. 分散程度　　D. 均匀程度

14. 高速混合机的折流板通常安装高度应位于物料高度的（　　）处。

A. 1/4　　B. 1/2

C. 2/3　　D. 3/4

15. 开炼机工作时一般操作辊的温度比非操作辊的温度要高的原因是（　　）。

A. 防止物料过热　　B. 使物料包覆操作辊

C. 增加剪切　　D. 减少摩擦

**二、多项选择题（第 16 ~ 25 题，将正确的答案相应的字母填入题内的括号中，每题 3 分，满分 30 分。）**

16. 对于PVC来说，相对分子质量越大时（　）。

A. 熔体黏度越大　　B. 结晶度越大

C. 刚性越大　　D. 耐热性越好

17. PVC在混炼时的熔化速度慢，熔体强度低，为改善加工的性能，往往可加入（　）。

A. ABS　　B. 硬脂酸

C. 氯化聚乙烯　　D. ACR

18. 为提高热塑性塑料的力学性能、耐热性能、电性能、耐老化性能及耐环境应力开裂性等，可适当加入（　）。

A. 交联剂　　B. 强氧化剂

C. 辐射　　D. 增塑剂

19. 真空干燥是通过抽真空产生负压，使挥发组分（　），从固体原料中分离出来快速脱离。

A. 沸点升高　　B. 沸点降低

C. 加快汽化　　D. 直接升华

20. 在密炼机密炼过程中，提高上顶栓的压力时，可（　）。

A. 增大剪切作用　　B. 缩短混炼周期

C. 使混炼质量提高　　D. 使密炼室一次加料量增大

21. 单螺杆挤出塑炼过程中，螺杆旋转，但挤不出熔料的原因主要是（　）。

A. 加料斗没有原料

B. 加料口被堵住

C. 螺杆、料筒的温度过高，螺杆内冷却不良

D. 挤出速度太大

22. 双螺杆挤出过程中机头压力不稳定的原因主要是（　）。

A. 主电动机转速不均匀

B. 喂料电动机转速不匀，使喂料量有波动

C. 挤出温度太高　　D. 挤出速度太大

23. 清理挤出料筒、螺杆和模具上黏附的残料时，可采用的工具是（ ）。

A. 竹质刀具　　B. 铜质刀具

C. 钢质刀具　　D. 喷灯烧烤

24. 下列塑料的高温熔体遇空气极易氧化变色的是（ ）。

A. PC　　B. PP

C. PET　　D. PA1010

25. 挤出混炼过程中应注意对挤出机进行冷却的部位是（ ）。

A. 机头　　B. 螺杆

C. 料斗座　　D. 料筒

**三、判断题（第26～45题，将判断结果填入括号中，正确的填“√”，错误的填写“×”，每题2分，满分40分。）**

26. 能提高塑料在加工及使用过程中受热、光、氧的稳定性能的助剂都属于稳定化助剂。（ ）

27. 相对分子质量较高的PVC，黏度大，一般用于生产PVC硬制品。（ ）

28. PVC中加入增塑剂的目的是提高树脂的流动性，降低PVC的黏流温度。（ ）

29. PET吸水率较小，成型前可不进行干燥。（ ）

30. 挤出塑炼过程中采用多层过滤网时应将细网在中间放置。（ ）

31. 用于混炼用的双螺杆挤出机通常是异向旋转非啮合型挤出机。（ ）

32. 双螺杆挤出机的电动机不工作，喂料螺杆电动机就无法启动。

33. 双螺杆挤出机工作时，油温超过50℃，应立即打开冷却器进出口水阀进行冷却。（ ）

34. 双螺杆挤出机装有过滤板(网)时，挤出塑炼过程中机头压力应小于12.0MPa，过大时则应清理过滤板（网）。（ ）

35. 混炼设备长时间停车后，电动机或加热器可能会因潮湿而漏电，开车前应采取干燥措施。（ ）

36. 混炼操作过程中，若发生触电时，首先应立即用金属等工具切断电源，将触电者拉离。（　）
37. 电磁振动筛的电磁激振器调整时应在保证所需工作振幅、电磁铁与衔铁不撞击的前提下，气隙越小越好。（　）
38. 气流干燥时，若出现系统压力不平衡，则应检查系统是否有漏气或堵塞，以及测压管是否有堵塞。（　）
39. 真空干燥箱在干燥结束后应先关闭干燥箱电源，开启放气阀，解除箱内真空状态，再打开箱门取出物品。（　）
40. 在微波开关开启之前必须先关门、开传动、排热、排湿，风机的开关才能有效开启。（　）
41. 三辊研磨时，当辊筒中部浆料薄，两端厚，可能辊筒中凸，需调大冷却水量。当辊筒两端浆料薄，中间浆料厚，需调小冷却水量。（　）
42. 高速混合机启动搅拌桨叶时应先高低速启动，后低速运转，高速混合机启动前不得投料，以减小启动阻力。（　）
43. 开炼机停机时，应先停止加料，再关闭加热装置停止加热，然后调开辊距，卸下物料，调低辊筒的转速，让辊筒在低速运转中缓慢冷却。（　）
44. 开炼机操作过程中辊筒的加热与冷却必须在运转中缓慢进行，不得在静止状态时进行加热和冷却。（　）
45. 密炼机停机前应先关闭蒸汽阀门，打开排气管排出气体，然后通冷却水让转子在转动过程中降温至50℃左右方能正式关机。（　）

# 中级塑料配混工理论知识考核模拟试卷（一）答案

| 序号 | 答案 | 序号 | 答案 | 序号 | 答案 | 序号 | 答案 |
|---|---|---|---|---|---|---|---|
| 1 | D | 11 | C | 21 | √ | 31 | × |
| 2 | C | 12 | B | 22 | √ | 32 | √ |
| 3 | A | 13 | B | 23 | √ | 33 | × |
| 4 | B | 14 | B | 24 | √ | 34 | √ |
| 5 | C | 15 | D | 25 | × | 35 | × |
| 6 | C | 16 | A | 26 | × | 36 | √ |
| 7 | A | 17 | A | 27 | √ | 37 | × |
| 8 | A | 18 | D | 28 | √ | 38 | √ |
| 9 | A | 19 | B | 29 | × | 39 | × |
| 10 | A | 20 | B | 30 | √ | 40 | √ |

# 中级塑料配混工理论知识考核模拟试卷（二）答案

| 序号 | 答案 | 序号 | 答案 | 序号 | 答案 | 序号 | 答案 |
|---|---|---|---|---|---|---|---|
| 1 | A | 11 | B | 21 | √ | 31 | × |
| 2 | C | 12 | D | 22 | × | 32 | √ |
| 3 | A | 13 | A | 23 | √ | 33 | √ |
| 4 | C | 14 | C | 24 | √ | 34 | × |
| 5 | A | 15 | B | 25 | × | 35 | √ |
| 6 | D | 16 | C | 26 | √ | 36 | √ |
| 7 | B | 17 | A | 27 | √ | 37 | √ |
| 8 | A | 18 | A | 28 | √ | 38 | √ |
| 9 | C | 19 | A | 29 | √ | 39 | √ |
| 10 | B | 20 | A | 30 | √ | 40 | √ |

# 高级塑料配混工理论知识考核模拟试卷（一）答案

| 序号 | 答案 | 序号 | 答案 | 序号 | 答案 | 序号 | 答案 |
|---|---|---|---|---|---|---|---|
| 1 | B | 13 | A | 25 | ABC | 37 | √ |
| 2 | C | 14 | D | 26 | √ | 38 | √ |
| 3 | D | 15 | A | 27 | √ | 39 | √ |
| 4 | A | 16 | BC | 28 | √ | 40 | √ |
| 5 | B | 17 | ABCD | 29 | × | 41 | × |
| 6 | A | 18 | ABD | 30 | √ | 42 | √ |
| 7 | A | 19 | CD | 31 | × | 43 | √ |
| 8 | C | 20 | AB | 32 | √ | 44 | × |
| 9 | A | 21 | AC | 33 | √ | 45 | √ |
| 10 | B | 22 | ABC | 34 | × | | |
| 11 | B | 23 | CD | 35 | √ | | |
| 12 | C | 24 | AB | 36 | √ | | |

# 高级塑料配混工理论知识考核模拟试卷（二）答案

| 序号 | 答案 | 序号 | 答案 | 序号 | 答案 | 序号 | 答案 |
|---|---|---|---|---|---|---|---|
| 1 | A | 13 | B | 25 | BCD | 37 | √ |
| 2 | C | 14 | C | 26 | √ | 38 | √ |
| 3 | B | 15 | B | 27 | × | 39 | √ |
| 4 | D | 16 | ACD | 28 | √ | 40 | √ |
| 5 | B | 17 | CD | 29 | × | 41 | √ |
| 6 | C | 18 | AC | 30 | √ | 42 | × |
| 7 | D | 19 | BC | 31 | √ | 43 | √ |
| 8 | A | 20 | ABCD | 32 | √ | 44 | √ |
| 9 | A | 21 | ABC | 33 | √ | 45 | √ |
| 10 | B | 22 | AB | 34 | √ | | |
| 11 | D | 23 | AB | 35 | √ | | |
| 12 | C | 24 | BD | 36 | × | | |

# 参考文献


［1］ 戚亚光，薛叙明．高分子材料改性．北京：化学工业出版社，2009.

［2］ 周祥兴．中外塑料改性助剂速查手册．北京：机械工业出版社，2009.

［3］ [美] David B.Todd．塑料混合工艺及设备．北京：化学工业出版社，2002.

［4］ 刘西文．塑料挤出成型技术疑难问题解答．北京：印刷工业出版社，2012.

［5］ 耿孝正．塑料混合及连续混合设备．北京：中国轻工业出版社，2008.

［6］ 王兴天．塑料机械设计与选用手册．北京：化学工业出版社，2015.

［7］ 刘西文．塑料成型设备．北京：中国轻工业出版社，2010.

［8］ 耿孝正．双螺杆挤出机及其应用．北京：中国轻工业出版社，2003.

［9］ 刘廷华．塑料成型机械使用维修手册．北京：机械工业出版社，2000.

# 塑料类精品图书推荐

## 一看就懂系列

| 书号 | 书名 | 定价 | 出版日期 |
|---|---|---|---|
| 9787514215588 | 塑料助剂品种及选用速查手册 | 48.00 | 2017年1月 |
| 9787514215595 | 吹塑成型技术疑难问题解答 | 46.00 | 2017年1月 |
| 9787514215571 | 压延成型技术疑难问题解答 | 42.00 | 2017年1月 |
| 9787514215625 | 塑料挤出工就业百分百 | 45.00 | 2017年1月 |
| 9787514215687 | 塑料配混工（中、高级）培训教程 | 32.00 | 2017年1月 |
| 9787514212808 | 塑料注塑工就业百分工（全彩） | 52.00 | 2016年7月 |
| 9787514212518 | 塑料改性配方工艺速查360例（双色） | 68.00 | 2016年1月 |
| 9787514212525 | 常用塑料品种速查手册 | 58.00 | 2016年1月 |
| 9787514212532 | 塑料注塑工（中、高级）培训教程 | 36.00 | 2016年1月 |
| 9787514211085 | 注塑产品缺陷机理及解决方案100例（全彩） | 55.00 | 2015年1月 |
| 9787514210293 | 塑料着色配方与应用实例 | 55.00 | 2014年7月 |
| 9787514208337 | 塑料改性实用技术与应用 | 69.00 | 2014年6月 |
| 9787514208344 | 废旧塑料回收利用技术与配方实例 | 42.00 | 2014年6月 |
| 9787514209266 | 塑料注射成型技术实用教程 | 55.00 | 2013年10月 |
| 9787514206739 | 增塑剂配方工艺与应用实例 | 25.00 | 2013年8月 |
| 9787514207552 | 塑料挤出工（中、高级）培训教程 | 29.00 | 2012年12月 |